重庆市出版专项资金资助

绿色高速干切滚齿工艺理论与关键技术

曹华军　李先广　陈　鹏　著

重庆大学出版社

内容提要

本书在国家863高技术研究发展计划项目（2012AA040107）、国家自然科学基金项目（51475058）、教育部新世纪优秀人才计划（NCET-13-0628）等资助下，主要研究了高速干切滚齿工艺理论与关键技术。其主要内容包括：高速干切滚齿工艺技术概论、成形机理、系统切削热传递模型及温度场控制技术、有限元及实验分析，高速干切滚齿机床开发的关键技术、高速干切滚刀开发的关键技术、高速干切滚齿工艺参数优化及其系统开发，系统热变形误差理论与补偿、艺碳排放计算及碳效率评估等。

本书基于高速干切数控滚齿工艺，对其相关基础理论和关键技术进行了较为系统地阐述，力求概念准确，易于理解，并符合工程实际。可供从事齿轮制造工艺或绿色制造方向的研究人员或工程技术人员参考，也可作为高等院校机械制造及其自动化专业研究生或本科生的选修教材。

图书在版编目（CIP）数据

绿色高速干切滚齿工艺理论与关键技术/曹华军，李先广，陈鹏著.
—重庆：重庆大学出版社，2016.8
ISBN 978-7-5624-9789-9

Ⅰ.①绿… Ⅱ.①曹…②李…③陈… Ⅲ.①滚齿机—生产工艺
Ⅳ.①TG61

中国版本图书馆CIP数据核字（2016）第160231号

绿色高速干切滚齿工艺理论与关键技术

曹华军 李先广 陈 鹏 著

策划编辑：彭 宁 曾令维 杨粮菊

责任编辑：杨粮菊 版式设计：杨粮菊

责任校对：张红梅 责任印制：赵 晟

*

重庆大学出版社出版发行

出版人：易树平

社址：重庆市沙坪坝区大学城西路21号

邮编：401331

电话：（023）88617190 88617185（中小学）

传真：（023）88617186 88617166

网址：http://www.cqup.com.cn

邮箱：fxk@cqup.com.cn（营销中心）

全国新华书店经销

重庆新金雅迪艺术印刷有限公司印刷

*

开本：787mm×1092mm 1/16 印张：16.5 字数：424千

2016年8月第1版 2016年8月第1次印刷

ISBN 978-7-5624-9789-9 定价：98.00元

序

经过近年来的发展，绿色制造技术创新战略已成为全球共识，工业发达国家相继提出了绿色制造愿景和目标。《国家中长期科学和技术发展规划纲要（2006—2020 年）》将绿色制造列为制造业领域发展的三大思路之一；《中国制造 2025》提出了“全面推行绿色制造”，并将“绿色制造工程”列为制造强国战略的五大工程之一。其中绿色制造工艺关键技术与装备是未来机械工业实施绿色制造战略的重要任务之一。

切削液（油）的发明和使用是金属切削加工的一次变革，大大改善了切削冷却润滑条件，有利于延长刀具寿命、断屑排屑，以及提高工件表面质量和加工精度，从而广泛应用于车、铣、钻、磨等金属加工工艺中。但由于切削液（油）在加工中形成大量油烟或油雾颗粒，对于操作者健康十分不利，严重危害工人健康；其废液的排放会对生态环境造成污染；此外，切削液（油）的储存、运输、保养、使用和废液处理成本也非常高。因此，金属切削加工业实施绿色制造的一个重要技术创新方向就是如何减少切削液（油）的使用带来的危害。高速干切削从源头上消除了切削液（油）导致的环境影响和职业健康问题，产生洁净、无污染的切屑，省去了切削液（油）的材料费及处理费等大量费用，进一步提高了生产效率和降低了生产成本，被誉为先进的绿色切削加工技术,引起了工业发达国家的企业界和学术界的高度重视。但目前切削液(油)在我国金属切削加工领域仍处于难以替代的位置,消除或减少切削液(油)造成的职业健康危害和环境污染仍然任重道远,其也是机械工业实施绿色制造需要解决的重点问题之一。

齿轮是传递运动和动力的机械元件,广泛应用于汽车、舰船、航空航天、冶金、风电等行业。滚齿工艺是齿轮齿部粗加工和半精加工的通用工艺,量大面广。传统齿轮滚切加工过度依赖于使用切削油进行润滑和冷却,导致车间油雾弥漫刺鼻、地面油污湿滑,严重危害操作者身体健康,是金属切削车间中油雾污染最为严重的车间之一。自 1997 年日本三菱重工(MHI)首次将高速干切滚齿工艺实用化以来,世界各国制齿装备优势企业均将研发重心转向高速干切滚齿装备,美国格里森(GLEASON)、德国利勃海尔(LIEBHERR)等公司相继推出全新的高速干切滚齿机床和刀具等系列产品,使得该工艺快速进入产业应用和推广阶段。由于其具有生产效率高、单件成本低以及节能环保等多方面的优势,国内齿轮生产厂家也开始提出了采用高速干切滚齿工艺的大量需求。

在国家 863 计划重点课题"齿轮高速干式滚切工艺关键技术与装备(2012AA040107)"等多项国家科研项目的资助下,重庆大学与重庆机床(集团)有限责任公司合作,开展了齿轮绿色制造新型工艺——高速干切滚齿工艺技术和装备研制攻关工作。通过产学研合作,目前已开发出系列新型高速干切数控滚齿机床及相配套的高速干切滚刀,同时对高速干切滚齿工艺基础理论也开展了较为系统的研究工作,并取得了一定的突破。

绿色制造和齿轮行业的转型发展亟需新一代的绿色制造工艺和装备的自主创新研制。本书内容翔实,较为全面、系统地介绍了高速干切滚齿工艺的基础理论和关键技术,对于该领域的知识总结和技术创新发展具有重要参考价值，同时对其他新型绿色制造工艺装备的研发也具有一定的借鉴意义。

中国机械工业联合会副秘书长
国家高档数控机床与基础制造装备重大专项专家

前言

干式切削技术是为适应全球日益高涨的环保要求和可持续发展战略而发展起来的一项绿色切削加工技术。从20世纪90年代开始，干式切削技术在各国工业界和学术界引起广泛的关注。目前工业发达的欧洲、美国和日本等的干式切削技术已成功应用到了生产领域，并取得了良好的经济效益。

齿轮是汽车、舰船、航空航天、冶金、风电等行业的关键基础传动零部件。目前我国齿轮行业总体销售额达2 000多亿人民币，已形成庞大的产业。滚切加工是齿轮齿部成形的主要切削工艺，滚切过程材料去除量大，需要消耗大量的切削油。而切削油及其油雾是车间、生态环境污染及操作者身体健康危害的主要源头。另据统计，湿式齿轮加工中消耗的切削油及切削油附加装置的费用约占加工成本的20%。我国目前既是齿轮第一生产大国，也是滚齿机床第一生产大国，但在绿色高速干切工艺与装备领域仍处于探索阶段。

具有绿色制造特征的高速干切滚齿工艺将成为齿轮加工的未来发展趋势，并具有广阔的市场前景。随着我国节能减排战略的深入推广和广大企业环保意识的提高，高速干切滚齿工艺技术与装备的研发与产业化推广将成为我国齿轮加工行业未来发展的必然趋势。

本书的编著基于“十二五”“863”计划项目“齿轮高速干式滚切工艺关键技术与装备”（课题编号：2012AA040107）及国家自然科学基金面上项目“齿轮绿色高速干切滚齿工艺性能优化基础理论与实验研

究”(项目批准号:51475058)的研究内容,汇集了重庆大学、重庆机床(集团)有限责任公司以及重庆工具厂有限责任公司在以上项目中的部分研究成果,希望为从事绿色化制造的研究人员及生产人员等提供参考,为我国国产机床向绿色化、干切化方向发展提供一些推动力。

本书共分为9章,主要内容按高速干切滚齿工艺的成形机理、温度场控制、机床开发关键技术、干切滚刀开发的关键技术、热变形误差补偿方法、参数优化及碳排放及碳效率评估展开。第1章为高速干切滚齿工艺技术概论,主要介绍了滚齿工艺技术的发展历程和高速干切滚齿工艺技术产生的背景及意义;第2章介绍了高速干切滚齿工艺的成形机理,包括圆柱齿轮滚切多刃断续切削空间成形数学模型、高速干切滚齿过程切屑三维几何数值计算及其特征分析、基于切屑几何的动态滚切力数值计算及分析、齿面包络波纹形貌数值计算及分析;第3章介绍了高速干切滚齿工艺系统切削热传递模型及温度场控制技术,包括高速干切滚齿工艺系统切削热生成机理、传递模型、分布规律及温度场控制方法;第4章介绍了高速干切滚齿有限元仿真及实验分析,包括高速干切滚齿仿真理论基础、高速干切滚齿仿真模型及实验设计、高速干切滚齿仿真及实验分析;第5章介绍了高速干切滚齿机床开发关键技术,包括高速干切滚齿机床总体设计,高速、重载荷滚刀主轴及工作台设计与制造,高速干切滚齿机床新型结构床身和辅助系统;第6章介绍了高速干切滚刀开发关键技术,包括高速干切齿轮滚刀几何结构设计,高速干切滚刀基体及涂层材料选择,高速干切滚刀制造的关键工艺,高速干切滚刀质量检测与评价;第7、8、9章分别介绍了高速干切滚齿工艺参数优化及其系统开发、系统热变形误差理论及补偿方法、碳排放计算及碳效率评估方法。

本书由曹华军、李先广、陈鹏著,在本书内容的研究和撰写过程中得到了沈宏、朱利斌、陈永鹏、杨潇、李本杰、张应、李洪丞、黄强等同志的支持和贡献,在此深表感谢。

本书有关研究工作得到了国家863计划、国家自然科学基金、教育部新世纪优秀人才计划的资助;本书的编写和出版得到重庆大学出版社的大力支持,在此一并表示衷心的感谢。

此外，本书写作过程中参考了有关文献，并尽可能地列在书后的参考文献中，在此向所有被引用文献的作者表示诚挚的谢意。

由于高速干切滚齿工艺是近年来为适应绿色制造而迅速发展的齿轮加工技术，专业性较强，涉及的相关研究较为复杂，加之作者水平有限，书中不妥之处在所难免，敬请广大读者批评指正。

著　者

2015 年 12 月

目录 Contents

第5章 高速干切滚齿机床开发的关键技术

第6章 高速干切滚刀开发的关键技术

第7章 高速干切滚齿工艺参数优化及其系统开发

第8章 高速干切滚齿工艺系统热变形误差理论与补偿

第9章 高速干切滚齿工艺碳排放计算及碳效率评估

参考文献

第1章

高速干切滚齿工艺技术概论

本章要点

◎ 滚齿工艺技术的发展历程

◎ 高速干切滚齿工艺技术产生的背景及意义

1.1 滚齿工艺技术的发展历程

1.1.1 滚齿机床技术的发展现状及趋势

(1) 滚齿机床国内发展现状

近几年,我国在滚齿机设计技术方面研究的主要内容经历了从传统机械式滚齿机通过数控改造发展为2~3轴(直线运动轴)实用型数控高效滚齿机,到全新的六轴四联动数控高速滚齿机的开发。滚齿机加工(钢件)全部采用湿式滚齿方式,由于滚刀线速度大于70 m/min后,会产生大量油雾,目前油雾的处理是采用全密封护罩加油雾分离器的方式将油和雾分开,将不含油的雾排向车间,冷凝后的油回到机床内循环使用;夹着油污的铁屑则通过磁力排屑器将铁屑和大部分油污分离。目前,国内主要滚齿机制造商重庆机床厂及南京二机床有限责任公司生产的系列数控高效滚齿机已采取全密封护罩加油雾分离器和磁力排屑器的方式部分地解决污染问题。世界上滚齿机产量最大的制造商——重庆机床厂,从2001年开始研究面向绿色制造的高速干切滚齿技术,2002年初研制成功既能干切又能湿切的六轴四联动数控高速滚齿机,2003年初又开始研制面向绿色制造的A型高速干式切削滚齿机。

(2) 滚齿机床的国外研究现状

在提高生产效率、降低制造成本的同时,还要做到环境保护、清洁加工,这是当前国外发达国家对机床研究的最前端技术。

在很多发达国家,由于在工业发展过程中大量掠夺性使用资源及只注重生产效率,使其工业已发展到较高的水平,人们的物质生活水平也得到了提高。此时,他们已感到早期的掠夺性使用资源及生产过程中对环境的保护不重视造成了对地球环境的极大破坏。因此,目前发达的工业国家(如美国、德国、日本等)都极其重视对环境的保护,在制造业领域较早提出绿色制造的要求。

目前国际上生产滚齿机的强国——美国、德国和日本,也是世界经济强国和汽车生产大国。美国的Gleason-Pfauter公司,德国的Liebherr公司,日本的三菱重工公司(MITSUBISHI HEAVY INDUSTRY)、坚腾(Kashifuji)、清河(Seiwa)公司和意大利的SU公司是国外最具实力的滚齿机制造商。这些公司目前生产的滚齿机都是全数控式的,中小规格滚齿机都在朝着高速方向发展，所有高效机床均采用了全密封护罩加油雾分离器及磁力排屑器的方式部分地解决污染问题。为更好地满足滚齿加工中的绿色制造要求，德国 Liebherr 公司早在十几年前就开始研究高速干式切削滚齿机，日本三菱重工则是最早将高速干式切削滚齿机商品化的制造商。目前，Liebherr、Gleason-Pfauter、三菱重工、SU、坚腾和清河均开发了适用于高速干式切削的滚齿机产品。在特别重视环保的世界著名齿轮制造商中，如德国 ZF 公司、美国 Ford 汽车公司等使用高速干式滚齿机已成为主流，我国上海汽车齿轮公司及陕西发士特公司也已开始采购三菱重工公司生产的干式切削滚齿机。

（3）滚齿机的发展趋势

从环保生态学和技术经济角度出发，废除切削油，采用干式切削是大势所趋。干式滚齿分为高速干式滚齿和低温冷风干式滚齿两种方式。

湿式切削法需要配置油箱及油路系统，还需采取措施防止油变质，以及进行废油处理、工件清洗、切削油排出处理等。而切削油中含有对人体有害的硫化物、氯化物等。湿式切削只能通过全密封护罩加油雾分离器的方式部分地达到绿色制造的要求，目前这种环保型湿式切削滚齿机在发展中国家还会有大量需求。

低温冷风切削是在现有高效滚齿机的基础上增加低温冷风装置并采用极少量的切削润滑油，滚刀线速度为 70 ~ 150 m/min，这种方式的干式切削在现有高效滚齿机的绿色化改造中会大有前途。

随着刀具材料、涂层技术等的发展，当前滚刀滚切线速度最高可达 600 m/min，这就为高速干式切削滚齿机的应用提供了保障。干式切削与湿式切削相比，高速干式切削滚齿机由于完全不需要切削油，也不需要增加低温冷风装置，不但极大地提高了机床的生产效率、降低了工件的加工成本，而且有利于保护环境、节约自然资源。随着环境保护意识的日益提高和人们越来越重视各种各样的节能技术，高速干式切削滚齿机将成为齿轮制造商新购加工设备的目标。在此背景下，各大国际著名滚齿机床制造商都致力于开发高速干切滚齿机床，面向绿色制造的高速干切滚齿机床成为滚齿机发展的必然趋势。

1.1.2　滚刀技术的发展现状及趋势

滚刀是刀齿沿圆柱或圆锥作螺旋线排列的齿轮加工刀具，用于按展成法加工圆柱齿轮、蜗轮和其他圆柱形带齿的工件。根据用途的不同，滚刀分为齿轮滚刀、蜗轮滚刀、非渐开线展成滚刀和定装滚刀等。

(1)齿轮滚刀

齿轮滚刀是常用的加工外啮合直齿和斜齿圆柱齿轮的刀具。加工时,滚刀相当于一个螺旋角很大的螺旋齿轮,其齿数即为滚刀的头数,工件相当于另一个螺旋齿轮,彼此按照一对螺旋齿轮作空间啮合,以固定的速比旋转,由依次切削的各相邻位置的刀齿齿形包络成齿轮的齿形。常用的滚刀大多是单头的,在大批量生产中,为了提高效率也常采用多头滚刀。

用高速钢制造的中小模数齿轮滚刀一般采用整体结构。模数在 10 mm 以上的滚刀,为了节约高速钢、避免锻造困难和改善金相组织,常采用镶片结构。镶片滚刀的结构形式很多,常用镶齿条结构,即刀齿部分用高速钢制成齿条状,热处理后紧固在刀体上。用硬质合金制造滚刀,可以显著提高切削速度和切齿效率。整体硬质合金滚刀已在钟表和仪器制造工业中广泛地用于加工各种小模数齿轮。中等模数的整体和镶片硬质合金滚刀已用于加工铸铁和胶木齿轮。模数小于 3 mm 的硬质合金滚刀也用于加工钢齿轮。硬质合金滚刀还可加工淬硬齿轮(硬度为 50 ~62 HRC)。这种滚刀常采用单齿焊接结构,制有 30°的负前角,切削时刮去齿面的一层留量。生产滚刀的厂家和交易市场全国各地都有,如专业制作齿轮刀具的国营企业:重庆工具厂、汉江工具厂、哈尔滨第一工具厂。浙江温岭等地则多为民营企业,如温岭市开元工具厂、浙江工量刃具交易市场、重庆兴旺工具制造厂等。

(2)蜗轮滚刀

蜗轮滚刀是常用的蜗轮加工刀具。蜗轮滚刀基本蜗杆的类型和主要参数(模数、齿形角、分度圆直径、螺旋升角和螺纹头数等)应当与工作蜗杆相同,因此,蜗轮滚刀常是专用的。当外径较大时,滚刀制成套装式;当外径较小时,将滚刀制成与心轴一体的带柄式结构。

①非渐开线展成滚刀

工作原理与齿轮滚刀相同。花键滚刀可用于加工矩形齿、渐开线齿或三角形齿的花键轴,其加工精度和生产率较成形铣刀高。非渐开线展成滚刀还可加工圆弧齿轮、摆线齿轮和链轮等。

②定装滚刀

定装滚刀各齿齿形不同,只有最后一个齿是精切齿。齿形和工件的齿槽相同,以成形铣削法切削工件的齿槽,因此定装滚刀必须相对工件的轴线安装在固定的位置上。滚刀上其余的刀齿都是粗切齿。加工时的运动关系与齿轮滚刀相同。成形滚刀可避免用展成刀具加工时齿根部产生的过渡曲线。棘轮滚刀是常用的定装滚刀。

1.2 高速干切滚齿工艺技术产生的背景及意义

1.2.1 绿色制造战略背景

生产力的提高是社会发展的动力，在人类发展历史中，先辈们凭借智慧之光在漫长的岁月里主要依赖人力和畜力作为生产动力缓慢地改造着地球。虽然低下的生产水平导致物质财富的贫乏，青山绿水、蓝天白云、鸟语花香却是自然环境的常态。自18世纪下半叶第一次工业革命以来，人类科技水平和社会生产力空前提高，工业化生产不断扩大规模并创造出了巨大的社会财富以满足人类物质需求，尤其是近一百年以来，人类凭借各种科学技术手段创造的物质财富超过了百年之前人类历史的生产总和。然而，工业社会的发展严重依赖于生产和消费，生产活动以消耗非再生资源、过度消耗再生资源和破坏生态环境作为代价，而消费活动再一次产生大量环境排放，这一系列人类社会活动几近造成不可逆的生态破坏和环境污染。据统计，在21世纪中叶，就静态指标来说，全世界的石油和天然气资源将趋于枯竭；50年内，全球若干金属矿物如锰、铜、铅、铋、金、银等资源也将消耗殆尽；全球80多个国家的约15亿人口面临淡水不足，其中，26个国家的3亿人口完全生活在缺水状态，预计到2025年，全世界将有30亿人口缺水，涉及的国家和地区达40多个；全球最大的500个河流基本正在不同程度地枯竭或受到污染，造成这样的原因一方面源自于资源的过度消耗，而另一方面则完全源自于生产活动产生的排放物质所导致的环境污染。到20世纪80年代后期，环境问题已由局部性、区域性发展成为全球性的生态危机且持续恶化，成为危及人类生存的最大隐患，根据来自世界各地的地球环境科学家的最新研究表明，为地球设置的10个环境指标极限已有4个被突破，环境破坏反作用于人类的生存威胁日益加剧。

人类社会文明的繁荣主要得益于制造业的规模化发展。制造业是将可用资源（包括能源）通过制造过程，转化为可供人们使用和利用的工业品或生活消费品的产业，涉及国民经济的大量行业，如机械、电子、化工、食品、军工，等等。制造业在将制造资源转变为产品的制造过程中和产品的使用及处理过程中，同时产生废弃物（废弃物是制造资源中未被利用的部分，所以也称废弃资源），废弃物是制造业对环境污染的主要根源。制造系统对环境的影响如图1.1所示。

由于历史原因，中国这个曾经历经辉煌的东方古国在18—19世纪期间未能搭上工业革命时期所带来高速发展的列车，20世纪中前期又在战争和社会动荡中饱经摧残。然而风雨之后，我国迎来了和平快速发展的黄金时期，特别是改革开放以来GDP增长率长期保持在8%

以上，工业科技水平亦持续提高，根据中国社会科学院研究预计我国将在21世纪40年代完全实现工业现代化。如前所述，繁荣的制造业将会产生巨大的资源消耗和环境污染，西方发达国家在其工业化进程中深刻领悟到环境破坏所带来的危害和治理污染所付出的高昂代价。我国的工业化进程同样遵循着与发达国家相似的环境轨迹，如图1.2所示，根据循环经济学理论，如果在相同阶段更多考虑资源效率和环境保护会使得中国的环境库兹涅茨曲线更为平缓，这将使我国在经济快速增长的同时实现环境保护。但是，就我国当前面临的国情而言，由于人口基数极大、国际环境复杂等原因，无论是经济下滑或环境持续恶化都将是国家无法承受之重。鉴于此，我国十八大报告指出“坚持节约资源和保护环境的基本国策，坚持节约优先、保护优先、自然恢复为主的方针，着力推进绿色发展、循环发展、低碳发展，形成节约资源和保护环境的空间格局、产业结构、生产方式、生活方式，从源头上扭转生态环境恶化趋势，为人民创造良好生产生活环境，为全球生态安全作出贡献”。环境保护作为我国生态战略的重要组成部分成为一项基本国策，也体现了我国作为世界大国的责任与担当。

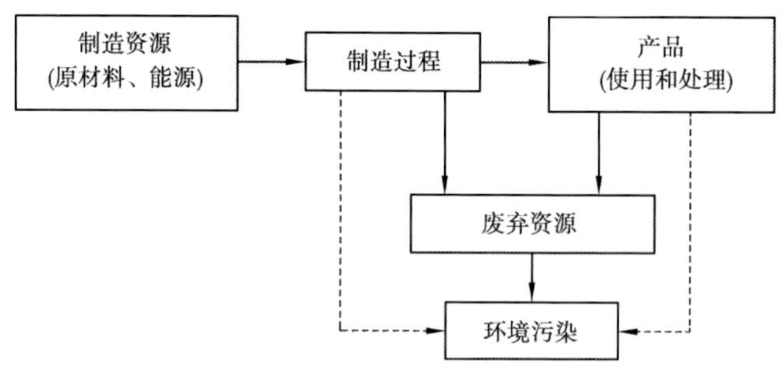

图1.1　制造系统对环境的影响

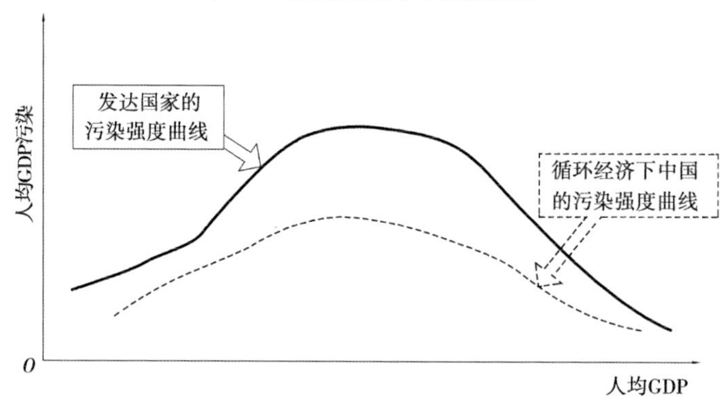

图1.2　中西方工业化过程中环境库兹涅茨曲线

制造业作为国民经济支柱产业之一是支撑国家繁荣的重点行业，也是产生环境污染的重要因素。由于制造业量大面广，因而对环境的总体影响很大。可以说，制造业一方面是创造人类财富的支柱产业，但同时又是当前环境污染的主要源头。鉴于此，如何使制造业尽可能少的产生环境污染是当前环境问题的一个重要研究方向。于是一个新的概念绿色制造(Green Manufacturing)由此产生,并被认为是现代企业发展的必由之路。绿色制造可定义如下:绿色制造是一个综合考虑环境影响和资源消耗的现代制造模式,其目标是使得产品从设计、制造、包装、运输、使用到报废处理的整个生命周期中,对环境负面影响最小,资源利用率最高,并使企业经济效益和社会效益协调优化。面对当前环境局势,绿色制造作为一种先进制造理念是解决制造业环境污染的根本方法之一,也是实现环境污染源头控制的关键途径之一,极为满足我国环境保护基本国策的战略需要。

1.2.2　齿轮高效绿色制造的产业需求

在过去20年中,我国制造业取得了举世瞩目的成就,为人民生活水平的提高和国民经济发展奠定了坚实的物质基础。与此同时,制造过程资源、能源消耗大、污染严重,其中制造业及其产品的能耗约占全国能耗的2/3。为建设资源节约型、环境友好型社会,实现国民经济的可持续发展,国家先后制定了《国家中长期科学和技术发展规划纲要(2006—2020年)》和《国家“十二五”科学和技术发展规划》,科技部颁发了《绿色制造科技发展“十二五”专项规划》,明确提出“积极发展绿色制造,加快相关技术在材料与产品开发设计、加工制造、销售服务及回收利用等产品全生命周期中的应用,形成高效、节能、环保和可循环的新型制造工艺,使我国制造业资源消耗和环境负荷水平进入国际先进行列”。

绿色制造是一种在保证产品功能、质量以及成本的前提下,综合考虑环境影响和资源效率的现代制造模式,通过开展技术创新及系统优化,使产品在设计、制造、物流、使用、回收、拆解与再利用等全生命周期过程中,对环境影响最小、资源能源利用率最高、人体健康与社会危害最小,并使企业经济效益与社会效益协调优化。随着ISO 14000环境管理体系标准的实施和车间环境污染相关法律法规的日益严格,以及企业非常重视保护环境、节约能源、节约资源等绿色目标,机械工业绿色化是未来发展的必然趋势。

齿轮作为机械工业的重要构成部分,是传递运动和动力的机械元件,是汽车、舰船、航空航天、风电等行业的关键基础传动零部件。据中国齿轮专业协会统计,2014年我国齿轮行业销售额达2 245亿元,是基础零部件行业规模最大的分行业。滚齿工艺是基于展成加工原理的齿轮高效切削加工工艺,广泛应用于齿轮半精加工。目前我国在齿轮加工领域还广泛采用湿式滚齿工艺,需要消耗大量的切削液。以汽车齿轮制造业为例,现在均采用切削液进行滚切,每台滚齿机平均每年需消耗冷却油2 000 L以上,最大产能20万件。2012年我国汽车产量1 900余万辆,共需变速箱齿轮约4.75亿件,全行业共约需消耗冷却油超过5×10^{6} L。如再加上工程机械、摩托车、电动工具、农业机械等行业的齿轮加工，其节油减污前景十分可观。另据统计湿式齿轮加工中消耗的切削液及其附加装置的费用占加工成本的20%左右，是滚齿加工成本的主要组成部分。鉴于此，日本三菱、美国格里森、德国利勃海尔等国际知名滚齿机厂家已经几乎不再生产湿式滚齿机床，而主要生产高速干切、功能复合的绿色滚齿机床。绿色化是滚齿加工的必然发展趋势，绿色环保的高速干切滚齿工艺和装备是齿轮加工企业技术升级的首选和产业技术变革的必然方向。

随着数控技术、伺服电机和力矩电机技术的发展，在高速切削条件下，可以通过切屑带走大量切削热；同时由于粉末冶金高速钢及刀具涂层技术的发展，改善了滚刀抗冲击、润滑和隔热性能，从而使得齿轮高速干切成为可能。自1997年日本三菱重工(MHI)首次将高速干切滚齿工艺的实用化以来，世界各国制齿装备优势企业均将研发重心转向高速干切滚齿装备，美国格里森(GLEASON)、德国利勃海尔(LIEBHERR)等公司相继推出全新的高速干切滚齿机床和刀具等系列产品，使得该工艺快速进入产业应用和推广阶段。统计数据表明，高速干切滚齿工艺相较于传统湿切滚切单件加工效率提高将近两倍；与传统湿切滚齿工艺相比较，高速干切滚齿工艺加工成本可降低45%，其中，刀具费用可降低40%、切削液费用可降低100%、电力费用可降低33%。使用高速干切滚齿工艺加工出来的工件的质量更高，而且干净、清洁，无须后续清洗等工序处理。高速干切滚齿加工生成的切屑同样干净清洁，可以直接回收再利用，降低了切屑处理成本。以日本三菱重工公司的GE25A干式切削滚齿机为例，其最大加工直径为250 mm，GE25A干式切削滚齿机能够在高速条件下稳定加工，使老式湿式加工需要90 s的切削时间减少了50%，刨除工具费以外，成本可减少30%。

高速干切滚齿工艺并非仅仅是简单地提高转速和去掉原有工艺中的冷却液及其附加装置，而是综合协调优化机床、工艺参数和刀具等加工要素对传统切削工艺作出重大变革，是一种不用或者少用切削液(使用低温压缩空气等清洁冷却润滑介质)，以较高的切削速度和进给速度实现高效率、低能耗、绿色环保的齿轮制造工艺。目前，国际上发达国家汽车齿轮滚切加工90%以上采用高速干式滚切工艺进行生产。国内齿轮生产厂家仍大量采用以切削油为介质的湿式滚切加工方式。但随着市场竞争的日益激烈和自动化生产线的推广应用，国内齿轮生产企业也开始大量进口先进的高速干切滚齿机床进行齿轮高速干式滚切加工。

相比于传统湿式滚齿工艺，高速干切滚齿工艺取消了切削液的使用，消除了切削油雾和漏油带来的环境污染，工作环境得到了极大地改善，减少了对工人健康的危害，同时具有高效率、低能耗的特点，是一种典型的绿色环保的齿轮制造工艺。高速干切滚齿工艺的推广对我国制造业降低能量消耗有重要意义，符合我国创建资源节约型和环境友好型社会发展战略，具有良好的生态环境效益。在当前利用绿色制造技术实现我国制造业可持续发展成为必然趋势的背景下，推广使用有利于环境保护的齿轮加工技术——高速干切滚齿技术，对先进制造技术体系及金属切削理论的完善和我国机械制造业的可持续发展具有深远意义。

第2章

高速干切滚齿工艺的成形机理

本章要点

◎ 圆柱齿轮滚切多刃断续切削空间成形数学模型

◎ 高速干切滚齿过程切屑三维几何数值计算及其特征分析

◎ 基于切屑几何的动态滚切力数值计算及分析

◎ 齿面包络波纹形貌数值计算及分析

圆柱齿轮滚切加工是滚刀切削刃在三维空间中的非自由切削，其成形原理是滚刀与工件严格按照传动比做展成运动，由分布在滚刀基本蜗杆面上的若干切削刃包络形成齿轮齿廓，同时由同步轴向进给运动加工出全齿宽，其成形过程具有自身的特点和复杂性。当前关于圆柱齿轮滚切工艺的研究通常进行了二维简化，实质上该工艺涉及滚刀与齿轮工件的复杂空间三维几何及相对运动关系，是由设计确定的滚刀切削刃根据滚切运动生成一系列的空间轨迹曲面，并以此为界面相继从齿坯上切除材料，最终离散包络出齿轮的齿面，是一个复杂的空间成形过程。因此，建立圆柱齿轮滚切工艺多刃断续切削空间成形模型对准确分析其三维成形机理具有重要意义，其体系框架如图2.1所示。根据滚刀参数建立切削刃的几何数学模型，同时基于切削参数建立滚刀与齿轮工件的相对运动学关系模型，获得切削刃的空间成形轨迹曲面，最终由分布在滚刀基本蜗杆上的多个切削刃断续切除材料包络出齿轮齿面。

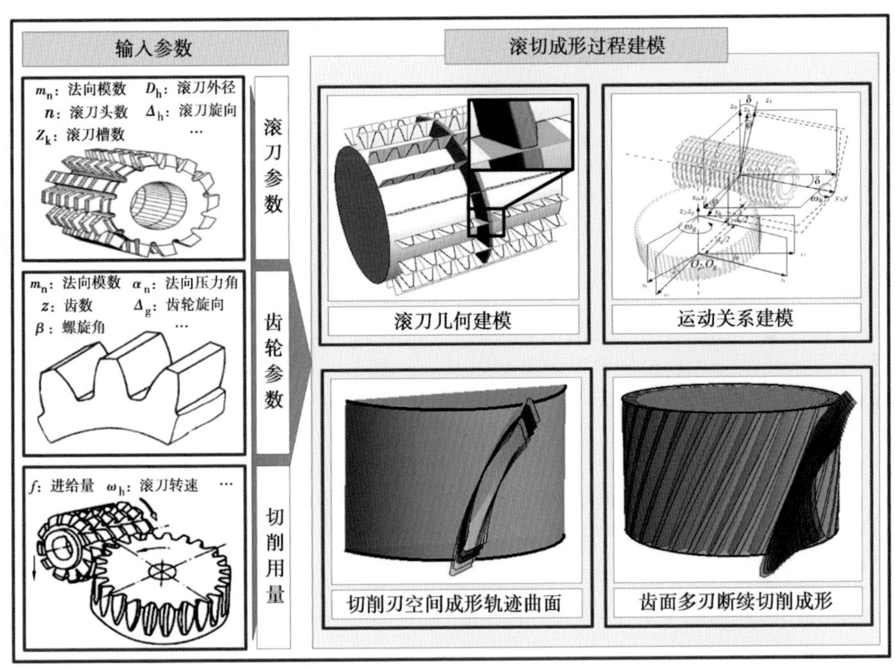

图2.1 圆柱齿轮滚切多刃断续切削空间成形模型的技术框架

2.1 圆柱齿轮滚切多刃断续切削空间成形数学模型

2.1.1 齐次坐标变换原理——建模数学工具

齐次坐标变换是进行几何变换的有效工具，适用于描述空间坐标系统的相对位置或运动，在后文进行滚刀几何创成、滚齿机床运动学关系建模、切削刃空间成形界面推导、高速干切滚齿机床热变形误差建模等内容中多次应用，因而在此对齐次坐标变换的原理进行简要介绍。

要确定物体在空间中的位置或运动，需要建立两个坐标系：

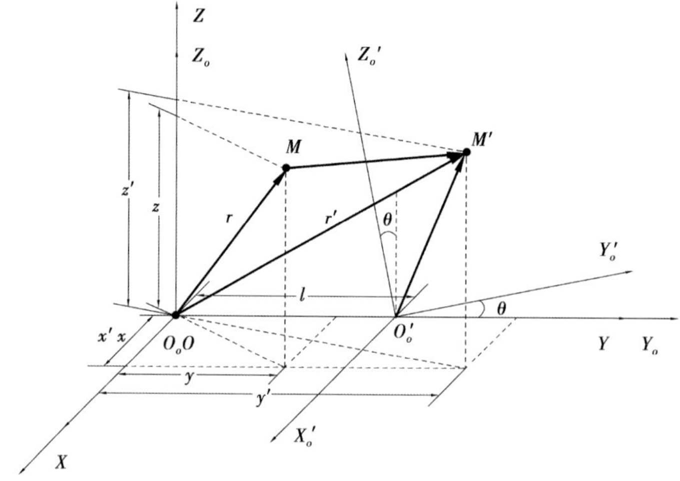

图 2.2　坐标系相对运动关系示意图

①与物体固联的坐标系，称为载物坐标系。

②研究物体位置或运动所建立的参考坐标系，称为观察坐标系。如图 2.2 所示，$OXYZ$ 为观察坐标系，其中有一刚体，与该刚体固联的载物坐标系为 $O_oX_oY_oZ_o$，初始时刻与观察坐标系重合，刚体上一点 M 在 $OXYZ$ 中矢径为 $\boldsymbol{r}$，齐次坐标为 $\boldsymbol{M}=(x,y,z,1)^{\mathrm{T}}$，若该刚体在观察坐标系中绕 X 轴旋转 θ 角（右手定则），并沿 Y 轴正方向平移 l 距离，移动后其坐标系表示为 $O'_oX'_oY'_oZ'_o$，此时原 M 点在 $OXYZ$ 中的坐标为 $\boldsymbol{M}'=(x',y',z',1)^{\mathrm{T}}$，则 $\boldsymbol{M}'$ 与 $\boldsymbol{M}$ 的关系用齐次坐标变换矩阵表示见式(2.1)：

$$\boldsymbol{M}' = \boldsymbol{H}\boldsymbol{M} \tag{2.1}$$

其中，$\boldsymbol{H}$ 为齐次坐标变换矩阵，是一个 4×4 的方阵，描述了坐标系统的空间坐标关系，它划分为 4 个子矩阵，其中 $\boldsymbol{R}_{3\times3}$ 为旋转矩阵，$\boldsymbol{T}_{3\times1}$ 为平移向量，$\boldsymbol{P}_{1\times3}$ 为透视变换，$\boldsymbol{S}_{1\times1}$ 为缩放比例尺，其形式见式(2.2)：

$$\boldsymbol{H} = \left[\begin{array}{ccc:c} n(x) & s(x) & a(x) & l(x) \\ n(y) & s(y) & a(y) & l(y) \\ n(z) & s(z) & a(z) & l(z) \\ \hdashline 0 & 0 & 0 & 1 \end{array}\right] = \begin{bmatrix} \boldsymbol{R}_{3\times3} & \boldsymbol{T}_{3\times1} \\ \boldsymbol{P}_{1\times3} & \boldsymbol{S}_{1\times1} \end{bmatrix} \tag{2.2}$$

$\boldsymbol{R}_{3\times3}$ 子矩阵可视为 3 个向量构成，即 $\boldsymbol{n}=(n(x),n(y),n(z))^{\mathrm{T}}$，$\boldsymbol{s}=(s(x),s(y),s(z))^{\mathrm{T}}$，$\boldsymbol{a}=(a(x),a(y),a(z))^{\mathrm{T}}$，分别为载物坐标系各坐标轴单位向量在观察坐标系中的坐标向量

表示。$\boldsymbol{T}_{3\times 1}$子矩阵为载物坐标系位置向量 $\boldsymbol{l}=(l(x),l(y),l(z))^{\mathrm{T}}$，即载物坐标系原点在观察坐标系中的位置向量。由于刚体在三维空间中有 6 个自由度（分别绕 X,Y,Z 轴的旋转运动和分别沿 X,Y,Z 轴的平移运动），因此，可以定义 6 个齐次坐标变换矩阵分别描述这 6 个运动，即

①分别绕 X,Y,Z 轴旋转的齐次坐标变换矩阵：

$$\boldsymbol{R}_x(\theta)=\begin{bmatrix}1 & 0 & 0 & 0\\ 0 & \cos\theta & -\sin\theta & 0\\ 0 & \sin\theta & \cos\theta & 0\\ 0 & 0 & 0 & 1\end{bmatrix} \tag{2.3}$$

$$\boldsymbol{R}_y(\theta)=\begin{bmatrix}\cos\theta & 0 & \sin\theta & 0\\ 0 & 1 & 0 & 0\\ -\sin\theta & 0 & \cos\theta & 0\\ 0 & 0 & 0 & 1\end{bmatrix} \tag{2.4}$$

$$\boldsymbol{R}_z(\theta)=\begin{bmatrix}\cos\theta & -\sin\theta & 0 & 0\\ \sin\theta & \cos\theta & 0 & 0\\ 0 & 0 & 1 & 0\\ 0 & 0 & 0 & 1\end{bmatrix} \tag{2.5}$$

②分别沿 X,Y,Z 轴平移的齐次坐标变换矩阵：

$$\boldsymbol{T}_x(l)=\begin{bmatrix}1 & 0 & 0 & l\\ 0 & 1 & 0 & 0\\ 0 & 0 & 1 & 0\\ 0 & 0 & 0 & 1\end{bmatrix} \tag{2.6}$$

$$\boldsymbol{T}_y(l)=\begin{bmatrix}1 & 0 & 0 & 0\\ 0 & 1 & 0 & l\\ 0 & 0 & 1 & 0\\ 0 & 0 & 0 & 1\end{bmatrix} \tag{2.7}$$

$$\boldsymbol{T}_z(l)=\begin{bmatrix}1 & 0 & 0 & 0\\ 0 & 1 & 0 & 0\\ 0 & 0 & 1 & l\\ 0 & 0 & 0 & 1\end{bmatrix} \tag{2.8}$$

2.1.2 滚刀几何结构的参数化数学模型

(1)滚刀和齿轮几何参数约束关系

渐开线圆柱齿轮因其传动精度和承载能力高、加工方便的特点而在机械传动系统中被广泛采用。而滚齿工艺由于是多刃参与切削且加工过程中刀具连续进给(无退刀换刀过程)从而加工效率非常高,因此应用广泛。齿轮滚切工艺实质是一对相错轴渐开线圆柱齿轮相啮合,其中滚刀所代表的斜齿轮由于齿数较少且螺旋角很大演变成蜗杆。该蜗杆为滚刀的基本蜗杆,经过开容屑槽和铲齿背之后形成一系列规则分布在基本蜗杆面的切削刃。在啮合过程中,这些切削刃相继从齿坯上去除材料最终包络形成齿轮齿廓。根据啮合原理,加工不同齿形需要采用齿廓与之共轭的滚刀,而滚刀基本蜗杆的几何结构与齿轮和滚刀的基本参数相关,基本参数分为定义参数和约束参数,定义参数指由设计人员根据设计目标按标准确定的参数,约束参数指与定义参数存在确定关系的其他参数,当定义参数确定之后根据相应的约束关系可以推导求得。滚刀基本参数见表2.1,齿轮基本参数见表2.2。

表2.1 滚刀基本参数

序号	参数名称	参数符号	参数类型	备注
1	法向模数	m_n	定义参数	
2	法向压力角	α_n	定义参数	
3	齿顶高系数	h_a	定义参数	
4	顶隙系数	c	定义参数	
5	齿顶圆角半径	r_c	定义参数	
6	滚刀头数	z_0	定义参数	
7	滚刀槽数	Z_k	定义参数	
8	滚刀外径	D_h	定义参数	
9	滚刀旋向	Δ_h	定义参数	左旋取“+1”,右旋取“-1”
10	容屑槽类型	κ	定义参数	直槽取“0”,螺旋槽取“1”
11	滚刀分度圆半径	r_h	约束参数	
12	滚刀螺旋升角	λ	约束参数	右旋取正,左旋取负
13	滚刀轴向压力角	$\alpha_{h,a}$	约束参数	
14	滚刀轴向齿距	$p_{h,a}$	约束参数	
15	滚刀端面压力角	$\alpha_{h,\tau}$	约束参数	渐开线滚刀
16	滚刀基圆半径	$r_{h,b}$	约束参数	渐开线滚刀

表2.2　齿轮基本参数

序　号	参数名称	参数符号	参数类型	备　注
	法向模数	m_n	定义参数	分度圆
	齿数	z	定义参数	
	法向压力角	α_n	定义参数	分度圆
	齿轮螺旋角	β	定义参数	分度圆
	齿顶高系数	h_a	定义参数	
	顶隙系数	c	定义参数	
	齿轮旋向	Δ_g	定义参数	左旋取“+1”,右旋取“-1”
	齿轮分度圆半径	r_g	约束参数	
	齿轮齿顶圆直径	D_g	约束参数	
	齿轮端面压力角	$\alpha_{g,\tau}$	约束参数	
	齿轮基圆半径	$r_{g,b}$	约束参数	

1)滚刀约束参数计算

分度圆是计算滚刀和齿轮几何尺寸的基准,根据被加工齿轮参数,设计人员确定滚刀外径。滚刀分度圆半径由式(2.9)计算:

$$r_h = \frac{D_h}{2} - m_n(h_a + c) \tag{2.9}$$

基于式(2.9)计算求得的滚刀分度圆半径,可以确定滚刀基本蜗杆螺旋的升角 λ,由于滚刀螺旋分为左旋和右旋。在此 λ 使用代数量表示,右旋取正值,左旋取负值。其绝对值由式(2.10)计算:

$$\sin|\lambda| = \frac{z_0 m_n}{2r_h} \tag{2.10}$$

滚刀轴向压力角和轴向齿距是基本蜗杆创成面建模的基本参数,基于法向压力角 α_n 和式(2.10)所求滚刀螺旋升角 λ,其轴向压力角 $\alpha_{h,a}$ 和轴向齿距 $p_{h,a}$ 分别由式(2.11)和式(2.12)计算:

$$\tan\alpha_{h,a} = \frac{\tan\alpha_n}{\cos|\lambda|} \tag{2.11}$$

$$p_{h,a} = \frac{\pi m_n}{\cos|\lambda|} \tag{2.12}$$

对于渐开线齿轮滚刀,需计算滚刀渐开线创成面的分度圆端面压力角 $\alpha_{h,\tau}$ 和基圆半径

$r_{h,b}$，见式(2.13)和式(2.14)：

$$\tan \alpha_{h,\tau} = \frac{\tan \alpha_n}{\sin|\lambda|} \tag{2.13}$$

$$p_{h,a} = \frac{\pi m_n}{\cos|\lambda|} \tag{2.14}$$

2)齿轮约束参数计算

当法向模数、齿数及齿轮螺旋角确定之后，齿轮分度圆半径 r_g 由式(2.15)计算。与滚刀类似，齿轮螺旋方向也分为“左旋”和“右旋”，同理，其螺旋角 β 采用代数量表示：右旋取正值，左旋取负值。在进行参数计算时使用其绝对值代入计算：

$$r_g = \frac{m_n z}{2\cos|\beta|} \tag{2.15}$$

齿轮齿顶圆直径 D_g 由式(2.16)计算：

$$D_g = \frac{m_n z}{\cos|\beta|} + 2m_n h_a \tag{2.16}$$

渐开线圆柱齿轮齿面为渐开线螺旋面，其空间几何形态由齿轮螺旋角及渐开线基圆半径确定，齿轮基圆半径可由式(2.17)和式(2.18)计算：

$$\tan \alpha_{g,\tau} = \frac{\tan \alpha_n}{\cos|\beta|} \tag{2.17}$$

$$r_{g,b} = r_g \cos \alpha_{g,\tau} \tag{2.18}$$

(2)基于参数化的滚刀切削刃数学模型

切削成形是通过刀具从工件毛坯上切除材料以获得理想形状和尺寸的一种机械加工工艺，刀具切削刃的几何构形是保证工件最终形状的关键因素。滚齿是由规则分布在滚刀基本蜗杆创成面上的一系列切削刃相继从齿坯上切除材料，最终获得齿轮齿面的过程，建立滚刀切削刃的理论模型是分析齿轮滚切成形过程的基础。

1)滚刀基本蜗杆轴向齿形

滚刀是具有特定轴向截形的蜗杆经开槽和铲齿后形成的具有多个切削刃的复杂刀具，滚刀切削刃实质是基本蜗杆创成面与前刀面相交生成的空间曲线，而其基本蜗杆创成面是特定的轴向齿形绕滚刀轴线做螺旋运动而生成的空间螺旋面，如图 2.3 所示。首先定义滚刀坐标系 $O_hX_hY_hZ_h$ 和滚刀分度圆柱面坐标系 $O_pX_pY_pZ_p$(图 2.3 (a))，该两坐标系相互平行，X_p 轴通过分度圆柱面且与滚刀轴线平行，Y_p 轴沿滚刀径向平分滚刀轴向齿形；X_h 轴通过滚刀轴线，Y_h 轴与 Y_p 轴重合。以滚刀轴向(X_h 轴)坐标为参数变量 t，滚刀轴向齿形的齐次坐标

$\boldsymbol{P}_{h}(t)$如式(2.19)：

$$\boldsymbol{P}_{h}(t)=\begin{bmatrix} t \\ Y_{h}(t) \\ 0 \\ 1 \end{bmatrix} \tag{2.19}$$

其中$Y_{h}(t)$为滚刀基本蜗杆创成面轴向截形在$O_{h}X_{h}Y_{h}Z_{h}$坐标系中的Y_{h}坐标。由图2.3(b)知，由于处在$O_{h}X_{h}Y_{h}$平面，其Z_{h}坐标为0。该图形沿Y_{h}轴对称，并由4类共7段直线或曲线构成，即：直线ab与gh，曲线bc与fg，圆弧cd与ef，直线de，因此可以采用分段函数$Y_{R}^{\iota}(t)$的形式对各段进行分别表示，其中ι指代$ab\sim gh$，各段定义域根据其端点在X_{h}轴上的投影确定上下限，投影的X_{h}坐标用其在X_{h}轴上对应的截距即$x_{a}, x_{b}, x_{c}, x_{d}$表示。

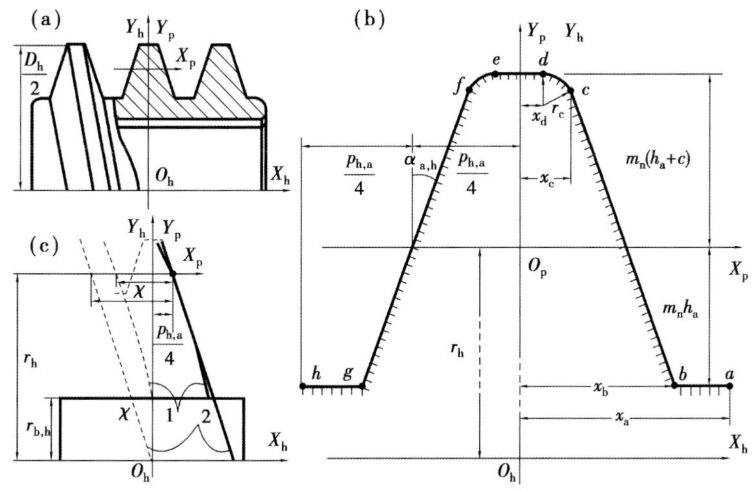

图2.3　滚刀轴向齿形

①齿根部分：ab段与gh段

ab段与gh段平行于滚刀轴线X_{h}，一般情况下，它们与齿轮齿顶圆柱面相切，在滚切过程中并不参与切削，其Y_{h}坐标见式(2.20)和式(2.21)：

$$Y_{h}^{ab}(t)=r_{h}-m_{n}h_{a}\quad(x_{b}\leqslant t\leqslant x_{a}) \tag{2.20}$$

$$Y_{h}^{gh}(t)=r_{h}-m_{n}h_{a}\quad(-x_{a}\leqslant t\leqslant -x_{b}) \tag{2.21}$$

②侧刃部分：bc段与fg段

bc段与fg段是包络齿轮工作渐开线齿面的重要部分，它们的形状决定了滚刀基本蜗杆的类型—阿基米德蜗杆或渐开线蜗杆。图2.3(c)显示两组侧刃截形“1”和“2”。

A.“1”组为渐开线蜗杆的齿侧截形，其数学方程为反渐开线函数，粗实线为基本蜗杆创成面的实际截形，虚线为计算辅助线，以 Y_h 坐标为变量，其函数表达如下：

$$f(Y_h) = -\frac{z_0 p_{a,h}}{2\pi}\left(\frac{\sqrt{Y_h^2 - r_{b,h}^2}}{r_{b,h}} - \sec\left(\frac{r_{b,h}}{Y_h}\right)\right) \tag{2.22}$$

B. “2”组为阿基米德蜗杆的齿侧截形，其实质是一条直线。同上，粗实线为基本蜗杆创成面的实际截形，虚线为计算辅助线，以 Y_h 坐标为变量，其函数表达如下：

$$f(Y_h) = -Y_h \tan \alpha_{a,h} \tag{2.23}$$

为了求得粗实线以 X_h 坐标为变量的函数表达式，需要求解虚线与 X_h 轴的截距 χ 如下：

$$\chi = -f(r_h) + \frac{p_{a,h}}{4} \tag{2.24}$$

在此基础上，bc 段与 fg 段的 Y_h 坐标 $Y_h^{bc}(t)$ 和 $Y_h^{gh}(t)$ 用反函数表示，分别为式(2.25)和式(2.26)：

$$Y_h^{bc}(t) = f^{-1}(t - x) \quad (x_c \leqslant t \leqslant x_b) \tag{2.25}$$

$$Y_h^{gh}(t) = f^{-1}(-t - x) \quad (-x_b \leqslant t \leqslant -x_c) \tag{2.26}$$

③齿顶圆弧部分：cd 段与 ef 段

cd 段与 ef 段为滚刀轴向截形上的齿顶圆弧部分，圆弧半径为 r_c，用于加工齿轮齿根过渡圆弧，其函数表达式分别见式(2.27)和式(2.28)：

$$Y_h^{cd}(t) = \frac{D_h}{2} - r_c + \sqrt{r_c^2 - (t - x_d)^2} \quad (x_d \leqslant t \leqslant x_c) \tag{2.27}$$

$$Y_h^{ef}(t) = \frac{D_h}{2} - r_c + \sqrt{r_c^2 - (t + x_d)^2} \quad (-x_c \leqslant t \leqslant x_d) \tag{2.28}$$

④顶刃部分：de 段

滚刀顶刃部分用于加工齿轮齿根圆，与 ab 段和 gh 段类似，该部分为平行于 X_h 轴的直线，其函数如下：

$$Y_h^{de}(t) = \frac{D_h}{2} \quad (-x_d \leqslant t \leqslant x_d) \tag{2.29}$$

各分段函数定义域上下限各段端点在 X_h 轴上的投影：x_a，x_b，x_c，x_d 确定，其中 x_a 和 x_b 的值分别由式(2.30)和式(2.31)求解。由于 bc 段与 cd 段在 c 点相切，因此，x_c 和 x_d 的值通过解微分方程组式(2.32)求得：

$$x_a = \frac{p_{a,h}}{2} \tag{2.30}$$

$$x_b = f(r_h - m_n h_a) + \chi \tag{2.31}$$

$$\begin{cases} Y_{\mathrm{h}}^{bc}(x_{\mathrm{c}}) = Y_{\mathrm{h}}^{cd}(x_{\mathrm{c}}) \\ \dfrac{\partial Y_{\mathrm{h}}^{bc}(x_{\mathrm{c}})}{\partial x_{\mathrm{c}}} = \dfrac{\partial Y_{\mathrm{h}}^{cd}(x_{\mathrm{c}})}{\partial x_{\mathrm{c}}} \end{cases} \tag{2.32}$$

2)滚刀基本蜗杆创成面

滚刀基本蜗杆是由轴向截形沿分度圆螺旋线做螺旋运动生成，即 $O_{\mathrm{p}}X_{\mathrm{p}}Y_{\mathrm{p}}Z_{\mathrm{p}}$ 坐标系绕 X_{h} 轴回转同时轴向平移。设 $\boldsymbol{M}_{\mathrm{worm}}$ 为滚刀轴向截形生成滚刀基本蜗杆的创成运动变换矩阵，则 $\boldsymbol{W}_{\mathrm{h}}(t,\omega)$ 由式(2.33)计算：

$$\boldsymbol{W}_{\mathrm{h}}(t,\omega) = \boldsymbol{M}_{\mathrm{worm}}\boldsymbol{P}_{\mathrm{h}}(t) \tag{2.33}$$

$\boldsymbol{M}_{\mathrm{worm}}$ 由平移变换和回转变换复合而成，以绕 X_{h} 轴的回转角 ω 为变量，则沿轴向的平移距离为 $r_{\mathrm{h}}\omega\tan\lambda$。根据2.1.1节齐次坐标变换原理中式(2.3)和式(2.6)，$\boldsymbol{M}_{\mathrm{worm}}$的计算如下：

$$\boldsymbol{M}_{\mathrm{worm}} = \boldsymbol{T}_x(r_{\mathrm{h}}\omega\tan\lambda)\boldsymbol{R}_x(\omega) \tag{2.34}$$

式中：

$$\boldsymbol{T}_x(r_{\mathrm{h}}\omega\tan\lambda) = \begin{bmatrix} 1 & 0 & 0 & r_{\mathrm{h}}\omega\tan\lambda \\ 0 & 1 & 0 & 0 \\ 0 & 0 & 1 & 0 \\ 0 & 0 & 0 & 1 \end{bmatrix} \quad \boldsymbol{R}_x(\omega) = \begin{bmatrix} 1 & 0 & 0 & 0 \\ 0 & \cos\omega & -\sin\omega & 0 \\ 0 & \sin\omega & \cos\omega & 0 \\ 0 & 0 & 0 & 1 \end{bmatrix}$$

最终求得滚刀基本蜗杆创成面的齐次坐标参数方程如式(2.35)，图2.4为滚刀基本蜗杆剖视图，图2.4(a)为阿基米德蜗杆，其侧刃为一条直线，图2.4(b)为渐开线蜗杆，其侧刃为一条反渐开线。

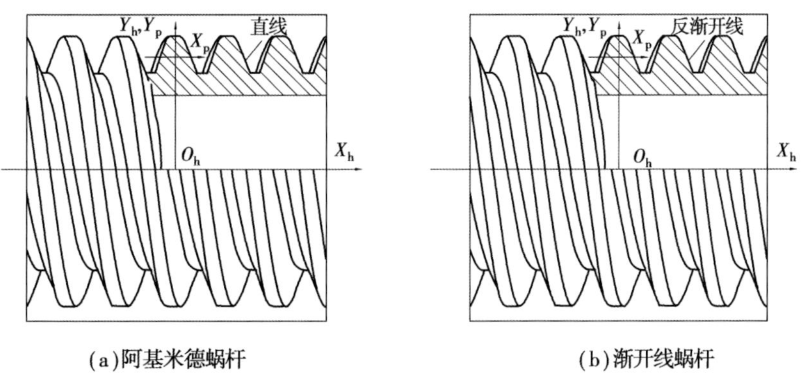

(a)阿基米德蜗杆　　(b)渐开线蜗杆

图2.4　滚刀基本蜗杆创成面

$$\boldsymbol{W}_{\mathrm{h}}(t,\omega)=\begin{bmatrix} t+r_{\mathrm{h}}\omega\tan\lambda \\ Y_{\mathrm{h}}(t)\cos\omega \\ Y_{\mathrm{h}}(t)\sin\omega \\ 1 \end{bmatrix} \tag{2.35}$$

3)滚刀前刀面

滚刀基本蜗杆经开槽和刃磨后形成容屑槽及前刀面,容屑槽分为直槽和螺旋槽。直槽滚刀的前刀面为平行于滚刀轴线的平面,而螺旋槽滚刀前刀面为空间螺旋面,其螺旋方向与基本蜗杆的螺旋方向相反且垂直。滚刀前刀面可视为一条垂直于滚刀轴向的空间直线 AB(母线)绕滚刀轴线做螺旋运动(螺旋槽滚刀)或平移运动(直槽滚刀,即螺旋角无穷大)生成,如图 2.5 所示。AB 位于 $O_{\mathrm{h}}Y_{\mathrm{h}}Z_{\mathrm{h}}$ 平面上,并在滚刀分度圆柱面处与 Y_{h} 轴相交,夹角 γ_{h} 称为分度圆径向前角,发生线的偏心量 $e=r_{\mathrm{h}}\sin\gamma_{\mathrm{h}}$,则 AB 的齐次坐标由式(2.36)计算:

$$\boldsymbol{L}_{\mathrm{h}}(r)=\begin{bmatrix} 0 \\ r\cos(\gamma-\gamma_{\mathrm{h}}) \\ r\sin(\gamma-\gamma_{\mathrm{h}}) \\ 1 \end{bmatrix} \tag{2.36}$$

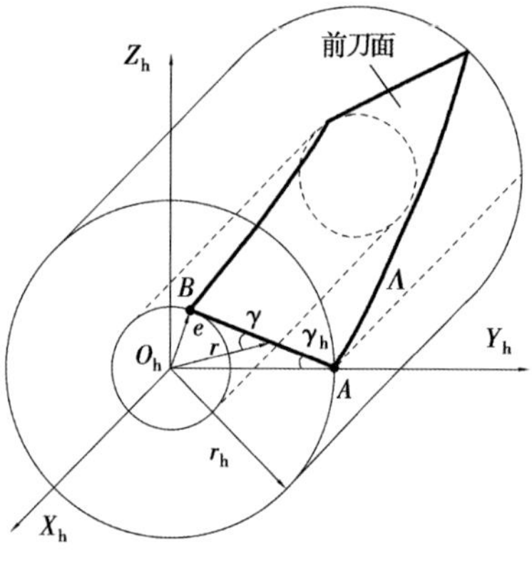

图 2.5　滚刀前刀面

设 $\boldsymbol{M}_{\mathrm{rake}}$ 为滚刀前刀面的创成运动变换矩阵,则前刀面的齐次坐标 $\boldsymbol{R}_{\mathrm{h}}(r,u)$ 由式(2.37)计算:

$$\boldsymbol{R}_{\mathrm{h}}(r,u)=\boldsymbol{M}_{\mathrm{rake}}\boldsymbol{L}_{\mathrm{h}}(r) \tag{2.37}$$

$\boldsymbol{M}_{\mathrm{rake}}$ 由平移变换和回转变换复合而成,以母线 AB 沿滚刀轴线 X_{h} 平移距离 u 为参量,平移同时绕 X_{h} 轴逆时针回转 $(u\tan\Lambda)/r_{\mathrm{h}}$ 角度,其中 $\Lambda=\kappa\lambda$,当容屑槽为直槽时 $\Lambda=0$,为螺旋槽时 $\Lambda=\lambda$。根据 2.1.1 节齐次坐标变换原理中式(2.3)和式(2.6),$\boldsymbol{M}_{\mathrm{rake}}$ 的计算式如下:

$$\boldsymbol{M}_{\mathrm{rake}}=\boldsymbol{T}_{x}(u)\boldsymbol{R}_{x}\left(\frac{u}{r_{\mathrm{h}}}\tan\Lambda\right) \tag{2.38}$$

其中:

$$\boldsymbol{T}_{x}(u)=\begin{bmatrix} 1 & 0 & 0 & u \\ 0 & 1 & 0 & 0 \\ 0 & 0 & 1 & 0 \\ 0 & 0 & 0 & 1 \end{bmatrix}$$

$$\boldsymbol{R}_x\left(\frac{u}{r_{\mathrm{h}}}\tan \Lambda\right)=\begin{bmatrix}1 & 0 & 0 & 0\\ 0 & \cos\left(\frac{u}{r_{\mathrm{h}}}\tan \Lambda\right) & -\sin\left(\frac{u}{r_{\mathrm{h}}}\tan \Lambda\right) & 0\\ 0 & \sin\left(\frac{u}{r_{\mathrm{h}}}\tan \Lambda\right) & \cos\left(\frac{u}{r_{\mathrm{h}}}\tan \Lambda\right) & 0\\ 0 & 0 & 0 & 1\end{bmatrix}$$

前刀面 $\boldsymbol{R}_{\mathrm{h}}(r,u)$ 的齐次坐标参数方程见式(2.39)：

$$\boldsymbol{R}_{\mathrm{h}}(r,u)=\begin{bmatrix}-u\\ r\cos\left(\frac{u}{r_{\mathrm{h}}}\tan \Lambda+\gamma-\gamma_{\mathrm{h}}\right)\\ r\sin\left(\frac{u}{r_{\mathrm{h}}}\tan \Lambda+\gamma-\gamma_{\mathrm{h}}\right)\\ 1\end{bmatrix} \tag{2.39}$$

4)滚刀切削刃

如前所述，滚刀切削刃是基本蜗杆创成面与前刀面相交形成的空间曲线，联合式(2.35)与式(2.39)解得 ω，由此可得式(2.40)：

$$\omega=\frac{1}{1+\tan\lambda\tan\Lambda}\left[\sin^{-1}\left(\frac{e}{Y_{\mathrm{h}}(t)}\right)-\gamma_{\mathrm{h}}\right]-\frac{t}{r_{\mathrm{h}}(\tan\lambda+\cot\Lambda)} \tag{2.40}$$

将式(2.40)代入式(2.35)，解得滚刀切削刃 $\boldsymbol{E}_{\mathrm{h}}(t)$ 的齐次坐标参数方程见式(2.41)：

$$\boldsymbol{E}_{\mathrm{h}}(t)=\begin{bmatrix}t+r_{\mathrm{h}}\tan\lambda\left(\frac{1}{1+\tan\lambda\ \tan\Lambda}\left[\sin^{-1}\left(\frac{e}{Y_{\mathrm{h}}(t)}\right)-\gamma_{\mathrm{h}}\right]-\frac{t}{r_{\mathrm{h}}(\tan\lambda+\cot\Lambda)}\right)\\ Y_{\mathrm{h}}(t)\cos\left(\frac{1}{1+\tan\lambda\ \tan\Lambda}\left[\sin^{-1}\left(\frac{e}{Y_{\mathrm{h}}(t)}\right)-\gamma_{\mathrm{h}}\right]-\frac{t}{r_{\mathrm{h}}(\tan\lambda+\cot\Lambda)}\right)\\ Y_{\mathrm{h}}(t)\sin\left(\frac{1}{1+\tan\lambda\ \tan\Lambda}\left[\sin^{-1}\left(\frac{e}{Y_{\mathrm{h}}(t)}\right)-\gamma_{\mathrm{h}}\right]-\frac{t}{r_{\mathrm{h}}(\tan\lambda+\cot\Lambda)}\right)\\ 1\end{bmatrix} \tag{2.41}$$

5)切削刃在滚刀基本蜗杆创成面上的分布

滚刀是由形状相同的一系列切削刃规则分布在基本蜗杆创成面上形成的多刃切削刀具。如图 2.6 所示，图 2.6(a)为某滚刀的三维实体模型，图 2.6(b)为该滚刀切削刃示意图，切削刃的几何形状由式(2.41)确定。

滚刀各切削刃几何形状一致，但空间位置不同。在同一条基本蜗杆螺旋上或同一容屑槽上的相邻切削刃均存在一定的相位角差和位移差，需要对滚刀基本蜗杆螺旋和位于螺旋面上

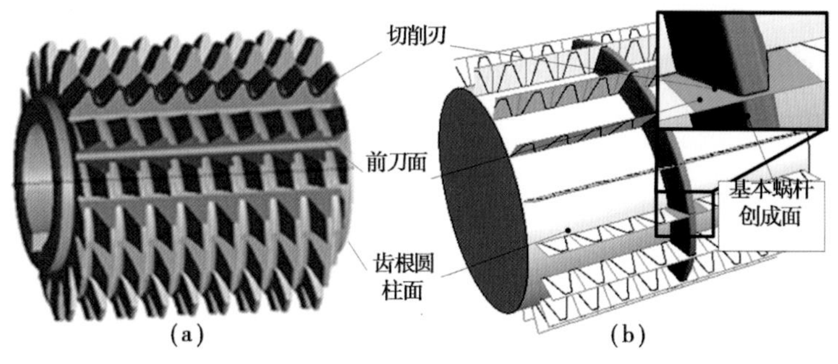

图 2.6 滚刀切削刃的形成

的切削刃编号确定各切削刃的空间位置。如图 2.7(a)所示，以位于第 j_{ref} 条蜗杆螺旋上的第 i_{ref} 号切削刃 $E_{\text{h}}(t)$ 为参考，首先，按照右手定则以字母 j 滚刀基本蜗杆螺旋编号，即：右旋滚刀的编号方向与 X_{h} 轴正方向一致，左旋滚刀的编号方向与 X_{h} 轴负方向一致，然后对于第 j 螺旋上的切削刃按逆时针方向编号为 i，特别说明，无论是左旋滚刀或右旋滚刀，对某一螺旋上切削刃的编号统一按右手定则确定的逆时针方向进行编号。

同一基本蜗杆螺旋上的相邻切削刃存在相位角差 $\Delta\theta$ 和位移差 Δx，而同一容屑槽上的相邻切削刃同样存在相位角差 $\Delta\Theta$ 和位移差 ΔX。将图 2.7(a)按图 2.7(b)所示沿分度圆柱面展开成一平面，在同一螺旋上的相邻切削刃沿周向相差 $\Delta\theta \cdot r_{\text{h}}$ 的距离，沿轴向相差 Δx 的距离，而同一容屑槽上的相邻切削刃沿周向相差 $\Delta\Theta \cdot r_{\text{h}}$ 的距离，沿轴向相差 ΔX 的距离。根据图 2.7(c)可由式(2.42)解得 $\Delta\theta, \Delta x, \Delta\Theta, \Delta X$ 的值。

$$\begin{cases} \Delta\theta = \dfrac{2\pi}{Z_{\text{k}}}\cos^2\Lambda \\ \Delta x = \dfrac{np_{\text{h,a}}}{Z_{\text{k}}}\cos^2\Lambda \\ \Delta\Theta = \dfrac{2\pi}{n}\sin^2\Lambda \\ \Delta X = p_{\text{h,a}}\cos^2\Lambda \end{cases} \tag{2.42}$$

基于上述对切削刃在滚刀基本蜗杆曲面上的分布规律分析，位于滚刀基本蜗杆第 j 号螺旋上的第 i 号切削刃的齐次坐标 $\boldsymbol{E}_{\text{h}}^{i,j}(t)$ 可以由参考位置处的切削刃 $\boldsymbol{E}_{\text{h}}(t)$ 经坐标变换求得，其变换计算方程见式(2.44)。由于滚刀前刀面与切削刃在滚刀坐标系 $O_{\text{h}}X_{\text{h}}Y_{\text{h}}Z_{\text{h}}$ 中的分布相同，因此，从参考前刀面 $\boldsymbol{R}_{\text{h}}(r,u)$ 到各切削刃的前刀面的变换与切削刃的变换完全一致，各前刀面的齐次坐标 $\boldsymbol{R}_{\text{h}}^{i,j}(r,u)$ 由式(2.44)计算。

$$\boldsymbol{E}_{\text{h}}^{i,j}(t) = \boldsymbol{M}_{\text{dist}}\boldsymbol{E}_{\text{h}}(t) \tag{2.43}$$

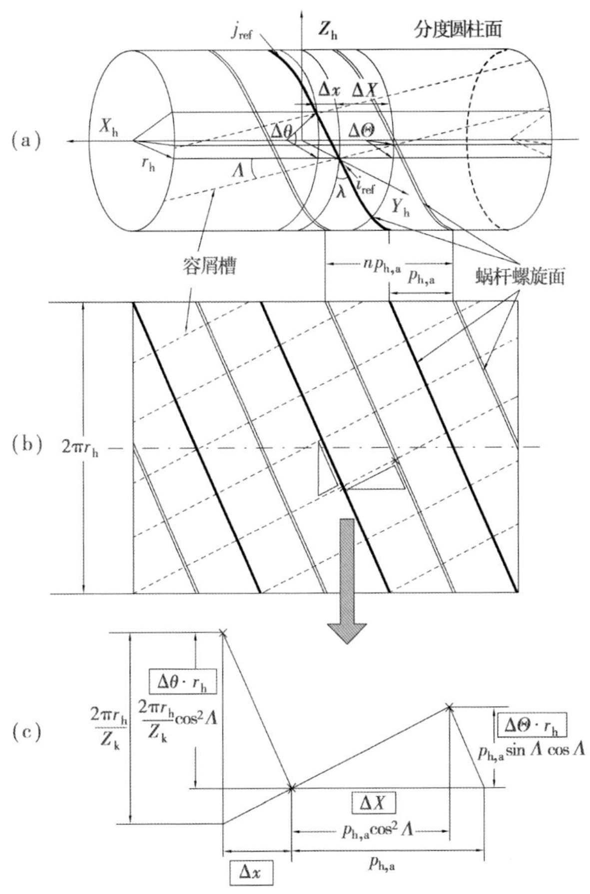

图2.7　切削刃在滚刀基本蜗杆创成面上的分布示意图

$$\boldsymbol{R}_{h}^{i,j}(r,u) = \boldsymbol{M}_{dist}\boldsymbol{R}_{h}(r,u) \tag{2.44}$$

式中　$\boldsymbol{M}_{dist}$——第j号螺旋上的第i号切削刃相对于参考位置的变换矩阵，它包含了不同螺旋的变换和同一螺旋上不同切削刃的位置变换。

根据2.1.1节齐次坐标变换原理中式(2.3)和式(2.6)，$\boldsymbol{M}_{dist}$的计算如式(2.45)，式中$\lambda/|\lambda|$用于区分滚刀旋向，当为右旋滚刀时其值为“1”，左旋滚刀时其值为“-1”。

$$\boldsymbol{M}_{dist} = \boldsymbol{T}_{x}\left(\frac{\lambda}{|\lambda|}(i-i_{ref})\Delta x\right)\boldsymbol{R}_{x}((i-i_{ref})\Delta\theta)\boldsymbol{T}_{x}\left(-\frac{\lambda}{|\lambda|}(j-j_{ref})\Delta X\right)\boldsymbol{R}_{x}((j-j_{ref})\Delta\Theta) \tag{2.45}$$

式中各变换矩阵的详细表达形式如下：

$$
\boldsymbol{T}_x\left(\frac{\lambda}{|\lambda|}(i-i_{\mathrm{ref}})\Delta x\right)=\begin{bmatrix}1 & 0 & 0 & \frac{\lambda}{|\lambda|}(i-i_{\mathrm{ref}})\Delta x\\ 0 & 1 & 0 & 0\\ 0 & 0 & 1 & 0\\ 0 & 0 & 0 & 1\end{bmatrix}
$$

$$
\boldsymbol{R}_x((i-i_{\mathrm{ref}})\Delta\theta)=\begin{bmatrix}1 & 0 & 0 & 0\\ 0 & \cos[(i-i_{\mathrm{ref}})\Delta\theta] & \sin[(i-i_{\mathrm{ref}})\Delta\theta] & 0\\ 0 & -\sin[(i-i_{\mathrm{ref}})\Delta\theta] & \cos[(i-i_{\mathrm{ref}})\Delta\theta] & 0\\ 0 & 0 & 0 & 1\end{bmatrix}
$$

$$
\boldsymbol{T}_x\left(-\frac{\lambda}{|\lambda|}(j-j_{\mathrm{ref}})\Delta X\right)=\begin{bmatrix}1 & 0 & 0 & \frac{\lambda}{|\lambda|}(j-j_{\mathrm{ref}})\Delta X\\ 0 & 1 & 0 & 0\\ 0 & 0 & 1 & 0\\ 0 & 0 & 0 & 1\end{bmatrix}\boldsymbol{R}_x((j-j_{\mathrm{ref}})\Delta\Theta)
$$

$$
=\begin{bmatrix}1 & 0 & 0 & 0\\ 0 & \cos[(j-j_{\mathrm{ref}})\Delta\Theta] & \sin[(j-j_{\mathrm{ref}})\Delta\Theta] & 0\\ 0 & -\sin[(j-j_{\mathrm{ref}})\Delta\Theta] & \cos[(j-j_{\mathrm{ref}})\Delta\Theta] & 0\\ 0 & 0 & 0 & 1\end{bmatrix}
$$

式(2.45)完整地描述了滚刀切削刃的空间几何信息。图 2.8 为根据表 2.1 和表 2.2 设定滚刀和齿轮相关设计参数后(表 2.3 滚刀参数),在数学计算系统 Mathematica 中将式(2.45)进行图形可视化输出的显示结果案例。图 2.8(a)和图 2.8(b)分别为该参数的直槽滚刀和螺旋槽滚刀的切削刃空间分布情况。

表 2.3 滚刀参数

参数名	参数值	参数名	参数值
法向模数 m_{n}	4	法向压力角 α_{n}	20°
齿顶高系数 h_{a}	1	顶隙系数 c	0.25
齿顶圆角半径 r_{c}	0.4	滚刀头数 z_0	3
滚刀槽数 Z_{k}	14	滚刀外径 D_{h}	75
滚刀旋向 Δ_{h}	右旋	滚刀容屑槽类型 κ	左旋/右旋

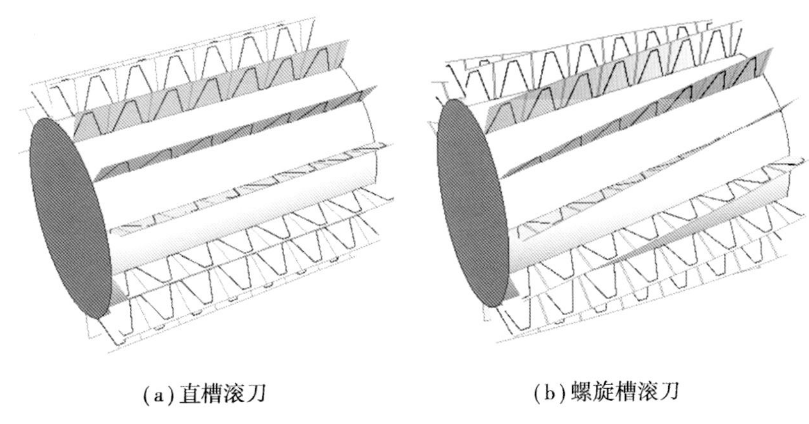

(a)直槽滚刀　　(b)螺旋槽滚刀

图2.8　滚刀切削刃仿真案例

2.1.3　滚齿机床的空间运动学模型

(1)齿轮滚切原理

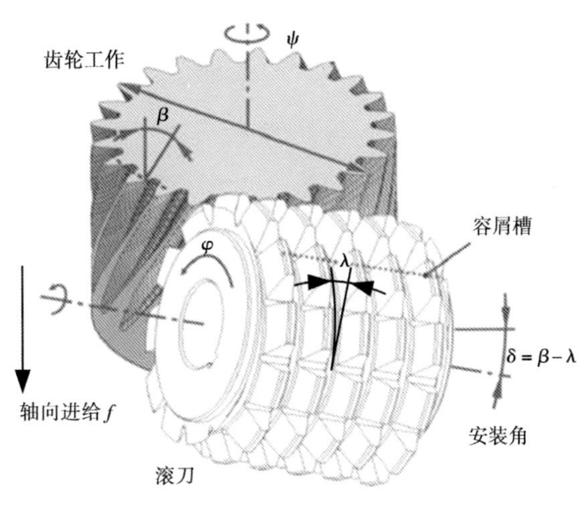

图2.9　齿轮滚切原理

齿轮滚切加工实质是一对空间交错轴齿轮副相互啮合，这对啮合齿轮传动副中，一个齿轮齿数很少，只有一个齿（单头滚刀）或几个齿（多头滚刀），螺旋角很大就演变成了一个蜗杆，将蜗杆开槽并铲背，再采用前刀面刃磨和后刀面铲磨进行精加工形成切削刃，就成为齿轮滚刀，如图2.9所示。在啮合过程中滚刀与齿轮工件按照一定传动比强制啮合，形成齿轮齿廓，同时滚刀相对于齿轮工件轴向进给（滚切斜齿轮时工件需要附加一个差动回转运动，该运动与滚刀轴向运动复合以获得齿轮的螺旋齿槽）形成全齿宽。

(2)滚齿机床的结构

根据齿轮工件轴线的方向，滚齿机床的布局形式分为立式布局（如图2.10所示，工件轴线竖直）和卧式布局（如图2.11所示，工件轴向水平）。卧式布局适用于中、小规格齿轮加工，该布局在滚切加工时工件相对机床位置固定，仅由工作台驱动进行回转，其他运动均由刀架运动带动滚刀完成。立式布局适用于大、中等规格齿轮加工，该布局分为工作台固定、刀架移动或刀架固定、工作台移动两种，对于加工大型齿轮时，一般采用工作台固定、刀架移动的形式。

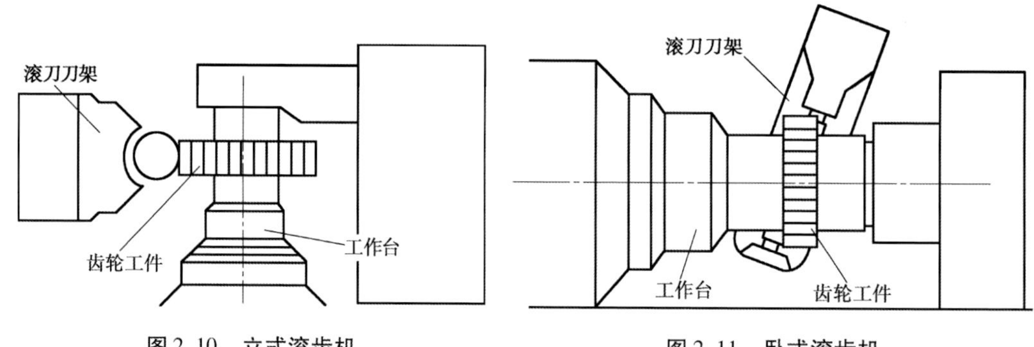

图 2.10　立式滚齿机　　　　图 2.11　卧式滚齿机

不论采用何种布局，均要求滚齿机床能够根据齿轮滚切原理执行所需的运动来实现展成加工。以如图 2.12 所示立式滚齿机床为例，滚齿机床主要的结构部组，包括：床身、大立柱、小立柱、轴向进给滑枕、刀架回转台、刀架切向进给滑枕、滚刀主轴、工作台等。

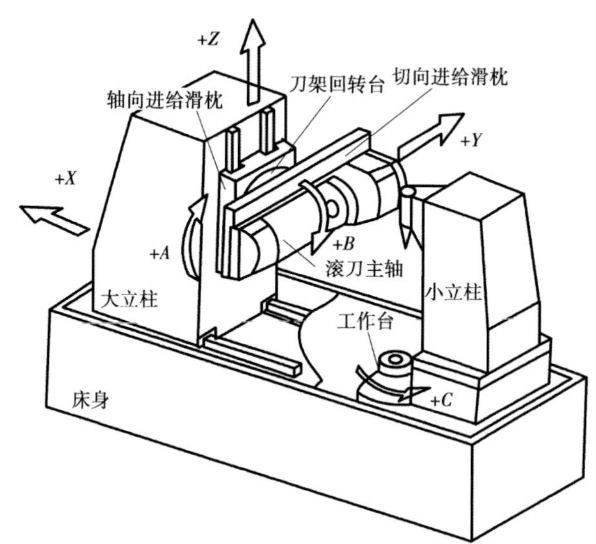

图 2.12　立式滚齿机床的结构简图

各部组完成如下运动：

A——刀架回转运动（滚刀安装角）；

B——滚刀回转运动；

C——工作台回转运动；

X——径向进给运动；

Y——切向进给运动（或串刀运动）；

Z——轴向进给运动。

（3）滚切运动关系建模

对于加工圆柱齿轮，滚齿机床的各运动最终转换为滚刀与齿轮工件的相对运动。滚切加工过程中滚刀与工件的空间相对位置和运动的抽象关系如图 2.13 所示。与滚齿机床的结构保持一致,共设置 6 个坐标系与各运动部组相对应。$O_1X_1Y_1Z_1$ 为滚刀安装坐标系,根据齿轮螺旋角和滚刀螺纹升角相对于刀架坐标系绕 Y_2 轴回转一个安装角 δ;$O_2X_2Y_2Z_2$ 与 $O_3X_3Y_3Z_3$ 为滚刀与齿轮工件的参考坐标系,两坐标系相互平行;滚刀坐标系 $O_hX_hY_hZ_h$ 与滚刀固联,加工过程中绕 X_1 轴连续回转;工件坐标系 $O_gX_gY_gZ_g$ 与被加工齿轮固联,在滚切过程中齿轮工件根据滚刀回转速度按照一定传动比联动绕 Z_g 轴回转;$O_rX_rY_rZ_r$ 为机床固定参考坐标系,滚刀相对于齿轮工件的轴向进给运动、径向进给运动和切向进给运动均在该坐标系中进行。确定了各坐标系,可以使用运动函数对圆柱齿轮滚切所需的各个运动(即各坐标系的相对运动)进行描述。

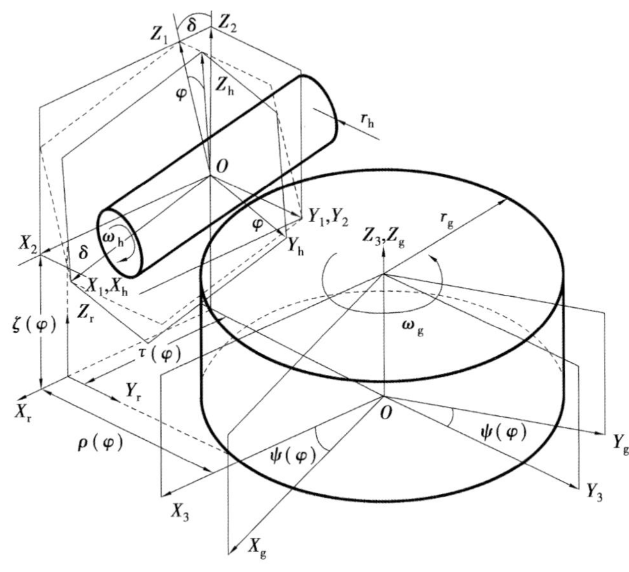

图 2.13　滚切加工过程中的运动学关系

1)滚刀回转运动

滚刀回转运动是齿轮滚切加工中的主运动,在滚切加工过程中滚刀以恒定转速 ω_h (r/min,每分钟旋转圈数)绕轴线连续回转,其运动以回转相位角 φ 表示。

2)刀架回转运动(确定滚刀安装角)

为了保证齿轮滚切过程符合齿轮啮合原理以获得正确的齿形,必须使滚刀的螺旋方向与齿轮齿槽的螺旋方向保持一致。因此,在实际滚切加工过程中需要将滚刀的轴线相对于齿轮端面偏转一个角度进行安装,该偏转角称为滚刀安装角。该参数是影响滚切加工精度的关键因素之一,因此滚刀安装角的确定和调整得到重点关注。在生产实践中通常采用大小(正有理数)和方向确定滚刀安装角 δ,它与滚刀螺旋升角 λ 大小和方向及齿轮工件螺旋角 β 的大小和方向相关。用螺旋滚刀加工斜齿圆柱齿轮时,由于滚刀和被加工齿轮的螺旋方向都有左右之分,则它们之间共有 4 种不同的组合,如图 2.14 所示。滚刀安装角的大小和方向通常采用式(2.46)和"同减异加,左顺右逆"的计算口诀进行确定,即滚刀与齿轮的螺旋方向相同时取"+",相异时取"-",而滚切左旋齿轮时滚刀顺时针旋转,滚切右旋齿轮时滚刀逆时针旋转。

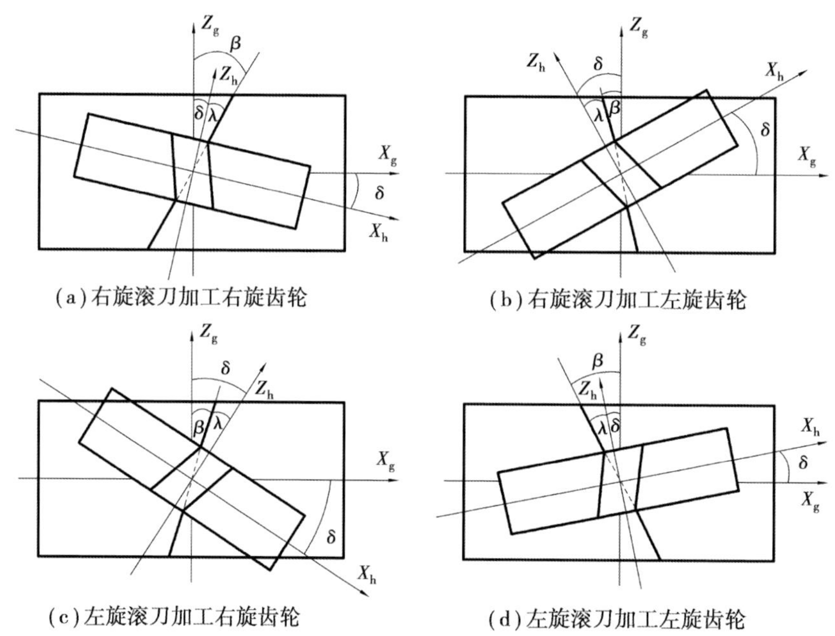

图 2.14　圆柱齿轮滚切加工中滚刀的安装角

$$\delta = \beta \pm \lambda \tag{2.46}$$

但该公式和计算口诀用起来极为不便,且当滚刀螺旋升角大于齿轮螺旋角时"左顺右逆"的说法甚至是错误的。所以作者提出一种更为简洁且准确的方法确定滚刀安装角的大小及旋转方向:根据"右手定则"以代数值定义滚刀螺旋升角 λ 和齿轮螺旋角 β,因此,δ 可以由式(2.47)计算其代数值,根据代数计算结果仍然按照"右手定则"判断其旋转方向。

$$\delta = \beta - \lambda \tag{2.47}$$

3)切向进给运动

当进行轴向串刀及采用径向切入或对角滚齿时需要切向进给运动,切向进给量 $\tau(\varphi)$ 见式(2.48)。轴向进给滚齿是目前应用最广泛的一种齿轮滚切方法,在单件加工过程中并没有切向进给运动,即 $v_\tau(\varphi)=0$。因此在加工某一件齿轮时切向进给量为一常量 τ_0。

$$\tau(\varphi) = \tau_0 + \int_0^{\varphi} v_\tau(\varphi)\mathrm{d}\varphi \tag{2.48}$$

4)径向进给运动

在径向切入及加工锥齿轮或鼓形齿轮时需要径向进给运动,径向进给量$\rho(\varphi)$见式(2.49)。对于圆柱齿轮滚切,在切削过程中滚刀相对于齿轮工件的径向距离不变,即径向进给量为一常量ρ_0,见式(2.50)。

$$\rho(\varphi) = \rho_0 + \int_0^{\varphi} v_\rho(\varphi)\,\mathrm{d}\varphi \tag{2.49}$$

$$\rho_0 = \frac{D_h}{2} + \frac{D_g}{2} - T \tag{2.50}$$

式中 D_h 和 D_g——滚刀和齿轮毛坯外径;

T——切深,当加工标准齿轮时,$T = m_n(2h_a + c)$。

5)轴向进给运动

滚刀沿工件轴向进给加工出齿轮全齿宽,作为铣削加工的一种特例,圆柱齿轮滚切加工也分为顺铣和逆铣,如图2.15所示。初始时刻滚刀的位置在齿轮工件Z_g轴上的坐标为h_0。滚刀的轴向进给运动与滚刀沿工件轴线的进给量f(mm/r,即齿轮工件回转一周滚刀沿齿轮工件轴向进给的距离)相关。当前,由于数控技术在工业实践中的广泛应用,在数控编程中更多采用轴向进给速度F(mm/min,即滚刀每分钟沿齿轮工件轴向进给的距离)来控制轴向进给运动。轴向进给量f和轴向进给速度F的关系为$F = n\omega_h f/z$。基于以上论述,滚刀轴向进给量见式(2.51),当采用逆铣方式时取"+",采用顺铣方式时取"-"。

$$\zeta(\varphi) = h_0 \pm \frac{nf}{2\pi z}\varphi \text{ 或 } \zeta(\varphi) = h_0 \pm \frac{F}{2\pi\omega_h}\varphi \tag{2.51}$$

6)工作台回转运动

工作台与滚刀按照一定的传动比关系联动回转以保证两者正确啮合从而获得正确的齿形,其传动比为n/z,在此称为展成运动,由$\psi_g(\varphi)$表示。同时,滚刀沿齿轮工件轴向进给加工出全齿宽,因此在加工斜齿轮时工作台还需要一个附加回转运动与滚刀轴向进给运动复合形成齿轮齿槽螺旋线,如图2.16所示,该运动称为差动运动,由$\psi_d(\varphi)$表示。展成运动和差动运动复合形成工作台完整的回转运动,见式(2.52)。其中,当确定展成运动$\psi_g(\varphi)$时,若为右旋滚刀取式中"+",左旋滚刀取"-";当确定差动运动$\psi_d(\varphi)$时,若为顺铣方式取"+",逆铣方式取"-"。

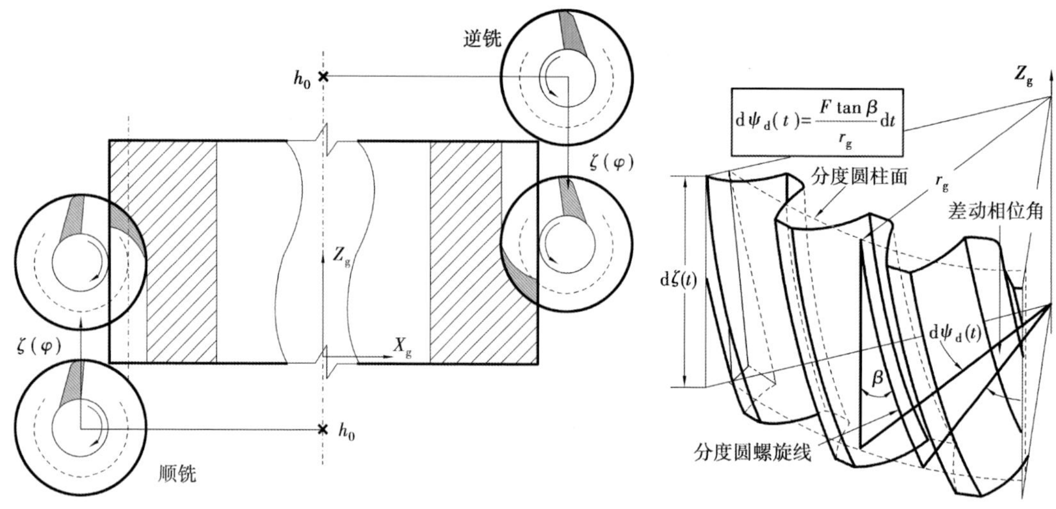

图 2.15　圆柱齿轮滚切加工中滚刀进给方式　　图 2.16　斜齿轮滚切差动运动关系示意图

$$\begin{cases}\psi(\varphi)=\psi_g(\varphi)+\psi_d(\varphi)\\ \psi_g(\varphi)=\pm\dfrac{z_0}{z}\varphi\\ \psi_d(\varphi)=\pm\dfrac{z_0 f\tan\beta}{2\pi z r_g}\varphi \quad 或 \quad \psi_d(\varphi)=\pm\dfrac{F\tan\beta}{2\pi\omega_h r_g}\varphi\end{cases} \tag{2.52}$$

2.1.4　圆柱齿轮滚切多刃断续切削空间成形界面

(1)切削刃空间成形界面齐次坐标

根据滚切运动关系，分布在滚刀基本蜗杆创成面上的一系列切削刃在工件坐标系 $O_gX_gY_gZ_g$ 中形成空间轨迹曲面簇，当某一切削刃切入齿坯时将切除一定的材料，这些空间轨迹曲面最终包络出齿轮齿面，如图 2.17 所示。与前述切削刃的编号方式相同，各切削刃产生的空间轨迹曲面 $G_g^{i,j}(t,\varphi)$ 的齐次坐标由式(2.53)计算。

$$\boldsymbol{G}_g^{i,j}(t,\varphi)=\boldsymbol{R}_z(\psi(\varphi))\boldsymbol{T}_z(\zeta(\varphi))\boldsymbol{T}_y(\rho(\varphi))\boldsymbol{T}_x(\tau(\varphi))\boldsymbol{R}_y(\delta)\boldsymbol{R}_x(\varphi)\boldsymbol{E}_h^{i,j}(t) \tag{2.53}$$

式中 $\boldsymbol{R}_z(\psi(\varphi))$，$\boldsymbol{T}_z(\zeta(\varphi))$，$\boldsymbol{T}_y(\rho(\varphi))$，$\boldsymbol{T}_x(\tau(\varphi))$，$\boldsymbol{R}_y(\delta)$，$\boldsymbol{R}_x(\varphi)$是分别与工作台回转运动，滚刀轴向进给运动，径向进给运动，切向进给运动，刀架回转运动及滚刀回转运动相对应的齐次坐标变换矩阵，其完整形式如下：

$$\boldsymbol{R}_x(\varphi)=\begin{bmatrix}1&0&0&0\\0&\cos\varphi&\sin\varphi&0\\0&-\sin\varphi&\cos\varphi&0\\0&0&0&1\end{bmatrix}\qquad \boldsymbol{R}_y(\delta)=\begin{bmatrix}\cos\delta&0&-\sin\delta&0\\0&1&-\sin\delta&0\\\sin\delta&0&\cos\delta&0\\0&0&0&1\end{bmatrix}$$

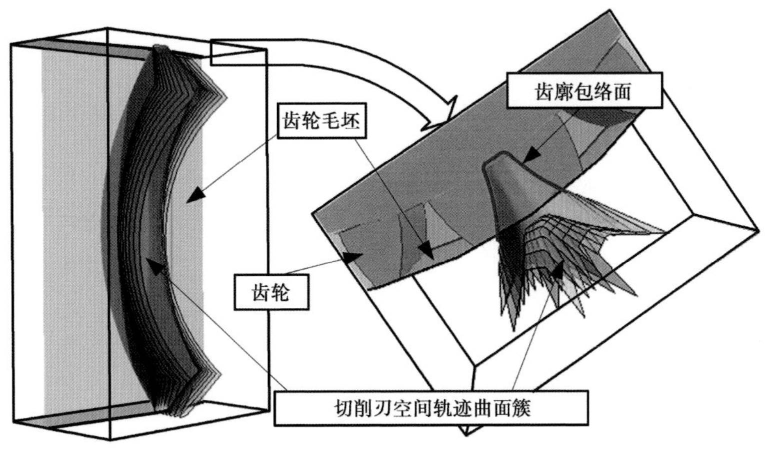

图 2.17　滚刀切削刃空间轨迹曲面簇

$$
\boldsymbol{T}_x(\tau(\varphi))=\begin{bmatrix}1 & 0 & 0 & \tau(\varphi)\\ 0 & 1 & 0 & 0\\ 0 & 0 & 1 & 0\\ 0 & 0 & 0 & 1\end{bmatrix}
$$

$$
\boldsymbol{T}_y(\rho(\varphi))=\begin{bmatrix}1 & 0 & 0 & 0\\ 0 & 1 & 0 & \rho(\varphi)\\ 0 & 0 & 1 & 0\\ 0 & 0 & 0 & 1\end{bmatrix}\qquad \boldsymbol{T}_z(\zeta(\varphi))=\begin{bmatrix}1 & 0 & 0 & 0\\ 0 & 1 & 0 & 0\\ 0 & 0 & 1 & \zeta(\varphi)\\ 0 & 0 & 0 & 1\end{bmatrix}
$$

$$
\boldsymbol{R}_z(\psi(\varphi))=\begin{bmatrix}\cos[\psi(\varphi)] & -\sin[\psi(\varphi)] & 0 & 0\\ \sin[\psi(\varphi)] & \cos[\psi(\varphi)] & 0 & 0\\ 0 & 0 & 1 & 0\\ 0 & 0 & 0 & 1\end{bmatrix}
$$

(2)齿轮毛坯的几何边界定义

滚切的几何成形过程实质是由滚刀切削刃根据滚切运动原理形成一系列空间轨迹曲面断续地将材料从圆柱形的齿坯上切除。圆柱齿轮毛坯为一圆柱体,如图 2.18 所示,其特征几何包括上端面、下端面和齿顶圆柱面,3 个几何元素界定了齿轮毛坯的几何边界。

①上下端面的齐次坐标参数方程

齿轮毛坯的上下端面均为一圆盘,图形上任意一点的齐次坐标参数方程见式(2.54)。

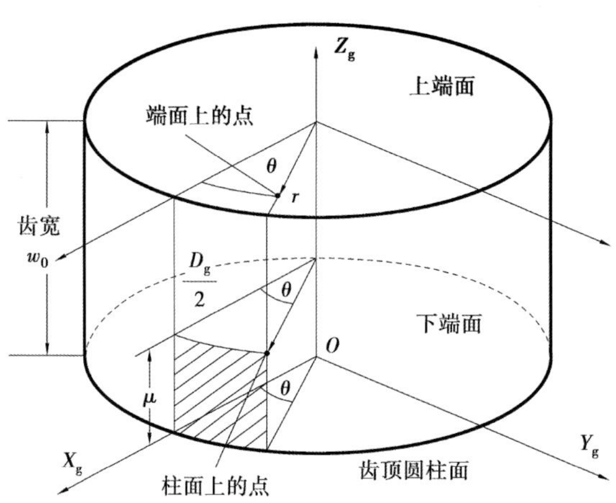

图 2.18　圆柱齿轮毛坯的几何边界定义

$$\begin{cases} \boldsymbol{G}_{\text{upper}}(r,\theta) = (r\sin\theta, r\cos\theta, w_0, 1)^{\text{T}} & \left(0 \leqslant r \leqslant \frac{D_g}{2}, -\pi \leqslant \theta \leqslant \pi\right) \quad \text{上端面} \\ \boldsymbol{G}_{\text{lower}}(r,\theta) = (r\sin\theta, r\cos\theta, 0, 1)^{\text{T}} & \left(0 \leqslant r \leqslant \frac{D_g}{2}, -\pi \leqslant \theta \leqslant \pi\right) \quad \text{下端面} \end{cases} \tag{2.54}$$

式中　r——点的半径，其取值为$[0, D_g/2]$；

θ——点的相位角，其取值为$[-\pi, \pi]$；

w_0——齿轮齿宽，该值确定点在 Z_g 轴上的坐标，上端面为 w_0，下端面为 0。

②齿顶圆柱面的齐次坐标参数方程

齿轮毛坯齿顶圆柱面上任一点的齐次坐标见式(2.55)。

$$\boldsymbol{G}_{a}(\mu,\theta) = \left(\frac{D_g}{2}\sin\theta, \frac{D_g}{2}\cos\theta, \mu, 1\right)^{\text{T}} \quad (0 \leqslant \mu \leqslant w_0, -\pi \leqslant \theta \leqslant \pi) \tag{2.55}$$

式中　μ——点在 Z_g 轴上的坐标，其取值为$[0, w_0]$；

θ——点的相位角，其取值为$[-\pi, \pi]$。

式(2.54)和式(2.55)确定了齿轮毛坯的几何边界，处于齿轮毛坯几何边界内的材料有可能在滚切过程中被切除。

2.2　高速干切滚齿过程切屑三维几何数值计算及其特征分析

2.2.1　高速干切滚齿过程切屑三维几何数值计算方法

1)轴向进给过程的各阶段定义

如根据圆柱齿轮滚切加工的特点，其轴向进给过程分为 3 个阶段，如图 2.19 所示：①从滚刀开始接触齿轮毛坯到完全切入形成完整齿形这一过程称为切入阶段；②从上一阶段末到滚刀将要切穿齿坯下端面这一过程称为完全切削阶段；③从上一阶段末到滚刀在齿坯下端面加工出完整齿形这一过程称为切出阶段。

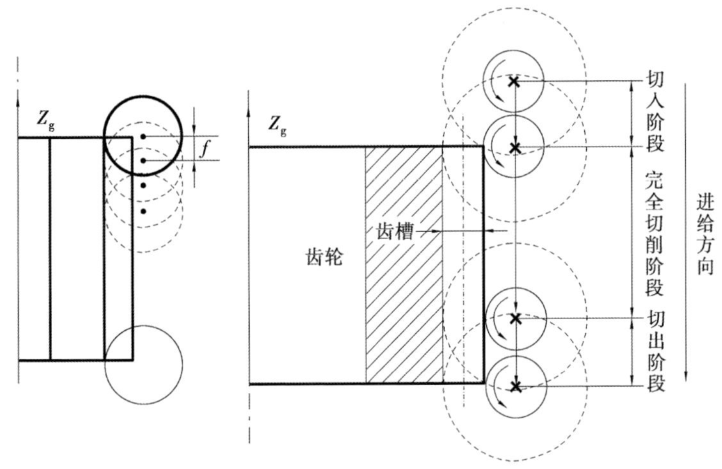

图 2.19　轴向进给的 3 个阶段示意图

2）切屑三维几何数值计算

完全切削阶段，分布在滚刀基本蜗杆上的一系列切削刃将在各个进给位置相继切除材料并形成一系列切屑同时包络出齿轮齿形，该阶段切削每个齿槽在各个进给位置处形成的切屑序列基本一致，而切入和切出阶段由于齿坯上下端面形成几何边界的分割，所以形成的切屑只是完全切削阶段形成切屑的一部分。由于完全切削阶段在整个滚切过程中占大部分，因此主要对完全切削阶段进行研究，如图 2.20 所示。在包络齿轮齿形的过程中，编号(i,j)确定的切削刃 $\boldsymbol{E}_{\mathrm{h}}^{i,j}(t)$ 在其前继切削刃（编号为$(i-1,j)$）加工形成的齿槽表面继续切除一部分材料，切削轨迹曲面 $\boldsymbol{G}_{\mathrm{g}}^{i,j}(t,\varphi)$ 上某一点对应的切削厚度沿其法向计算，即：当滚刀回转相位角为 φ 时，切削刃 $\boldsymbol{E}_{\mathrm{h}}^{i,j}(t)$ 由参数 t 确定的点所对应的切削厚度，如图 2.20(b) 所示。根据微分几何的基本理论，由参数(t,φ) 制定的切削刃空间轨迹曲面的法向矢量 $\boldsymbol{n}^{i,j}(t,\varphi)$ 的计算见式(2.56)。

$$\boldsymbol{n}^{i,j}(t,\varphi) = \frac{\partial \boldsymbol{G}_{\mathrm{g}}^{i,j}(t,\varphi)}{\partial \varphi} \times \frac{\partial \boldsymbol{G}_{\mathrm{g}}^{i,j}(t,\varphi)}{\partial t} \tag{2.56}$$

其中，“＝”右边的前半部分即为切削方向，后半部分为切削刃的切向量。在此特别说明：根据前文推导，$\boldsymbol{G}_{\mathrm{g}}^{i,j}(t,\varphi)$ 为一个四维向量，在计算中需要将最后缩放比例分量“1”去掉，下文中类似计算也采用相同处理。

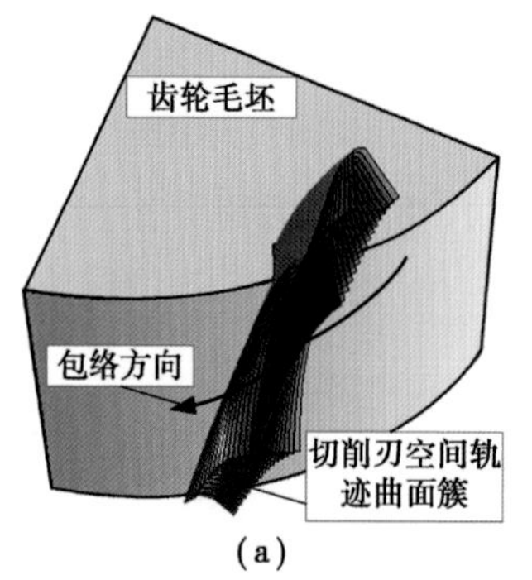

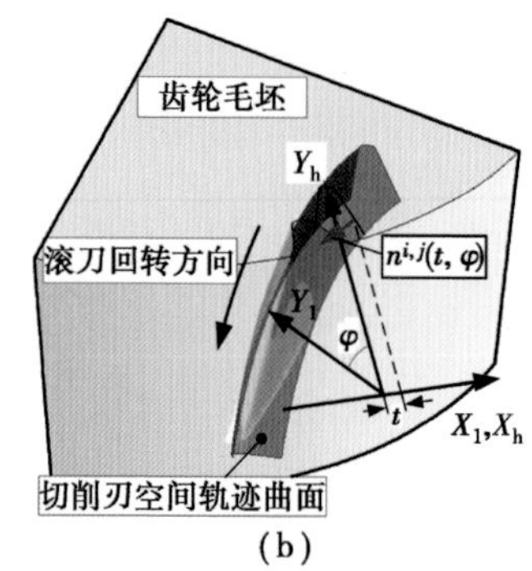

图 2.20　材料去除过程

①法向切屑厚度的数值计算方法

切削刃空间轨迹曲面 $\boldsymbol{G}_g^{i,j}(t,\varphi)$ 的参数 t 和 φ 在实数域内的取值连续，因此理论上有无穷多种组合，为了进行数值计算需要将其在取值范围内进行离散形成网格，网格密度为 $l\times m$，如图 2.21 所示，参数 t 和 φ 分别按步长 Δt 和 $\Delta\varphi$，并分别用下标 l 和 m 对其网格节点进行编号（需要说明的是设定的步长越小则网格节点密度更高，因此，计算精度越高，同时计算量也更大，因此应该根据计算效率要求设定步长）。若切削刃空间轨迹曲面 $\boldsymbol{G}_g^{i,j}(t,\varphi)$ 在离散网格上由参数 (t_l,φ_m) 确定的位置切除材料，则沿法向 $\boldsymbol{n}^{i,j}(t_l,\varphi_m)$ 的切屑厚度为 $h^{i,j}(t_l,\varphi_m)$，否则为 0。

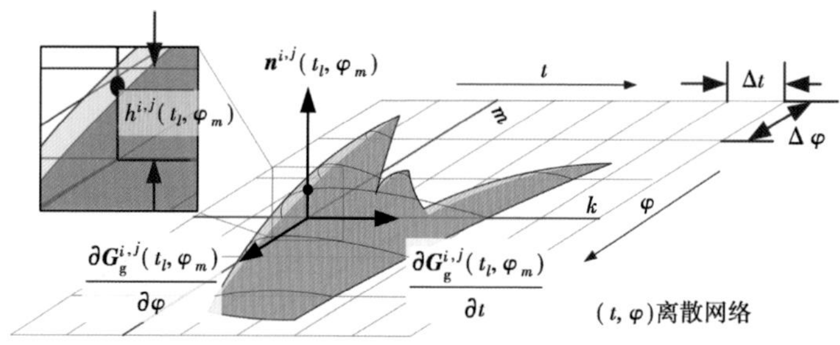

图 2.21　基于微分几何的切屑三维几何数值计算示意图

②切屑体积的数值计算方法

根据微分几何基本理论，切削刃空间轨迹曲面 $\boldsymbol{G}_g^{i,j}(t,\varphi)$ 对应的切屑体积计算是切削厚度关于参数 (t,φ) 的二重积分，见式(2.57)。

$$V^{i,j}=\int_{\varphi}\int_{t}\left\|\frac{\partial \boldsymbol{G}_g^{i,j}(t,\varphi)}{\partial\varphi}\right\|\cdot\left\|\frac{\partial \boldsymbol{G}_g^{i,j}(t,\varphi)}{\partial t}\right\|\cdot h^{i,j}(t,\varphi)\,\mathrm{d}t\mathrm{d}\varphi \tag{2.57}$$

根据上述离散方法，进行数值计算的公式见式(2.58)。

$$V^{i,j}=\sum_{l}\sum_{m}\Delta\varphi\left\|\frac{\partial \boldsymbol{G}_g^{i,j}(t_l,\varphi_m)}{\partial\varphi}\right\|\cdot\Delta t\left\|\frac{\partial \boldsymbol{G}_g^{i,j}(t_l,\varphi_m)}{\partial t}\right\|\cdot h^{i,j}(t_l,\varphi_m) \tag{2.58}$$

③平均切屑厚度的数值计算方法

被切除的切屑实质上是分布在相应切削刃空间轨迹曲面上的一层薄薄的材料，在尺度上切屑的厚度远远小于其在切削刃空间轨迹曲面的分布区域（即切屑三维几何在切削刃空间轨迹曲面上的投影区域）。根据微分几何的基本理论，分布区域的面积计算式见式(2.59)。

$$A^{i,j} = \int_{\varphi}\int_{t}\left\|\frac{\partial \boldsymbol{G}_{g}^{i,j}(t,\varphi)}{\partial \varphi}\right\| \cdot \left\|\frac{\partial \boldsymbol{G}_{g}^{i,j}(t,\varphi)}{\partial t}\right\| \mathrm{d}t\mathrm{d}\varphi \tag{2.59}$$

根据上述离散方法进行离散化后，切屑在切削刃空间轨迹曲面上的投影面积数值计算的公式见式(2.60)。

$$A^{i,j} = \sum_{l}\sum_{m}\Delta\varphi\left\|\frac{\partial \boldsymbol{G}_{g}^{i,j}(t_l,\varphi_m)}{\partial \varphi}\right\| \cdot \Delta t\left\|\frac{\partial \boldsymbol{G}_{g}^{i,j}(t_l,\varphi_m)}{\partial t}\right\| \nabla \tag{2.60}$$

式中　∇——“判断因子”：当切削刃空间轨迹曲面 $\boldsymbol{G}_{g}^{i,j}(t,\varphi)$ 由参数(t_l,φ_m)确定的点去除材料，即对应切屑厚度 $h^{i,j}(t_l,\varphi_m)$ 不为“0”时取“1”，否则取“0”。

综上所述，由编号 i 和 j 确定的切削刃对应切屑的平均厚度 $h_{\mathrm{avg}}^{i,j}$ 为其体积与其在切削刃空间轨迹曲面上的投影面积的商，厚度计算式见式(2.61)。

$$h_{\mathrm{avg}}^{i,j} = \frac{V^{i,j}}{A^{i,j}} \tag{2.61}$$

2.2.2　高速干切滚齿切屑三维几何特征分析

切屑的三维几何形状受到齿轮齿数 z、法向模数 m_{n}、螺旋角 β、滚刀直径 D_{h}、头数 n、槽数 Z_{k}，以及切削参数，如轴向进给量 f，进给方式（顺铣滚切加工或逆铣滚切加工）等各种因素的影响，并且参与切削的每个刀齿切除的切屑几何呈现出高度的差异性，情况极为复杂。以某企业采用高速干切滚齿工艺生产某型小轿车变速箱倒挡输出轴斜齿轮为对象，应用上述数值计算方法对其完全切削过程中产生的切屑三维几何形态进行案例分析，表2.4为该案例被加工齿轮及所采用滚刀的基本几何参数。

表2.4　滚刀与齿轮基本参数

参数名	参数值	参数名	参数值
法向模数 m_{n}	2.25 mm	法向压力角 α_{n}	20°
齿轮齿数 z	32	齿轮分度圆螺旋角 β	25°1′30″
齿顶系数 h_{a}	1.0	顶隙系数 c	0.25
齿轮旋向	左旋	滚刀旋向	左旋
滚刀头数 n	3	滚刀容屑槽数 Z_{k}	14
滚刀外径 D_{h}	75 mm	容屑槽类型	直槽滚刀

(1)切屑三维几何形状仿真

根据表2.4设定滚刀和被加工齿轮基本参数，切削参数：①滚刀转速 $\omega_h=650$ r/min；②轴向进给量 $f=2.00$ mm/r；③采用逆铣方式滚切，离散网格密度 $l \times m$ 设置为200×200。有效切削刃编号范围为−6～13号，各切削刃对应的切屑三维几何形状如图2.22所示。图中左上角为基于展成原理的齿形包络示意图，分析可以发现：本案例整个齿形包络过程中，在切削刃进入切削区的初始时刻是由侧刃去除少部分材料并形成齿轮齿槽其中一侧的渐开线齿廓；随后顶刃逐渐参与切削，大部分材料是在该过程中被去除；随着齿形包络的持续进行，切削刃的另一侧开始去除材料并形成齿轮齿槽的另一侧渐开线齿廓，但是由于滚刀沿轴向进给，切削刃的顶刃仍然将在为形成齿槽的一端去除大量材料，直至退出啮合为止。

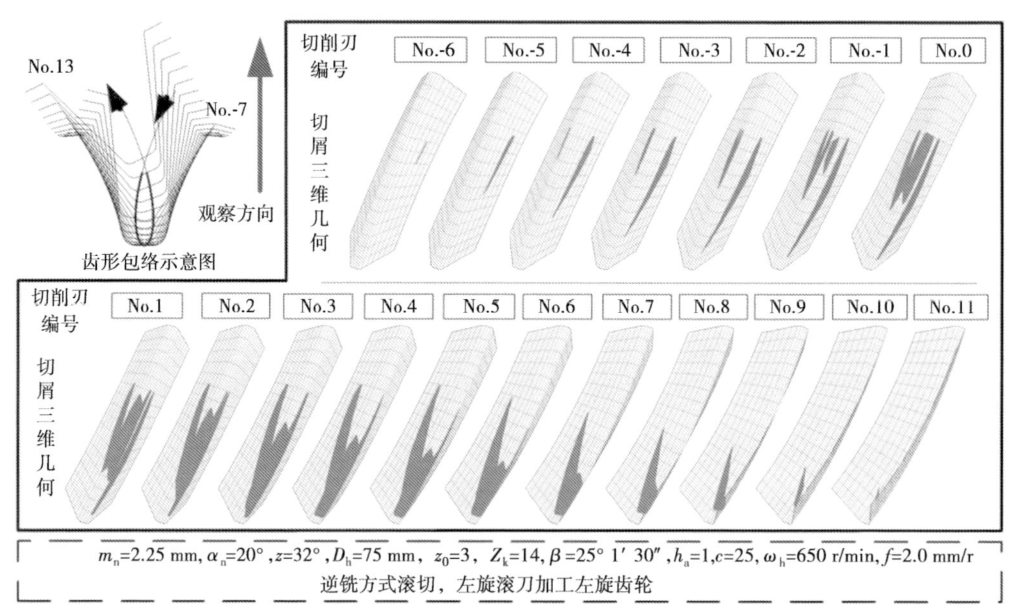

图2.22　切屑三维几何形状仿真案例

除切屑的三维几何形状外，上述数值计算同时获得各个有效切削刃的切屑的详细厚度数据，图2.23为第4号切削刃对应的切屑厚度三维数据，由图可知切削刃的顶刃切除的材料最多，可以推测第4号切削刃顶刃承受的负载最大。其他切削刃所对应的切屑厚度三维数据根据其三维几何形状将呈现出不同的形态，但其数据可视化形式相似，在此不予赘述。

(2)切屑几何特征参数计算

切屑的三维几何特征是切削厚度的体现，它直接影响滚切过程中刀具承受的负载，进而影响刀具磨损，此外，切屑的体积是该工艺材料去除率的一个重要指标，获取切屑几何特征参

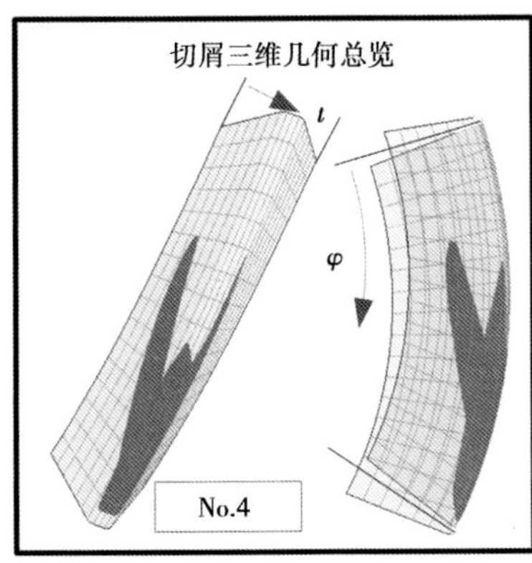

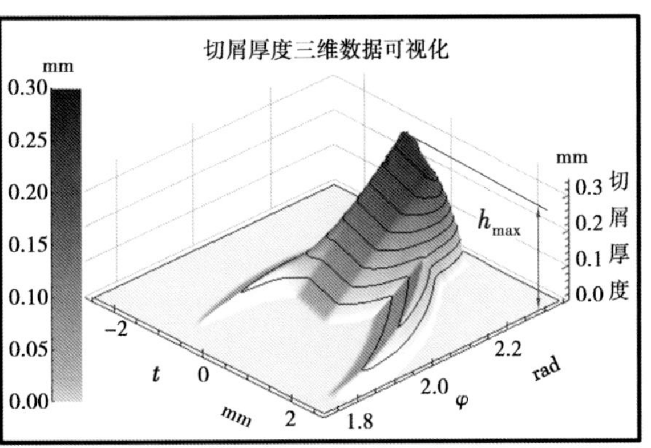

图 2.23　切屑厚度三维数据可视化案例

数对分析高速干切滚齿工艺性能具有重要意义。

德国学者 Hoffmeister 博士早在 20 世纪 70 年代指出滚刀切削刃顶刃最大切屑厚度是影响刀具寿命的关键参数,并进行大量实验建立了经验公式确定最大切屑厚度与滚刀、齿轮和滚切用量的关系,见式(2.62)。至今,该公式仍然在生产实践中被广泛应用于确定轴向进给量,并取得了良好的效果。

$$h_{\max} = 4.9m_n \cdot z^{(9.25\times10^{-3}\beta-0.542)} \cdot e^{-0.015(\beta+x_m)} \cdot \left(\frac{D_h}{2m_n}\right)^{-8.25\times10^{-3}\beta-0.225} \cdot \left(\frac{Z_k}{z}\right)^{-0.877} \cdot \left(\frac{f}{m_n}\right)^{0.511} \cdot \left(\frac{T}{m_n}\right)^{0.319} \tag{2.62}$$

式中　x_m——变位系数。

然而,通过该公式只能获得一个极为简单的切屑几何特征参数,无法进一步提供更加详细的数据用于齿轮滚切的复杂成形过程分析;此外,该公式无法反映铣削方式,即:逆铣滚切或顺铣滚切对切屑几何特征参数的影响。作者提出的数值仿真计算方法能够有效解决上述问题,为齿轮滚切过程形成的切屑几何特征参数分析提供更完善的数据。图 2.24 为解决本问题提出的数值仿真方法与 Hoffmeister 方法求解最大切屑厚度结果对比情况,结果表明作者提出的数值仿真方法同 Hoffmeister 方法的计算结果总体趋势一致,并且能够更加精确区分逆铣滚切和顺铣滚切之间的差异。

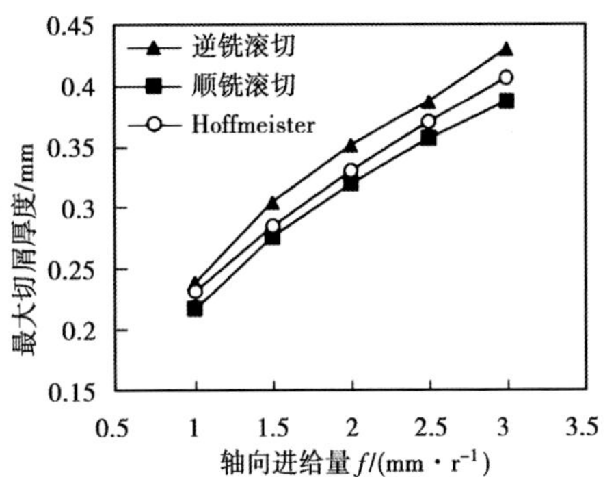

图 2.24　数值仿真方法与 Hoffmeister 方法求解最大切屑厚度结果对比

在实际生产加工中,当滚刀和被加工齿轮确定后,轴向进给量 f 和进给方式(即逆铣滚切方式或顺铣滚切方式)是决定切屑几何特征参数的主要因素。仍然以表 2.4 给定的滚刀和被加工齿轮参数为例,分别对使用不同进给量进行逆铣滚切和顺铣滚切由各切削刃去除材料的最大切屑厚度、平均切屑厚度及切屑体积进行仿真,轴向进给量 f 的取值为 1.0～3.0 mm/r,取值间隔为 0.5 mm/r,切屑几何特征参数的仿真结果如图 2.25 所示。

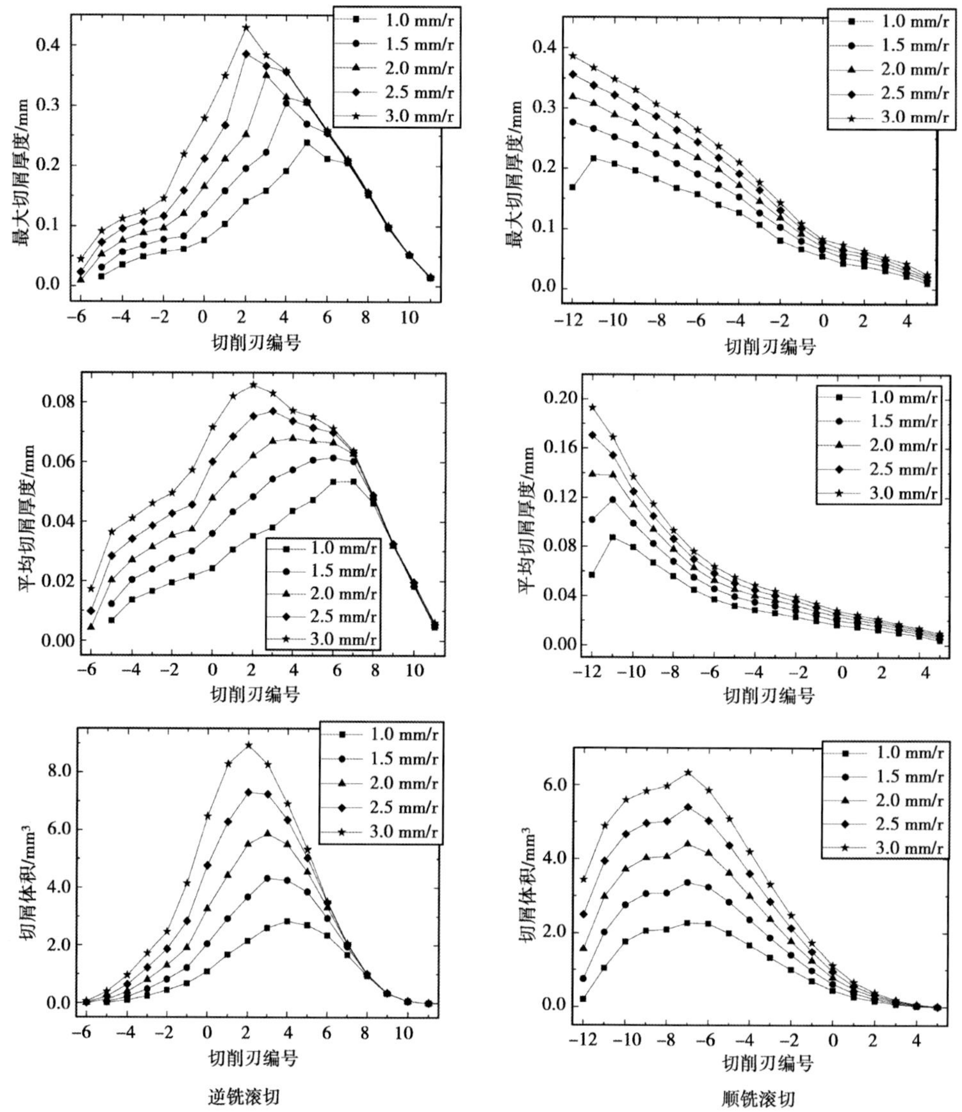

图 2.25　不同进给量下顺/逆铣滚切最大切屑厚度、平均切屑厚度及切屑体积

由图 2.25 可得到如下结论:

①即使轴向进给量和铣削方式完全一致,最大切屑厚度、平均切屑厚度和切屑体积这 3 个切屑几何特征参数关于切削刃编号的分布各自呈现出独特的形式,相互之间完全无关;

②采用相同轴向进给量时,在逆铣滚切和顺铣滚切过程中各有效切削刃产生的切屑的同一种几何特征参数也呈现出完全不同的分布规律;

③采用相同铣削方式，不同轴向进给量时，各有效切削刃所形成切屑的某一几何特征参数的分布模式具有一定的相似性，但是其几何特征参数随轴向进给量线性增加呈现出非线性的变化趋势。

因此，对于特定滚刀和被加工齿轮需要进行专门的分析，作者提出的数值仿真方法可以为该项工作提供有效支撑。

2.3 基于切屑几何的动态滚切力数值计算及分析

切削力是金属切削加工过程中重要的物理参数之一。它决定了切削过程所消耗的功率从而对机床电机容量进行约束，同时还直接影响切削热的产生，并进一步造成刀具的磨损、破损，此外，切削力还将导致机床工艺系统产生力导致变形，引起刀具与工件在加工过程中偏离理论相对位置，造成加工误差。对于高速干切滚齿加工，由于多刃断续切削的特点，其滚齿切削力（简称滚切力）还表现出断续冲击的动态特性，因此，研究高速干切滚齿加工过程动态滚切力计算方法并获取准确、有效的数据是该工艺成形机理研究的又一重要内容。

2.3.1 Kienzle-Vector 切削力经验公式

当前金属切削机理研究中主要是基于直角正交切削的理论模型计算切削力，但是高速干切滚齿加工是在三维空间中的斜刃非自由切削，因此切削力理论计算模型在此并不适用。学者 Kienzle 和Vector提出了基于实验数据计算切削力的经验公式，根据他们的理论，切削加工过程中切削力与切削层面积相关，如图2.26 所示。主切削力等于切削层面积与比切力的乘积，见式(2.63)。

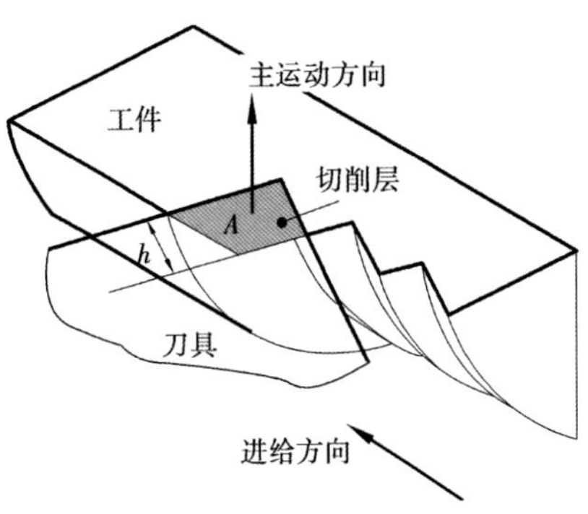

图2.26 切削层面积示意图

$$F_c = A \cdot k_s \tag{2.63}$$

式中 F_c——主切削力，N；

A——切削层面积，mm^2；

k_s——比切力，N/mm^2。

k_s 与切削层厚度（即上述切屑厚度）h 相关，见式(2.64)。

$$k_s = \frac{k_c}{h^u} \tag{2.64}$$

式中　k_c——切屑截面公称厚度和公称宽度各为 1 mm 时的单位面积切削力；

u——定值系数，它反映了切削厚度 h 对于比切力 k_s 的影响程度。

k_c 和 u 与工件材料相关，通常通过实验取得，表 2.5 为常用材料的切削层单位面积切削力 k_c 和定值系数 u 的实验值。对于非常用材料，需要专门开展相关实验确定上述两个参数值，进而才能使用本方法对切削力进行计算。

表 2.5　常用材料的 Kienzle 参数

工件材料		u	k_c /(N·mm^{-2})
德国标准 DIN	中国标准对应牌号		
St34、St37、St42	Q195、Q215	0.17	1 746
St50	Q235	0.26	1 952
St60	Q255	0.17	2 069
St70	Q275	0.30	2 216
C15	15 钢	0.22	1 785
C35	35 钢	0.20	1 824
CK45	45 钢	0.14	2 177
CK60	60 钢	0.18	2 089
15CrMo5	15CrMo	0.17	2 246
16MnCr5	15CrMn	0.26	2 059
20MnCr5	20CrMn	0.25	2 099
25CrMo4、41Cr4	(25CrMo)40Cr	0.25	2 030
30CrNiMo8	(30Cr2NiMo)	0.20	2 550
GGL-15	HT150	0.21	932
GGL-20	HT200	0.25	1 000
GGL-25	HT250	0.26	1 138
GGG-60	QT600-2	0.17	1 451
冷硬铸铁	冷硬铸铁	0.19	2 020
镁合金	镁合金	0.19	275

2.3.2　高速干切滚齿工艺滚切力数值计算原理

获取刀具在切削加工过程中的切削层参数是采用 Kienzle 经验公式计算切削力的前提，而在前一节中所获得的切屑几何形状是切削层参数在三维空间中的体现，当滚刀回转至相位

角为 Φ 的位置时，根据切屑厚度三维数据可以提取该瞬时切削刃对应的切削层厚度值，如图 2.27(a)、图 2.27(b)所示，即切削层厚度与参数 φ 一一对应。由于切屑具有变截面的特点，其切削层沿切削刃法向的分布为变化值。考虑到在尺度上切屑厚度相较于切削刃长度可以视为微小量，在此将该截面划分为若干微元，如图 2.27(c)所示，参数 t 在刃边取中间值 T，则微元面积见式(2.65)，比切力见式(2.66)。

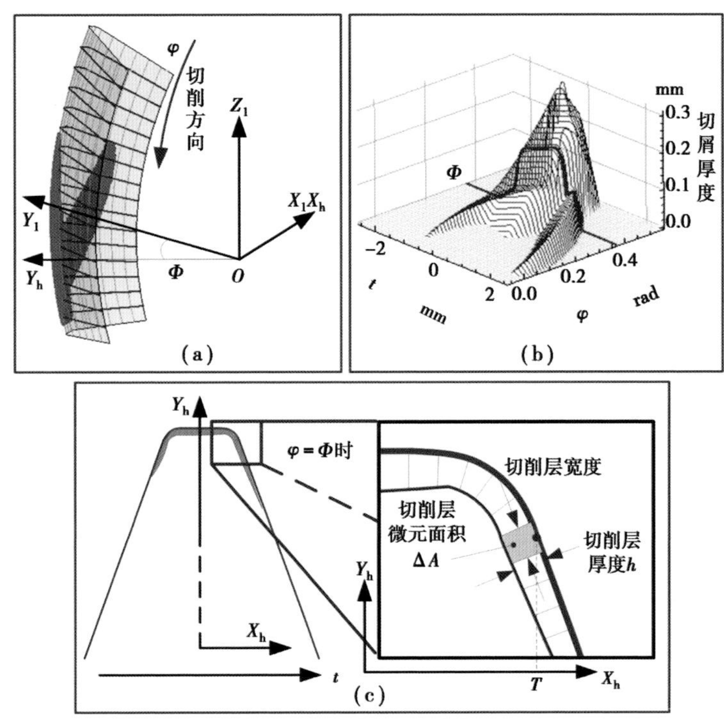

图 2.27　基于切屑几何的滚切力计算原理

$$\Delta A^{i,j}(T,\Phi) = \left(\left\| \frac{\mathrm{d}\boldsymbol{E}_{\mathrm{h}}^{i,j}(t)}{\mathrm{d}t} \right\| h^{i,j}(t,\varphi)\Delta t \right) \Bigg|_{(t\to T,\varphi\to\Phi)} \tag{2.65}$$

$$k_s^{i,j}(T,\Phi) = \left(\frac{k_{\mathrm{c}}}{h^{i,j}(t,\varphi)^u} \right) \Bigg|_{(t\to T,\varphi\to\Phi)} \tag{2.66}$$

各个微元上应用 Kienzle 经验公式并进行线性叠加求得滚刀回转相位角为 Φ 时的滚切力，见式(2.67)。

$$\begin{aligned} F_{\mathrm{c}}^{i,j}(\Phi) &= \sum_T \Delta A^{i,j}(T,\Phi) k_{\mathrm{s}}^{i,j}(T,\Phi) \\ &= \sum_T \left(\left\| \frac{\mathrm{d}\boldsymbol{E}_{\mathrm{h}}^{i,j}(t)}{\mathrm{d}t} \right\| k_{\mathrm{c}} h^{i,j}(t,\varphi)^{1-u} \Delta t \right) \Bigg|_{(t\to T,\varphi\to\Phi)} \end{aligned} \tag{2.67}$$

上述方法计算了各个切削刃在切除材料时产生的滚切力，在整个滚切过程中各个切削刃产生的切削力在时间域内线性叠加形成整个滚刀产生的切削合力。如图 2.28 所示，其中滚刀同一螺旋上（由编号 j 确定）的切削刃（由编号 i 确定）的线性叠加合力是包络某一齿槽时的滚切力 $F^{j}_{\mathrm{cycle}}(\Phi)$，见式（2.68），同时不同螺旋的滚切力线性叠加形成全过程的滚切力 $F_{\mathrm{total}}(\Phi)$，见式(2.69)。

$$F^{j}_{\mathrm{cycle}}(\Phi) = \sum_{i} F^{i,j}_{\mathrm{c}}(\Phi) \tag{2.68}$$

$$F_{\mathrm{total}}(\Phi) = \sum_{j} \sum_{i} F^{i,j}_{\mathrm{c}}(\Phi) \tag{2.69}$$

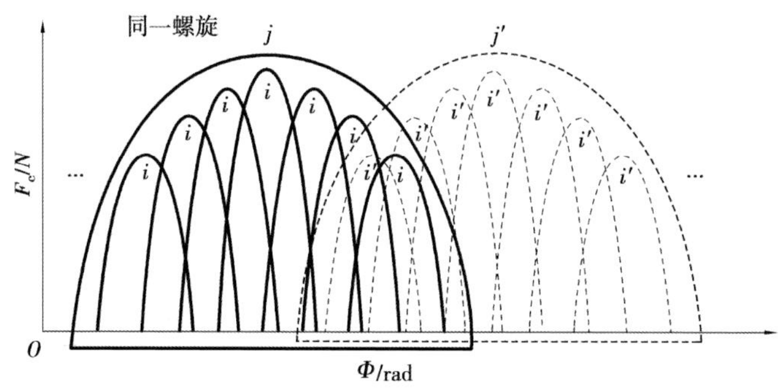

图 2.28　单刃切削力线性叠加计算合力示意图

2.3.3　高速干切滚齿工艺滚切力仿真与实验分析

（1）滚切力数值仿真案例

与 2.2 节中切屑几何数值仿真案例所采用的滚刀、齿轮参数及切削参数一致，在获得切屑几何数据之后，利用上述高速干切滚齿工艺滚切力数值计算原理可以获得滚切过程中产生的主切削力，①单刃滚切力，如图 2.29 所示分别为 -5 号切削刃和 5 号切削刃产生的滚切力；②单齿槽加工滚切力，如图 2.30 所示，它是滚刀同一螺旋上的切削刃在包络某一齿槽时所产生切削力在时间域内的线性叠加；③完整滚切过程滚切力，如图 2.31 所示。

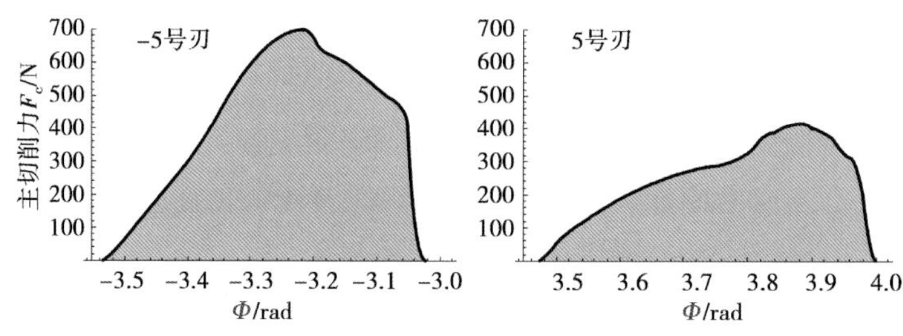

图 2.29　单刃滚切力仿真结果

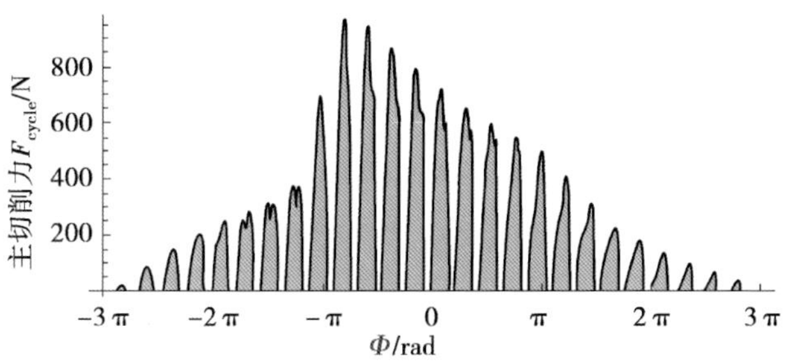

图 2.30　单齿槽加工滚切力仿真结果

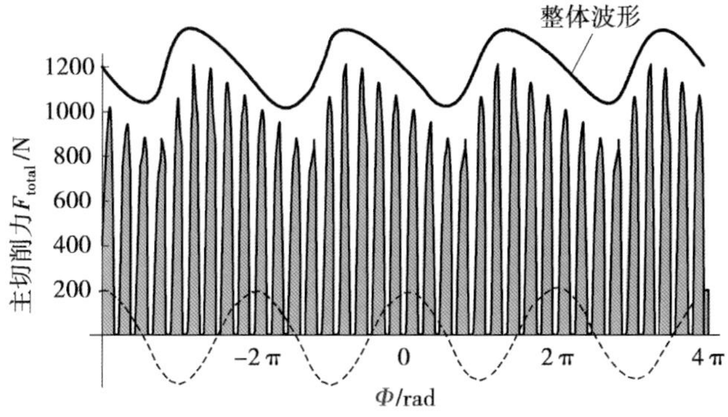

图 2.31　完整加工过程滚切力仿真结果

(2)滚切力测量实验及结果

本研究采用三向测力仪测量滚切加工中产生的切削力，三向测力仪的结构如图 2.32 所示，其输出值为切削力的 3 个分量，即(F_x，F_y，F_z)，将其进行向量求和得到切削合力。三向测力仪的安装如图 2.33 所示，由于滚切加工中工作台连续回转，因此数据信号通过蓝牙传输器发送到数据采集终端。

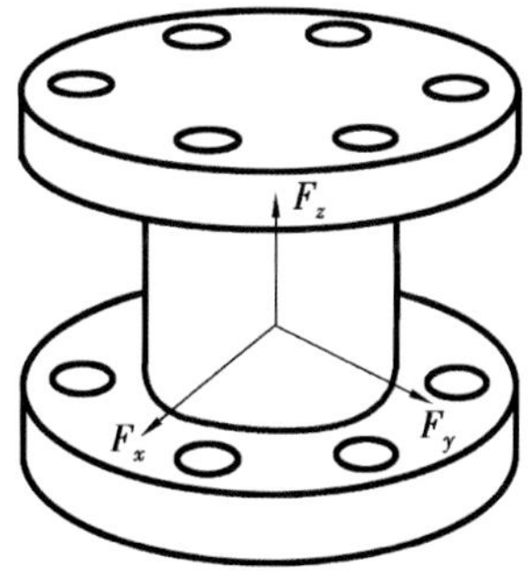

图 2.32　三向测力仪

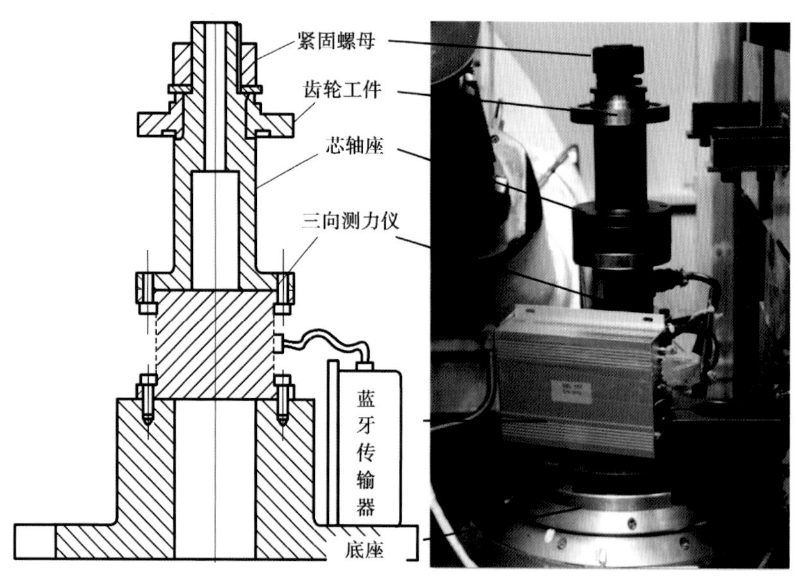

图 2.33　切削力测量装置

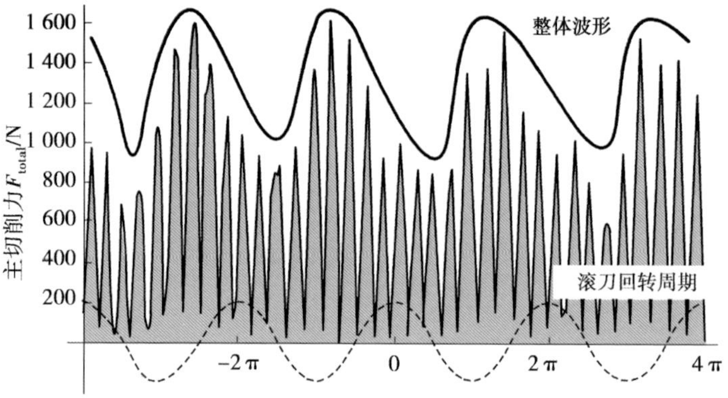

图 2.34　完整加工过程滚切力测量结果

图 2.34 为完整加工过程滚切力的测量结果，与图 2.31 所示仿真结果对比，滚切过程主切削力的计算值和测量值整体波形的形状保持一致，并根据滚刀回转相位角呈周期性变化。同时测量值相较于计算值偏高，根据金属切削理论，该现象主要是由后刀面摩擦力导致的。

2.4　齿面包络波纹形貌数值计算及分析

根据展成原理，滚刀基本蜗杆和齿轮连续啮合才能包络出理论上的渐开线齿形，它相当于有无数个刀齿不间断切除材料，但由于要保证刀齿强度并为容屑槽预留空间，实际的滚刀只能获得有限个刀齿进行断续包络，从而造成滚切形成的实际齿形是一条由多边形构成的近似曲线而存在加工误差；另一方面，对于齿轮的某一个齿槽而言，滚刀以进给量为单位在齿向不同位置进行切削，从而造成齿向误差。上述两种误差将导致滚切加工的齿轮齿面偏离理论齿面形成包络误差，其结果是在实际齿面上出现网络状波纹，如图2.35所示。

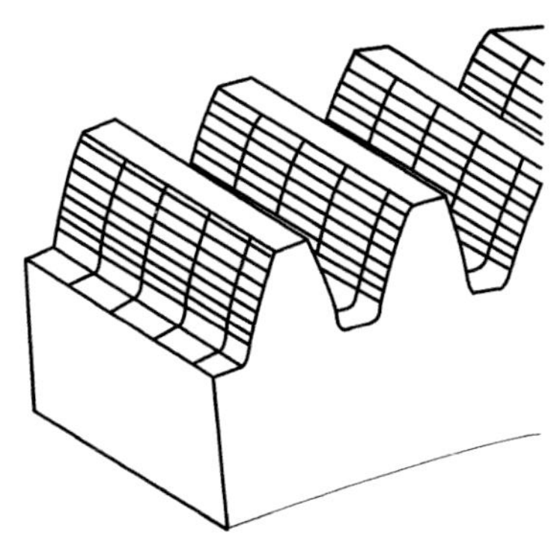

图 2.35 滚切加工成形齿面示意图

2.4.1 渐开线圆柱齿轮理论齿面的数学模型

渐开线圆柱齿轮的每一个齿槽由两个渐开面(即左齿面和右齿面)组成，如图 2.36(a)所示，理想渐开线圆柱齿轮的齿面在其端截面的截线是一条标准渐开线，该渐开线绕齿轮轴线做螺旋创成运动形成的空间渐开面即为齿轮齿面。

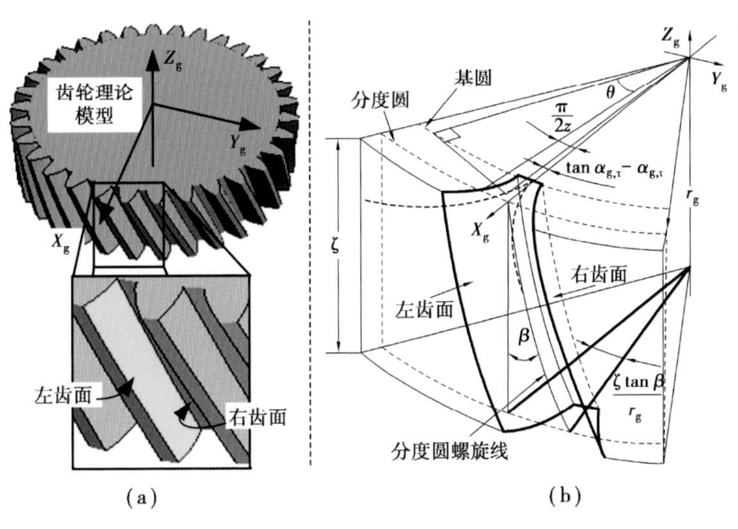

图 2.36 理论渐开螺旋面创成过程示意图

①齿轮端面标准渐开线的齐次坐标

图 2.36(b)中粗虚线分别为左右齿面端面的标准渐开线，它们关于齿槽平分线(图中 X_g 轴)对称，其形状与基圆半径相关，根据表 2.2 给定的齿轮基本参数，齿轮端面渐开线的基圆半径由式(2.70)计算：

$$\begin{cases}\tan\alpha_{g,\tau} = \dfrac{\tan\alpha_n}{\cos|\beta|} \\ r_{g,b} = r_g\cos\alpha_{g,\tau}\end{cases} \tag{2.70}$$

根据渐开线的创成原理,它是由一条与基圆相切的发生线绕基圆纯滚动时发生线上一固定点形成的迹线,发生线的旋转角度 θ 称为展开角,以展开角 θ 为参数,则左右齿面端面的标准渐开线的齐次坐标 $I_g(\theta)$ 见式(2.71)。式中 $I_g(\theta)$ 的第二个分量(Y_g 轴分量)中的符号"±"按如下规则确定:右齿面取"+",左齿面取"-"。

$$\boldsymbol{I}_g(\theta) = \begin{bmatrix} r_{g,b}\cos\theta - r_{g,b}\theta\sin\theta \\ \pm(r_{g,b}\sin\theta - r_{g,b}\theta\cos\theta) \\ 0 \\ 1 \end{bmatrix} \tag{2.71}$$

②齿轮理论齿面齐次坐标

对 $I_g(\theta)$ 进行齐次坐标变换,使其绕 Z_g 轴做螺旋运动生成齿轮齿面。以沿 Z_g 轴的位移 ζ 为参数,当 $I_g(\theta)$ 沿 Z_g 轴平移同时绕该轴回转 $\zeta\cdot\tan\beta/r_g$ 角度;为了获得规定的齿槽宽,齿槽两侧的齿面需要朝彼此张开的方向分别绕 Z_h 轴回转一个角度,对于标准齿轮,该角度的值为 $\dfrac{\pi}{2z}-\tan\alpha_{g,\tau}+\alpha_{g,\tau}$。综上所述,齿轮理论齿面的齐次坐标 $F_g(\theta,\zeta)$ 见式(2.72)。

$$\boldsymbol{F}_g(\theta,\zeta) = \boldsymbol{M}_f(\nabla)\boldsymbol{I}_g(\theta) \tag{2.72}$$

式中 $\boldsymbol{M}_f(\nabla)$——齿面端面标准渐开线生成齿轮齿面的齐次坐标变换矩阵,它包含该创成过程中标准渐开线沿 Z_g 轴的平移运动(由参数 ζ 确定)及与之对应的回转运动(由回转角 ∇ 确定)。∇ 包括与平移运动联动的回转角和获得齿槽宽的齿面张角,其中符号"±"的选取规则与式(2.71)相同。

$$\begin{cases}\boldsymbol{M}_f(\nabla) = \begin{bmatrix}\cos\nabla & -\sin\nabla & 0 & 0 \\ \sin\nabla & \cos\nabla & 0 & 0 \\ 0 & 0 & 1 & \zeta \\ 0 & 0 & 0 & 1\end{bmatrix} \\ \nabla = \dfrac{\zeta\tan\beta}{r_g} \pm \left(\dfrac{\pi}{2z} - \tan\alpha_{g,\tau} + \alpha_{g,\tau}\right)\end{cases}$$

齿轮各个齿槽的几何形状完全一致并在齿轮圆周上均匀分布,相邻两个齿槽的相位差角为 $2\pi/z$,以 $F_g(\theta,\zeta)$ 为 0 号齿槽,并分别用 $0,\cdots,k,\cdots,z-1$ 对各个齿槽编号,则各齿槽齿面的

齐次坐标 $\boldsymbol{F}_{g}^{k}(\theta,\zeta)$ 见式(2.73)。

$$\boldsymbol{F}_{g}^{k}(\theta,\zeta)=\boldsymbol{M}_{g}\left(k\frac{2\pi}{z}\right)\boldsymbol{F}_{g}(\theta,\zeta) \tag{2.73}$$

式中　$\boldsymbol{M}_{g}\left(k\frac{2\pi}{z}\right)$——描述各齿槽沿齿轮圆周分布的齐次坐标变换矩阵。

$$\boldsymbol{M}_{g}\left(k\frac{2\pi}{z}\right)=\begin{bmatrix}\cos\left(k\frac{2\pi}{z}\right) & -\sin\left(k\frac{2\pi}{z}\right) & 0 & 0\\ \sin\left(k\frac{2\pi}{z}\right) & \cos\left(k\frac{2\pi}{z}\right) & 0 & 0\\ 0 & 0 & 1 & 0\\ 0 & 0 & 0 & 1\end{bmatrix}$$

③齿轮齿面法向向量

齿轮齿面误差沿齿面法向测量，根据式(2.73)求得的齿面齐次坐标，基于微分几何原理可以求得齿面上某一点的齿向和齿形向量，如图2.37所示，通过向量叉乘即可获得齿面法向向量 $n^{k}(\theta,\zeta)$，见式(2.74)。

$$\boldsymbol{n}^{k}(\theta,\zeta)=\frac{\partial\boldsymbol{F}_{g}^{k}(\theta,\zeta)}{\partial\theta}\times\frac{\partial\boldsymbol{F}_{g}^{k}(\theta,\zeta)}{\partial\zeta} \tag{2.74}$$

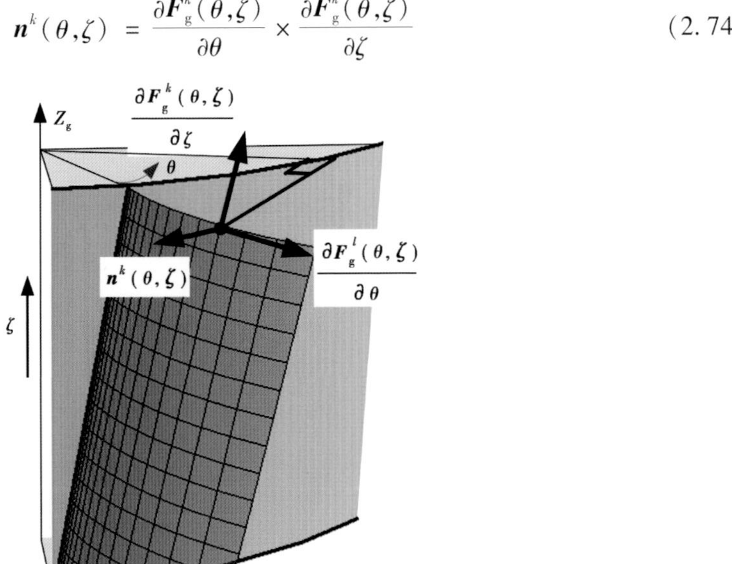

图2.37　齿面法向矢量

2.4.2　高速干切滚齿工艺齿面包络波纹形貌数值计算

与前述切屑三维几何数值计算类似，首先将齿轮齿面 $\boldsymbol{F}_{g}^{k}(\theta,\zeta)$ 的参数 θ 和 ζ 在其取值范围内分别进行离散形成网格，网格密度仍取为 $l\times m$，参数 θ 和 ζ 分别按步长 $\Delta\theta$ 和 $\Delta\zeta$，并分别

用下标 l 和 m 对其网格节点进行编号。对于齿轮齿面上的某一点 $\boldsymbol{F}_{\mathrm{g}}^{k}(\theta_{l},\zeta_{\mathrm{m}})$，其法向向量为 $\boldsymbol{n}^{k}(\boldsymbol{\theta}_{l},\boldsymbol{\zeta}_{\mathrm{m}})$，计算该点到包络齿形的各个切削刃空间轨迹曲面的法向距离，最小的值即为误差值 $\delta^{k}(\theta_{l},\zeta_{\mathrm{m}})$，如图 2.38 所示。

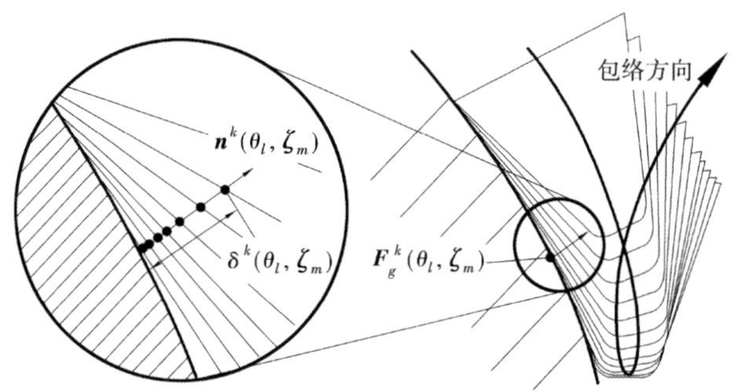

图 2.38　齿轮滚切包络误差计算示意图

对离散网格的节点进行数值计算获得相应的离散齿面误差值，采用线性插值方法对所有误差值进行二元拟合，得到齿面包络误差函数 $\delta^{k}(\theta,\zeta)$。以表 2.4 所示滚刀和齿轮参数为例，切削参数：①滚刀转速 $\omega_{\mathrm{h}}=650$ r/min；②轴向进给量 $f=2.00$ mm/r；③逆铣方式滚切，滚切成形齿轮的“0”号齿槽左齿面的包络误差数据可视化显示结果如图 2.39 所示。

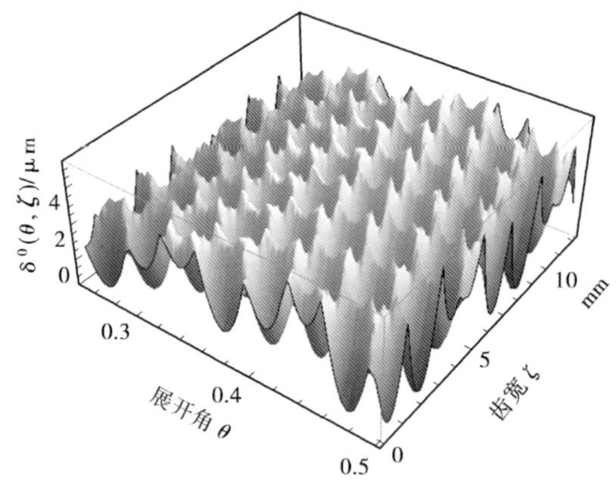

图 2.39　“0”号齿槽左齿面的包络误差数据可视化显示结果

图 2.40(a)为使用 A 型高速干切滚齿机按上述参数加工的齿轮，为了便于观察，采用线

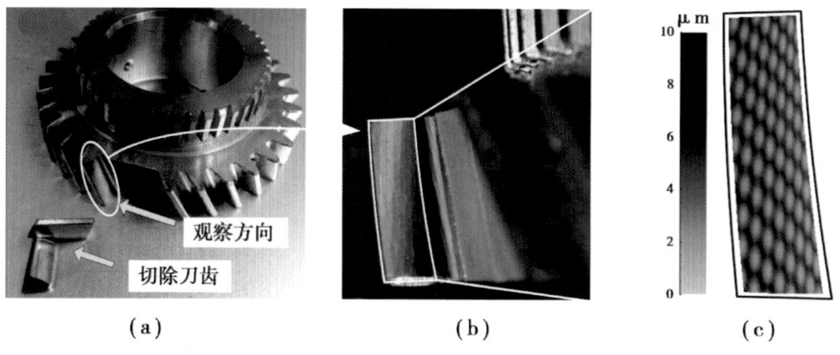

(a)　(b)　(c)

图 2.40　实际齿面包络波纹与仿真结果对比

切割将相邻的两个刀齿切除，其齿面波纹使用具有微距功能的数码相机拍摄；如图2.40(b)所示，其表面呈现出明显的鳞片状波纹；图2.40(c)所示为将上述计算求得的齿面包络误差函数$\delta^k(\theta,\zeta)$映射到齿轮齿面后获得的包络波纹梯度图并呈现出网格状波纹，它与实际齿面的鳞片状波纹基本相符。

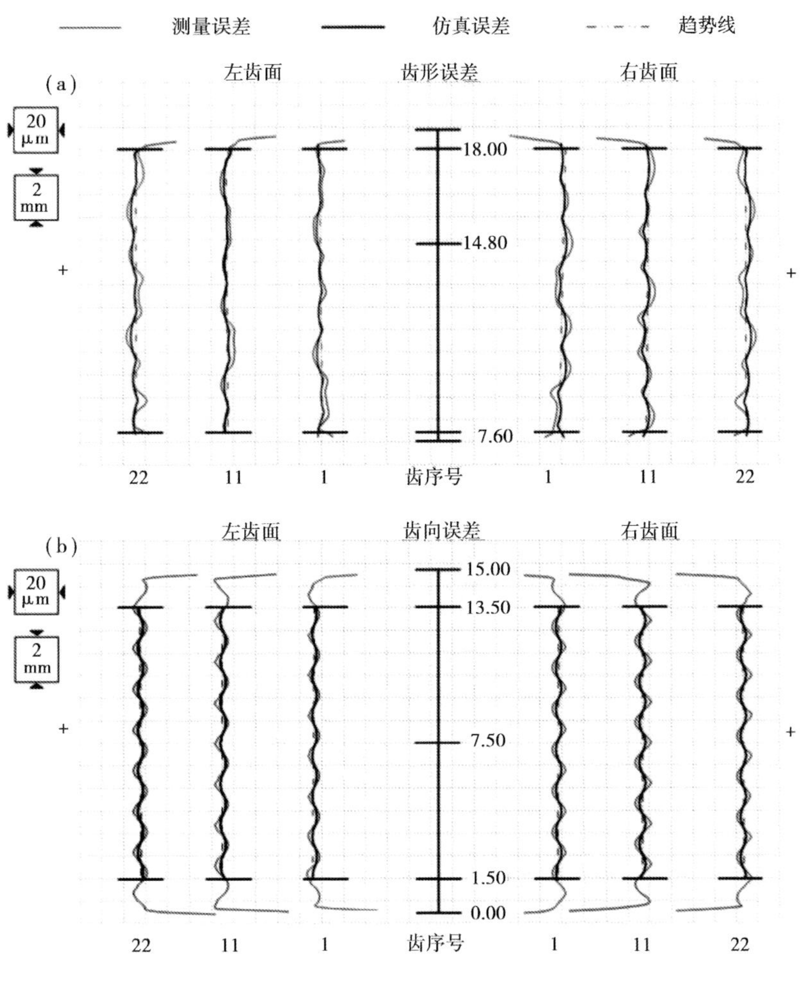

图2.41 齿形齿向误差仿真与实验结果对比

齿面包络误差函数$\delta^k(\theta,\zeta)$进行单参数变化分别获得齿面齿形齿向误差：①当参数ζ确定，参数θ在齿形评定的展开线范围对应的展开角内连续取值，得到齿轮齿形误差；②当参数θ确定，参数ζ在齿向评定范围内连续取值，得到齿轮齿向误差。图2.41所示为齿形齿向误差的仿真与测量结果对比，使用克林贝格(Klingelnberg)P26型齿轮测量中心测量齿形齿向误差，图中细实线为测量结果，粗实线为仿真结果，仿真结果与测量结果的误差形态十分相近，但测量结果相较于仿真结果偏大，其主要是由于实际滚切加工中的滚刀和工作台偏心、滚刀几何精度及机床振动等原因导致的结果。

2.4.3 滚切工艺参数对齿面包络波纹形貌的影响规律

如2.4节开头所述，滚切齿轮的实际齿形是一条多边形，因此存在齿形误差 δ_y，如图2.42(a)所示；而齿宽方向由于滚刀以进给量 f 为单位等距跳动，导致产生齿向误差 δ_x，如图2.42(b)所示。这两种误差的大小与滚刀和齿轮参数及轴向进给量 f 等滚切工艺参数相关，在生产实践中广泛采用式(2.75)进行计算。

$$\begin{cases} \delta_x = \tan\alpha_n\left(\dfrac{D_h}{2} - \sqrt{\dfrac{D_h^2 - f^2}{4}}\right) \\ \delta_y = \dfrac{\pi^2 n^2 m_n \sin\alpha_n}{4zZ_k^2} \end{cases} \tag{2.75}$$

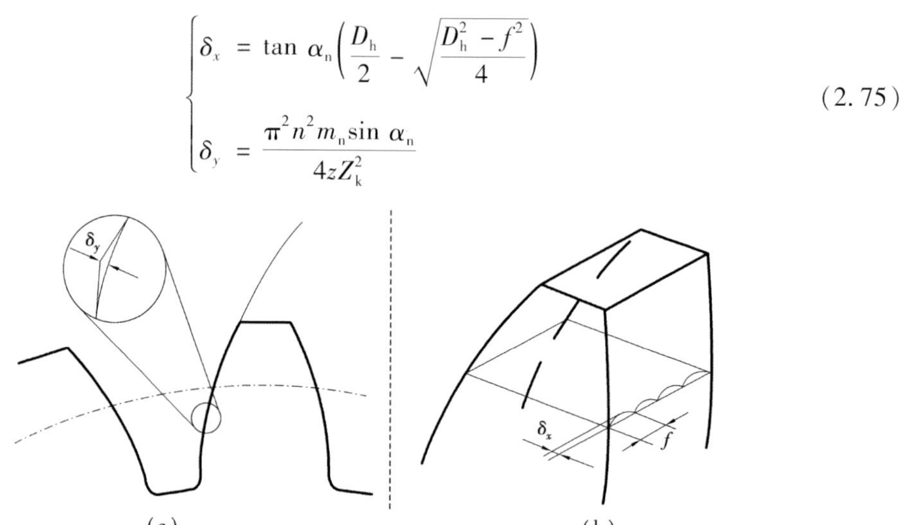

图2.42 齿轮滚切齿形误差和齿向误差

根据式(2.75)可知，滚切加工齿轮齿向误差与滚刀直径 D_h 和轴向进给量 f 相关，以表2.4所示参数为例，δ_x 随滚刀直径增加而增大，但增大程度较小，当滚刀直径确定后，齿向误差根据轴向进给量 f 呈1/2次指数上涨，如图2.43(a)所示；而齿形误差与滚刀头数 n 和容屑槽数 Z_k 相关，滚刀头数越多齿形误差越大，容屑槽数越多齿形误差越小，如图2.43(b)所示。其原因是滚刀头数越多参与包络一个齿形的切削刃越少；相反，容屑槽数越多参与包络一个齿形的切削刃越多。

式(2.75)是基于二维模型推导求得，即齿向误差 δ_x 根据建立在齿轮轴截面上的滚刀进给模型求得，而齿形误差 δ_y 是根据建立在齿轮端面的齿轮齿条啮合模型求得，因此导致该式仅仅在齿轮螺旋角较小的情况下有较高的准确性。如图2.44所示，当齿轮螺旋角较小时，齿面包络波纹沿齿形和齿向方向的棱线近似正交，随着齿轮螺旋角的增大，其网格产生切变扭曲。当增大到一定程度后，无论是沿齿形方向或齿向方向的误差测量结果均受到齿形和齿向棱线的综合影响。

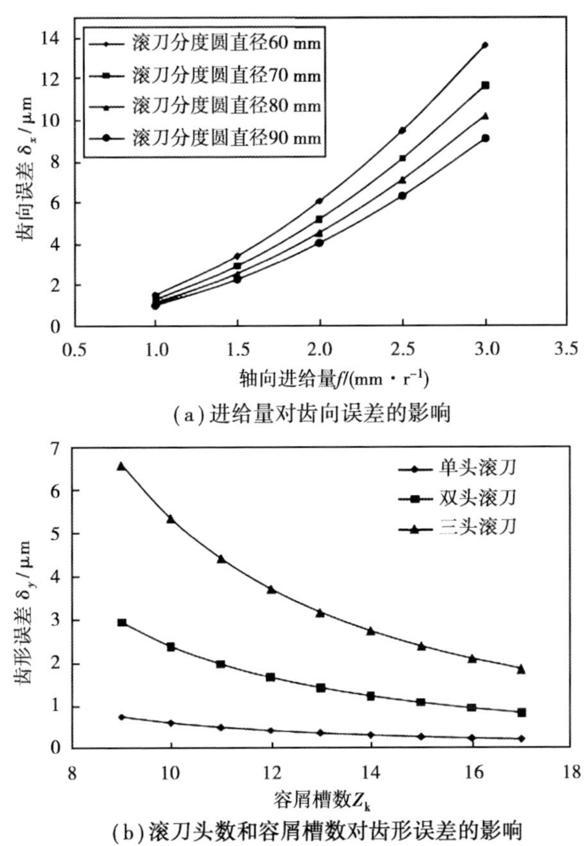

(a)进给量对齿向误差的影响

(b)滚刀头数和容屑槽数对齿形误差的影响

图 2.43　工艺参数对齿形齿向误差的影响

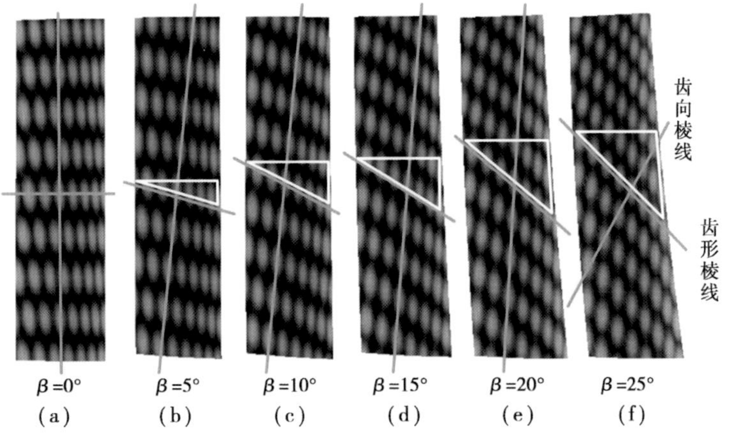

(a)　(b)　(c)　(d)　(e)　(f)

图 2.44　齿轮螺旋角对齿面波纹切变扭曲的影响

如图 2.45(a)所示,齿轮螺旋角 β 对齿向误差 δ_x 的影响较小,这是因为随着 β 增大,齿向棱线的扭曲倾斜程度较小。齿形棱线的扭曲倾斜程度较大,当增大到一定程度时再测量齿形误差其测量方向将与齿形棱线相交,在穿过齿形棱线的位置齿形误差 δ_y 将受到齿向误差 δ_x 的影响,如图 2.45(b)所示,$\beta = 10°$时,齿形误差测量方向与一条齿形棱线相交,在图中 1 号方框所示区域出现误差值突然升高，$\beta=20°$时，齿形误差测量方向与两条齿形棱线相交，分别在图2.45中1号方框和2号方框所示区域均出现误差值突然升高的现象。

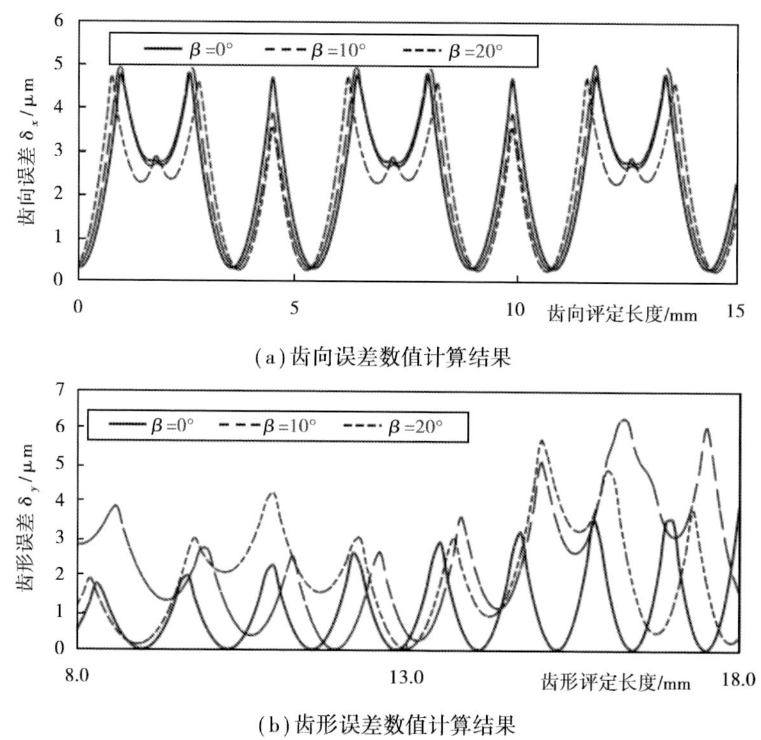

(a)齿向误差数值计算结果

(b)齿形误差数值计算结果

图2.45　齿轮螺旋角对齿形齿向误差的影响

第3章 高速干切滚齿工艺系统切削热传递模型及温度场控制技术

本章要点

◎ 高速干切滚齿工艺系统切削热生成机理

◎ 高速干切滚齿工艺系统切削热传递模型

◎ 高速干切滚齿工艺系统切削热分布规律

◎ 高速干切滚齿工艺系统温度场控制方法

切削热伴随着高速干切滚齿加工全过程，是不可避免的物理现象，切削热的存在使得工件材料急剧受热软化，为干切滚刀切削工件创造了必要条件，但也是造成干切滚刀磨损，影响干切滚刀寿命和工件表面质量的重要因素，切削热还会通过接触或非接触的方式传递给加工系统并对系统稳定性和加工精度产生影响。高速干切滚齿工艺区别于传统湿式滚齿工艺，其切削热传递规律有着自身的特点，需要从切削热发生与传递全过程分析其对干切滚刀寿命和机床加工空间温度场的影响。针对上述问题，本章将对高速干切滚齿工艺系统切削热的传递与散失规律及温度场控制方法展开研究。

3.1 高速干切滚齿工艺系统切削热生成机理

机床加工系统的热源主要包括三类，如图 3.1 所示：①切削热：机床切削加工过程中，刀具切除金属材料所做的功都转变为热，这种热称为切削热；②机床动力源发热和运动副的摩擦热：主要包括机床电机及液压泵发出的热转换成为机床部件的热源，以及主轴、滚动轴承、丝杆、导轨等运动副摩擦生热；③周围环境热源：主要包含日光、灯光辐射到机床上的热量，以及周围环境温度变化引起的热量等。

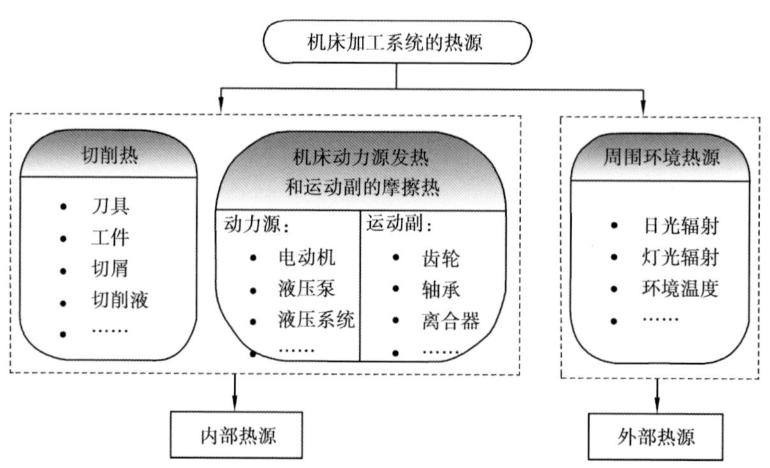

图 3.1　机床加工系统的热源

图 3.1 说明切削热是机床加工系统的主要热源之一。在机床加工系统中，刀具切除工件材料所做的功除极少部分（占 1% ~2%）用以形成新表面和以晶格扭曲等形式形成潜藏能，并成为工件和切屑所增加的内能以外，绝大部分（占 98% ~99%）转换为热能。如图 3.2 所示，在刀具强制切除金属材料的作用下，切削热主要来源于 3 个区域：剪切区、刀-屑接触区、刀-工件接触区。剪切面产生的热量传递给刀具的部分极少，主要传递给切屑和工件。刀-屑接触区产生的热量主要传递给切屑和刀具。刀-工件接触区产生的热量主要传递给刀具和工件。

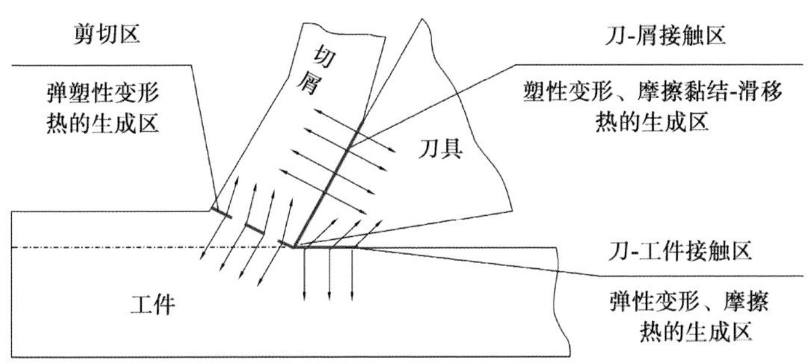

图3.2　切削热的来源

切削做功时产生的热量 Q 可表示为：

$$Q = Q_{ep} + Q_{fr} = W_c \tag{3.1}$$

式中　Q_{ep}——切削加工过程中，弹、塑性变形功产生的热量；

Q_{fr}——切削加工过程中，摩擦功产生的热量；

W_c——切削加工过程所做的功。

切削加工过程中，切削热 Q 的基础计算式可表示为：

$$Q = \sum_{i}^{m} \int_{0}^{t} F_i(t) V_i(t) \mathrm{d}t \tag{3.2}$$

式中　$F_i(t)$——切削加工过程中的切削力分量；

$V_i(t)$——切削加工过程中的切削速度分量；

t——切削加工过程所用的时间。

高速干切滚齿工艺系统的切削热来源于干切滚刀切除金属所做的功，并在3个热源区域集聚：剪切面切屑弹塑性变形热量 Q_s、刀-屑接触区的摩擦热 Q_r 和刀-工件接触区的摩擦热 Q_f。

3.2　高速干切滚齿工艺系统切削热传递模型

3.2.1　机床加工系统切削热三阶段热传递思想

切削热在机床加工系统中的传递主要通过热传导、热对流、热辐射3种方式进行。机床加工系统在切削热的作用下，系统各个部分（刀具、工件、切屑等）的温度出现高低差异，而热量总是从高温处向低温处传递，这就是热传导，热传导符合傅里叶定律。单位时间内通过单位面积的热量称为热流密度，记作 q，傅里叶定律的热流密度表达式为：

$$q = -\lambda \frac{\partial T}{\partial n} \tag{3.3}$$

式中　λ——材料的热导率；

$\frac{\partial T}{\partial n}$——温度沿着等温面法线方向的变化率。

机床加工系统在切削加工过程中，总会遇到流体流过某些部件壁面而发生热交换的现象，这种现象被称为热对流。热对流符合牛顿冷却定律，单位时间内通过单位面积的对流传热的热量可以用牛顿冷却公式计算，其表达式为：

$$q = \alpha_c \left| T - T_{am} \right| \tag{3.4}$$

式中　α_c——对流传热系数；

T——流体温度；

T_{am}——环境温度。

热辐射是物体通过一定波长范围的电磁波进行热量传递的现象。机床加工系统中，各个部件在向外发出辐射能的同时也在不断地吸收周围其他物体发出的辐射能，并把吸收的辐射能重新转换成热能。热辐射符合斯特藩-玻尔兹曼定律，其表达式为：

$$M = \varepsilon \sigma_b T^4 \tag{3.5}$$

式中　M——物体在单位时间内单位面积辐射出的总能量；

ε——物体的黑度值，通常由实验测定，其值与物体温度有关；

σ_b——斯特藩-玻尔兹曼常数，其值为 5.67×10^{-8} W/(m^2K^4)。

国内外专家学者提出的经典切削热传递与散失机理认为，切削热首先在切削接触区域内由于刀具作功而生成，然后主要在切屑、刀具和工件之间传递。事实上，3 个发热区域产生的热量分布到切屑、工件、刀具以后，由于物体有自高温向低温传热的特点，高温切屑会将自身热量分别传递一部分给工件和刀具，这一阶段是热量在切削加工接触界面的产生阶段，称其为切削热的第一阶段传热。此外，切削加工所用冷却介质的存在，会通过对流换热等形式从切屑、工件、刀具吸收部分热量，这一阶段是切削热在切削加工区域内的传递过程，称其为切削热的第二阶段传热。再有，高温切屑在脱离切削加工区域进入机床加工空间直至离开机床的过程中，会将一部分热量传递给机床，同时变化的热量会造成切削热在切屑、工件、刀具、冷却介质等之间的再一次重新分配，这一阶段称为切削热的第三阶段传热。

为研究机床加工系统切削热的三阶段传递，假设刀具切入的时刻为 t_1，刀具切出的时刻为 t_2，下一个周期参与切削加工的时刻为 t_3。在 $t_1 \sim t_2$ 时间段内，刀具切除工件材料做功，切削热的第一阶段传热和切削热的第二阶段传热同时进行；在 $t_2 \sim t_3$ 时间段内，刀具脱离工件不做功，切屑离开切削加工区域进入排屑机构，切削热进行第三阶段传热。图 3.3 描述的是机床加工系统切削热的传热过程。

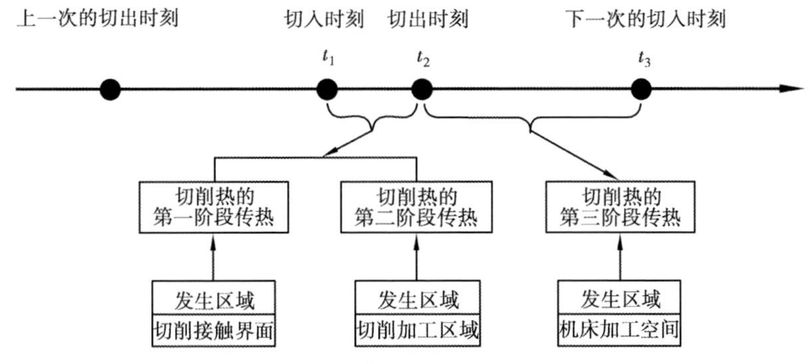

图 3.3　切削热的三阶段传递过程

时间域上，三阶段传热过程重叠甚至交叉进行。第二阶段传热时，刀具的热量相比第一阶段传热和第三阶段传热都多，为研究刀具寿命和温度场控制等提供了理论支撑；第三阶段传热时，机床会带走部分热量，这是研究机床加工空间温度场控制的出发点之一。切削热的三阶段传热思想将为切削热的理论研究提供新的研究思路，为刀具寿命和机床加工空间温度场控制方法研究提供理论支撑。

3.2.2　高速干切滚齿工艺系统切削热传递过程

(1)干切滚刀的周期性断续传热特性

高速干切滚齿工艺是多刃金属切削加工工艺，图 3.4(a)描述了多刀刃干切滚刀切除工件的空间运动模型。滚切过程中的干切滚刀具有断续周期性参与切削的特点。图 3.4(b)体现了干切滚刀断续切削加工的特征，它表示工件纵截面中干切滚刀切削加工一个齿槽的滚齿切削图形，开始切削时，干切滚刀的中心在 0 位置，工件转一转干切滚刀沿其轴向进给 S_0，与此同时干切滚刀的中心到达 1 位置并在齿槽中切去 ABC 部分金属，从放大图可以看出 ABC 区域是由若干刀齿切出的，DEF 区域表示第 K 号刀齿切除的金属区域。图 3.4(c)是干切滚刀的切削力曲线，直观地表达了其周期性变化特性。综合图 3.4 分析，干切滚刀周期性切除金属材料，并在切削加工和空闲非切削加工两种状态之间交替性断续地切除金属，从而使得干切滚刀具有周期性断续传热的特性。

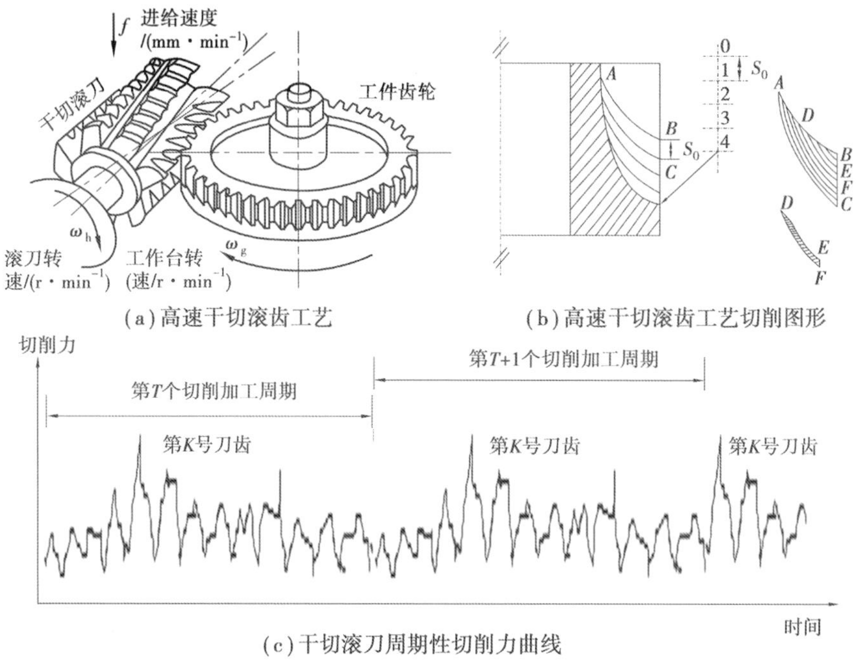

(a)高速干切滚齿工艺

(b)高速干切滚齿工艺切削图形

(c)干切滚刀周期性切削力曲线

图 3.4　高速干切滚齿加工工艺特征

(2)高速干切滚齿工艺三阶段传热过程

高速干切滚齿工艺区别于传统湿式滚齿工艺，其切削热传递规律有着自身的特点，需要从切削热发生与传递全过程分析其对干切滚刀寿命、工件热变形以及机床加工空间温度场的影响。根据干切滚刀的周期性断续传热特性，结合高速干切滚齿工艺加工机理，在干切滚刀旋转一转的一个切削周期内，高速干切滚齿工艺系统切削热传递全过程可以划分为 3 个阶段：

切削热的第一阶段传热：切削热在切削接触界面传递，切屑发生剧烈形变产生大量热量，热量通过接触界面在切屑和工件、干切滚刀中进行传递；该阶段的热传递机理可以揭示高速干切区域热量产生量及切屑热量分配比例。

切削热的第二阶段传热：切削热在切削加工区域传递，主要发生在工件、干切滚刀、切屑以及用于冷却排屑的压缩空气之间；该阶段的热传递机理可以揭示高速干切滚齿区域热量散失及冷却效率。

切削热的第三阶段传热：切削热在高速干切滚齿机床加工空间传递，该过程干切滚刀不做功，高温切屑在重力和排屑装置作用下脱离切削加工区域进入机床加工空间直至离开机床；热量在机床加工空间的集聚会导致机床结构的热变形，因此该阶段的热传递机理是高速干切滚齿机床热致变形的理论基础。

高速干切滚齿工艺系统的切削热主要来源于 3 个区域:剪切面、刀-屑接触区和刀-工件接触区。首先,切削热在接触界面生成,并传递到切屑、工件和干切滚刀上,然后,冷却空气引起热量在切屑、工件以及干切滚刀等之间的重新分配,最后,高温切屑脱离切削加工区域进入机床加工空间直至离开机床,切削热在切屑和工件等之间再一次重新分配。高速干切滚齿工艺系统切削热全过程传递的关系模型如图 3.5 所示。

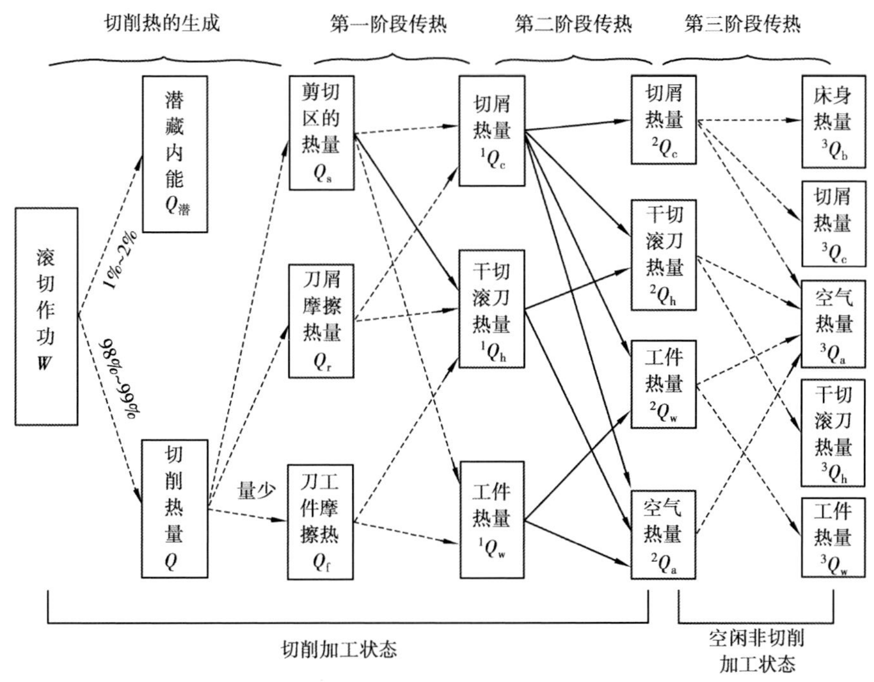

图 3.5　高速干切滚齿工艺系统切削热传递全过程

3.2.3　高速干切滚齿工艺系统切削热传递关系模型与热传递方程

(1)第一阶段传热的关系模型与热传递方程

高速干切滚齿工艺系统切削热的第一阶段传热时,干切滚刀切除金属做功产生的切削热首先在 3 个热源区域集聚,包括剪切面切屑弹塑性变形热量 Q_s、刀-屑接触区的摩擦热 Q_r 和刀-工件接触区的摩擦热 Q_f(图 3.6);然后,切削热在切屑、工件以及干切滚刀之间传递。其中,剪切热 Q_s 将部分热量传递给切屑(传递热量的比率为 $^1R_{cs}$,简称传热率为 $^1R_{cs}$),由于它传递给干切滚刀的热量极少且可忽略,可认为剩余部分的热量传递给工件;刀-屑摩擦热 Q_r 将部分热量传递给切屑(传热率为 $^1R_{cr}$),剩余的热量传递给干切滚刀;刀-工件摩擦热 Q_f 将部分热量传递给工件(传热率为 $^1R_{wf}$),剩余的热量传递给干切滚刀。第一阶段传热时,切屑、工件、干切滚刀的热量分别为 ^1Q_c、^1Q_w、^1Q_h。

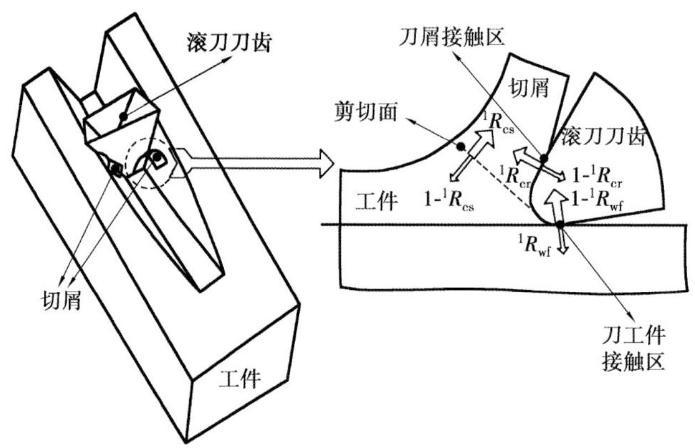

图 3.6　第一阶段传热的关系模型

假设剪切功完全转换成热量，则剪切面的热量 Q_s 为：

$$Q_s = C_{se}\int_0^{\Delta t_1} A_s(t)V_s(t)\mathrm{d}t \tag{3.6}$$

刀-屑接触区的热量 Q_r 为：

$$Q_r = C_{se}\int_0^{\Delta t_1} A_r(t)V_r(t)\mathrm{d}t \tag{3.7}$$

基于热源法和金属切削理论，$^1R_{cs}$ 和 $^1R_{cr}$ 为：

$$^1R_{cs} = \frac{1}{1+1.33\sqrt{\dfrac{\alpha_1\varepsilon_1}{Vh_D}}} \tag{3.8}$$

$$^1R_{cr} = \frac{\dfrac{F_rV_cA_{re}}{\lambda_3 b_D} - \dfrac{0.752(1-{}^1R_{cs})F_sV_c}{\lambda_1 b_D}\sqrt{\dfrac{\alpha_1}{Vh_D\varepsilon}} - {}^0T_w + {}^0T_h}{\dfrac{F_rV_cA_{re}}{\lambda_3 b_D} + \dfrac{0.752F_r\sqrt{\dfrac{\alpha_2 V_c}{l_f}}}{\lambda_2 b_D}} \tag{3.9}$$

式中　C_{se}——工件材料的切削比能；

F_s——剪切力；

F_r——前刀面上的摩擦力；

ϕ_s——剪切角，$\phi_s = e^{0.581\gamma_0 - 1.139}$；

γ_0——干切滚刀的前角；

ε_1——剪切区的相对滑移，$\varepsilon_1 = \cos\gamma_0/[\sin\phi_s/\cos(\phi_s-\gamma_0)]$；

V——切削速度；

V_c——切屑速度，$V_c = V\sin\phi_s/\cos(\phi_s-\gamma_0)$；

h_D——切削厚度；

b_D——切削宽度；

l_f——刀-屑接触长度；

A_{re}——面积系数，与热源面积的长宽比相关；

${}^0T_w$——工件的初始温度；

${}^0T_h$——干切滚刀的初始温度；

A_s——剪切面的面积，$A_s = b_D h_D \csc \phi_s$；

A_r——刀-屑接触区的面积，$A_r = l_f b_D$；

λ_1——温度为剪切面的平均温度时，工件材料的导热系数；

λ_2——温度为刀-屑接触区的平均温度时，切屑的导热系数；

λ_3——温度为刀-屑接触区的平均温度时，干切滚刀的导热系数；

α_1——温度为剪切面的平均温度时，工件材料的热扩散系数；

α_2——温度为刀-屑接触区的平均温度时，切屑的热扩散系数；

Δt_1——第一阶段传热所用的时间，$\Delta t_1 = 60/(Z_K \times \omega_h)$，$Z_K$ 代表干切滚刀的槽数；

ω_h——干切滚刀的转速。

刀-工件接触区的变形量不大，它将很小一部分切削功转化为切削热量；刀具的磨损情况反映出后刀面磨损极小，这说明刀-工件接触区产生的热量极少；高速切削时，切削过程消耗的功主要集中在剪切区和刀-屑摩擦区，而后刀面接触区的塑性变形产生的热量很少。因此，刀-工件接触区产生的热量可以忽略。对于高速干切滚齿工艺系统，切削热的第一阶段传热时的热传递方程为：

$$\begin{cases} {}^1Q_c = {}^1R_{cs}Q_s + {}^1R_{cr}Q_r \\ {}^1Q_w = (1 - {}^1R_{cs})Q_s \\ {}^1Q_h = (1 - {}^1R_{cr})Q_r \end{cases} \tag{3.10}$$

(2)第二阶段传热的关系模型与热传递方程

高速干切滚齿工艺完全消除了切削油/液的使用，采用压缩空气作为冷却介质对切削区域降温散热，冷却空气的使用会引起切削热的重新分配。第二阶段传热时，切屑分别与工件和干切滚刀的刀齿接触，且被包裹在前刀面下，从而切屑与冷却气体交换的热量极少，以向工件和干切滚刀辐射换热为主；不同于切屑，工件和干切滚刀的刀齿受到冷却空气的散热降温作用，以对流换热为主。

高速干切滚齿工艺系统第二阶段传热时，设切屑将部分热量传递给干切滚刀（传热率为$^{2}R_{hc}$），将部分热量传递给工件（传热率为$^{2}R_{wc}$），将部分热量传递给冷却空气（传热率为$^{2}R_{ac}$），其余部分留在切屑内；工件将部分热量传递给冷却空气（传热率为$^{2}R_{aw}$），其余部分留在工件内；干切滚刀将部分热量传递给冷却空气（传热率为$^{2}R_{ah}$），其余部分留在干切滚刀内。图 3.7 表示的是高速干切滚齿工艺系统切削热的第二阶段传热的关系模型。

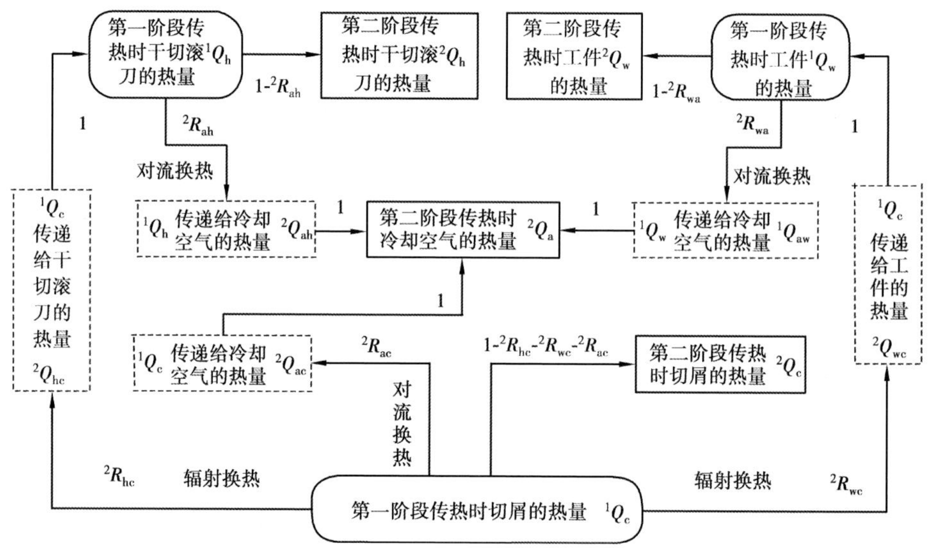

图 3.7　第二阶段传热的关系模型

根据传热学理论，切削热的第二阶段传热时，$^{2}Q_{hc}$、$^{2}Q_{wc}$、$^{2}Q_{ac}$、$^{2}Q_{ah}$、$^{2}Q_{aw}$分别为：

$$\begin{cases}
^{2}Q_{hc} = \int_{0}^{\Delta t_2} \varepsilon_c \sigma_b ({}^{1}T_c^4 - {}^{1}T_h^4) A_c \mathrm{d}t \\
^{2}Q_{wc} = \int_{0}^{\Delta t_2} \varepsilon_c \sigma_b ({}^{1}T_c^4 - {}^{1}T_w^4) A_c \mathrm{d}t \\
^{2}Q_{ac} = \int_{0}^{\Delta t_2} \alpha_c ({}^{1}T_c - {}^{0}T_a) A_c \mathrm{d}t \\
^{2}Q_{ah} = \int_{0}^{\Delta t_2} \alpha_h ({}^{1}T_h - {}^{0}T_a) A_h \mathrm{d}t \\
^{2}Q_{aw} = \int_{0}^{\Delta t_2} \alpha_w ({}^{1}T_w - {}^{0}T_a) A_w \mathrm{d}t
\end{cases} \tag{3.11}$$

$^{1}T_c$、$^{1}T_h$、$^{1}T_w$ 由下面的方程确定：

$$\begin{cases} {}^1Q_c = c_c\rho_c^1 T_c\int_0^{\Delta t_1} b_D h_D l_f \mathrm{d}t \\ {}^1Q_h = c_h\rho_h V_h({}^1T_h - {}^0T_h) \\ {}^1Q_w = c_w\rho_w({}^1T_w - {}^0T_w)\int_0^{\Delta t_1} V_w \mathrm{d}t \end{cases} \tag{3.12}$$

式中　ε_c——切屑的黑度；

α_c——切屑与冷却空气的对流换热系数；

α_h——干切滚刀与冷却空气的对流换热系数；

α_w——工件与冷却空气的对流换热系数；

A_c——切屑的换热面积，它是刀齿号与刀齿转角的函数；

A_h——干切滚刀刀齿的换热面积；

A_w——工件与冷却空气的对流换热面积；

m_n——干切滚刀端面模数；

λ_0——干切滚刀分度圆螺旋角；

${}^0T_a$——冷却空气的初始温度；

V_h——干切滚刀刀齿的换热体积；

V_w——工件的换热体积；

Δt_2——第二阶段传热所用的时间，$\Delta t_2 = \Delta t_1$。

以${}^2R_c$为例，它表示第二阶段传热时，切屑带走的热量占总切削热的比例，亦即热量分布比。切削热的第二阶段传热时，热传递方程为：

$$\begin{cases} {}^2R_c = \dfrac{{}^1Q_c - {}^2Q_{hc} - {}^2Q_{wc} - {}^2Q_{ac}}{{}^1Q_c + {}^1Q_h + {}^1Q_w} \times 100\% \\ {}^2R_w = \dfrac{{}^1Q_w + {}^2Q_{wc} - {}^2Q_{ac}}{{}^1Q_c + {}^1Q_h + {}^1Q_w} \times 100\% \\ {}^2R_h = \dfrac{{}^1Q_h + {}^2Q_{hc} - {}^2Q_{ah}}{{}^1Q_c + {}^1Q_h + {}^1Q_w} \times 100\% \\ {}^2R_a = \dfrac{{}^2Q_{ah} + {}^2Q_{aw} + {}^2Q_{ac}}{{}^1Q_c + {}^1Q_h + {}^1Q_w} \times 100\% \end{cases} \tag{3.13}$$

(3)第三阶段传热的关系模型与热传递方程

高速干切滚齿工艺系统切削热的第三阶段传热时，切屑将部分热量传递给床身（传热率为${}^3R_{bc}$），将部分热量传递给周围空气（传热率为${}^3R_{gc}$），剩余部分随着排屑机构离开切削区域；

干切滚刀将部分热量传递给周围空气（传热率为$^3R_{gh}$），剩余热量留存在干切滚刀内；工件将部分热量传给冷却空气（传热率为$^3R_{aw}$），剩余热量留存在工件中。图 3.8 所示为高速干切滚齿工艺系统切削热的第三阶段传热的关系模型。

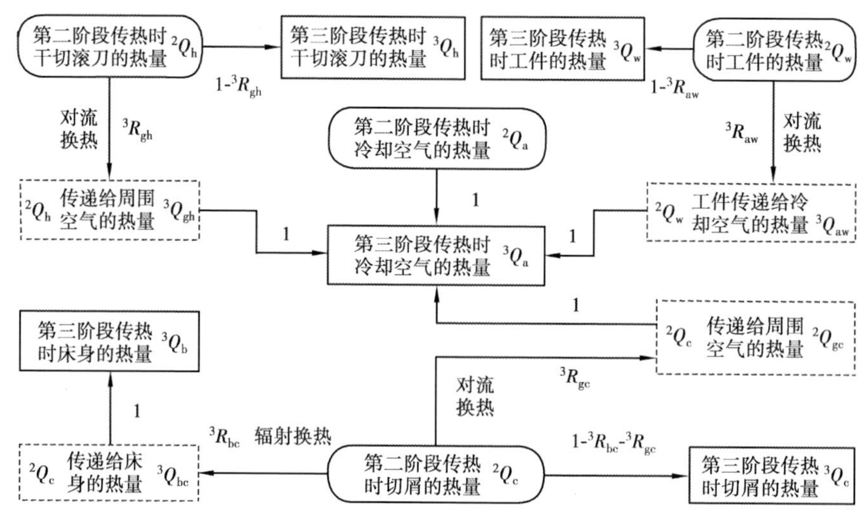

图 3.8 第三阶段传热的关系模型

^3Q_b、$^3Q_{gc}$、$^3Q_{aw}$、$^3Q_{gh}$分别为：

$$\begin{cases} {}^3Q_b = \int_0^{\Delta t_3} \varepsilon_c \sigma_b ({}^2T_c^4 - {}^0T_b^4) A_c \mathrm{d}t \\ {}^3Q_{gc} = \int_0^{\Delta t_3} \alpha_c ({}^2T_c - {}^0T_g) A_c \mathrm{d}t \\ {}^3Q_{aw} = \int_0^{\Delta t_3} \alpha_w ({}^2T_w - {}^0T_a) A_w \mathrm{d}t \\ {}^3Q_{gh} = \int_0^{\Delta t_3} \alpha_h ({}^2T_h - {}^0T_g) A_h \mathrm{d}t \end{cases} \tag{3.14}$$

^2T_c、^2T_h、^2T_w 由下面的方程确定：

$$\begin{cases} {}^1Q_c - {}^2Q_c = c_c\rho_c ({}^1T_c - {}^2T_c) \int_0^{\Delta t_2} b_D h_D l_f \mathrm{d}t \\ {}^2Q_h - {}^1Q_h = c_h\rho_h V_h ({}^2T_h - {}^1T_h) \\ {}^2Q_w - {}^1Q_w = c_w\rho_w ({}^2T_w - {}^1T_w) \int_0^{\Delta t_2} V_w \mathrm{d}t \end{cases} \tag{3.15}$$

式中 ^0T_b——床身的初始温度；

^0T_g——周围空气的初始温度；

Δt_3——第二阶段传热所用的时间；

$$\Delta t_3 = \frac{60(Z_K - 1)}{Z_K \times \omega_h}。$$

周围空气带走的热量和冷却空气带走的热量可统一看作冷却空气带走的热量。以${}^3R_c$ 为例,它表示第三阶段传热时,切屑带走的热量占总切削热的比例,亦即热量分布比。切削热的第三阶段传热时,热传递方程为:

$$\begin{cases} {}^3R_c = \dfrac{{}^1Q_c - {}^2Q_{hc} - {}^2Q_{wc} - {}^2Q_{ac} - {}^3Q_{bc} - {}^3Q_{gc}}{{}^1Q_c + {}^1Q_h + {}^1Q_w} \times 100\% \\ {}^3R_w = \dfrac{{}^1Q_w + {}^2Q_{wc} - {}^2Q_{aw} - {}^3Q_{aw}}{{}^1Q_c + {}^1Q_h + {}^1Q_w} \times 100\% \\ {}^3R_h = \dfrac{{}^1Q_h + {}^2Q_{hc} - {}^2Q_{ah} - {}^3Q_{gh}}{{}^1Q_c + {}^1Q_h + {}^1Q_w} \times 100\% \\ {}^3R_a = \dfrac{{}^2Q_{ah} + {}^2Q_{aw} + {}^2Q_{ac} + {}^3Q_{aw} + {}^3Q_{gh} + {}^3Q_{gc}}{{}^1Q_c + {}^1Q_h + {}^1Q_w} \times 100\% \\ {}^3R_b = \dfrac{\varepsilon_c \sigma_b ({}^2T_c^4 - {}^0T_b^4) A_c \Delta t_3}{{}^1Q_c + {}^1Q_h + {}^1Q_w} \times 100\% \end{cases} \tag{3.16}$$

3.3 高速干切滚齿工艺系统切削热分布规律

3.3.1 高速干切滚齿加工过程仿真分析

充分考虑切削热在高速干切滚齿工艺系统各个相关要素之间的传递规律,基于三阶段传热思想,建立了包括切削接触界面热传递、切削区域热传递和机床加工空间热传递 3 个阶段在内的高速干切滚齿工艺系统切削热全过程传热模型。然而在现有条件下,该模型涉及的部分参数(如刀-屑接触长度 l_f)通过计算或实验的方式不便于获取,为此,提出利用工艺仿真提取相关参数,并结合科学计算软件 Mathematica 研究高速干切滚齿工艺系统切削热的分布规律。

基于金属切削工艺的有限元法(FEM)被广泛用于高速加工过程,实现切削力、切削温度场、刀具磨损以及残余应力等的工艺仿真实验研究。DEFORM-3D 软件是美国 Science Foming Technology Corporation(SFTC)公司开发的基于有限元的工艺仿真系统,采用成熟的数学理论和分析模型,可获得许多试验不易获得的数据,如切屑成形、切削力和切削温度等,被广泛应用于金属切削加工过程仿真研究。结合模拟结果和切削热传递模型,可以研究分析高速干切滚齿工艺系统切削热的产生与传递规律,揭示切削热对高速干切滚齿工艺的影响机理。图3.9描述了高速干切滚齿工艺系统切削热仿真研究的具体思路。

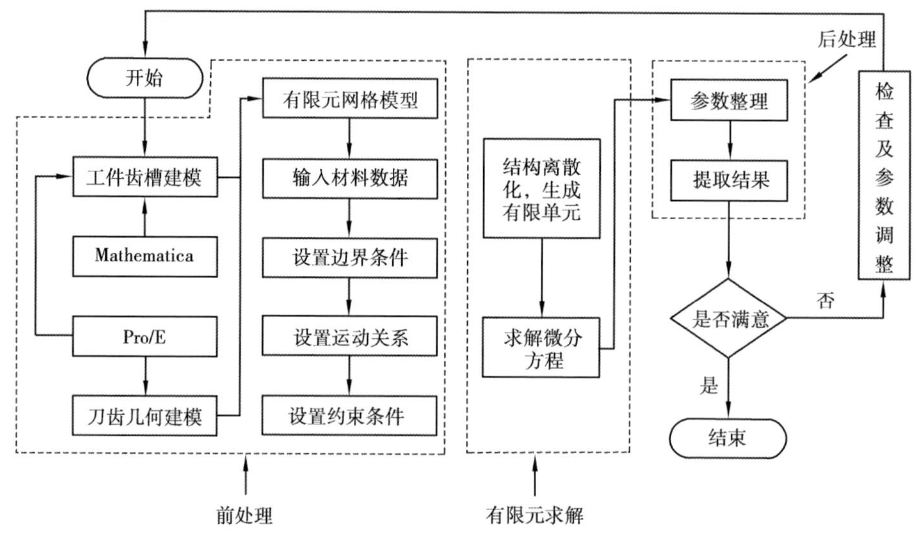

图3.9　基于DEFORM-3D的仿真分析流程

(1)三维实体模型的建立

干切滚刀刀齿三维实体模型是利用三维实体建模软件Pro/E获得的。充分结合高速干切滚齿工艺过程,首先建立刀齿前刀面的轮廓样条曲线(详见2.1.2中滚刀几何结构的参数化数学模型),然后根据干切滚刀前刀面和后刀面的空间位置关系通过三维实体建模技术——混合拉伸,得到刀齿的三维实体模型,如图3.10所示。选择一组参数进行仿真分析,表3.1是仿真用干切滚刀的基本参数表。

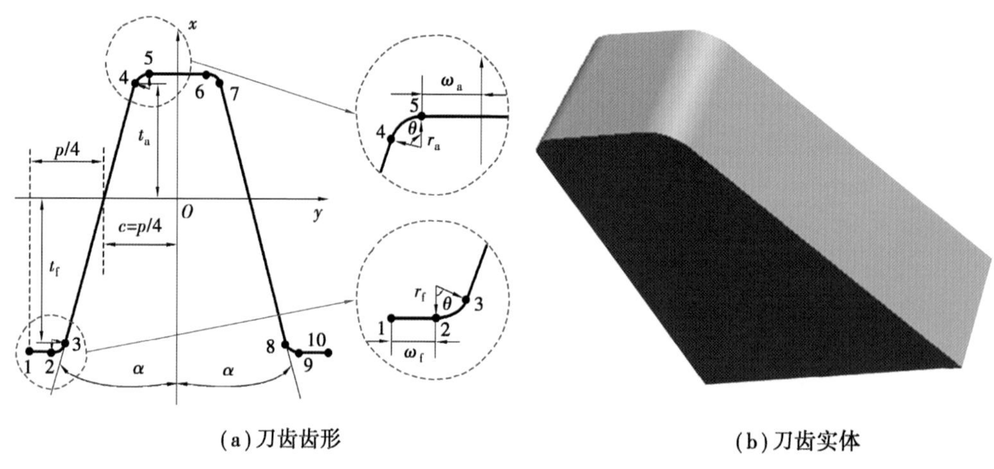

(a)刀齿齿形　　(b)刀齿实体

图3.10　干切滚刀刀齿三维实体模型

表 3.1　仿真用干切滚刀的基本参数

外径/mm	槽　数	齿顶系数	齿根系数	螺旋升角	头　数
80	9	1.25	1	-3.275 83°	1

工件齿槽三维实体模型是运用 Mathematica 数学软件和 Pro/E 建模软件获得的。结合高速干切滚齿工艺系统切削热传递模型,对刀齿一个滚切周期内的热量传递进行仿真。假设干切滚刀滚切一周的过程中共有 $2K+1$ 个刀齿参与切削($-K$ 号刀齿到 K 号刀齿),当第 K_i 号刀齿切削时,第 K_i 号刀齿前面的刀齿已经参与了切削加工。为获得第 K_i 号刀齿滚切时的工件三维实体模型,就需要得到第 K_i 号刀齿前面的刀齿已经切除了材料的工件齿槽三维实体模型。基于高速干切滚齿工艺空间运动学和加工原理,利用 Mathematica 数学软件编写计算程序,算出每个刀齿前刀面的滚切轨迹包络线,并将这一系列滚切轨迹包络线转换为点云格式数据存储,然后通过数据接口将点云数据导入 Pro/E 软件中,根据三维反求原理进行几何实体化,最后在圆柱齿坯上"滚切"去除材料得到第 K_i 号刀齿待加工齿槽的三维实体模型,如图 3.11 所示。选择一组参数进行仿真,表 3.2 是仿真用工件齿轮的基本参数表。

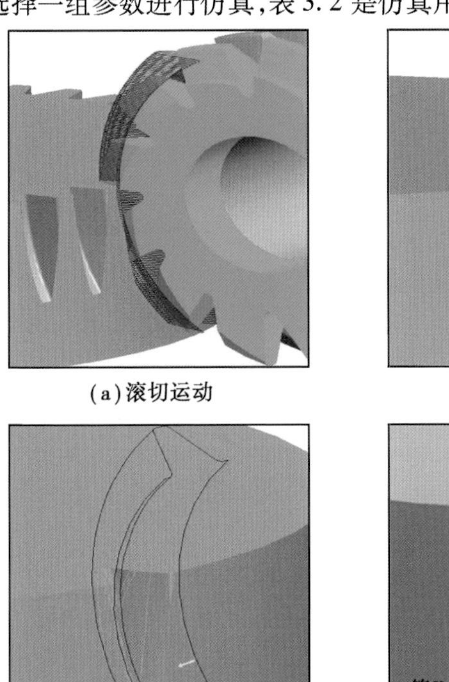

(a)滚切运动

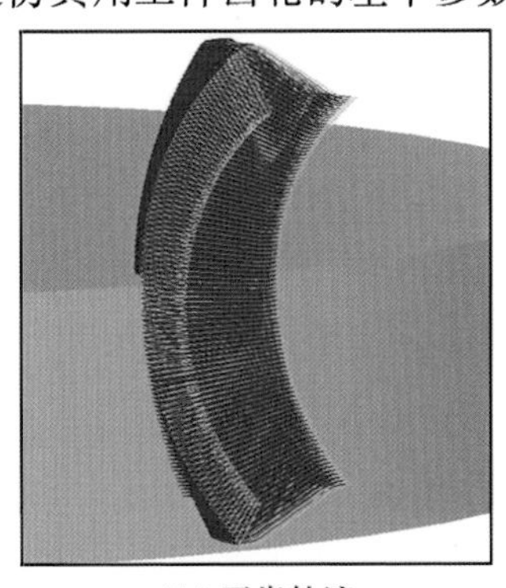

(b)刀齿轨迹

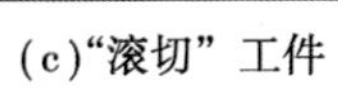

(c)"滚切" 工件

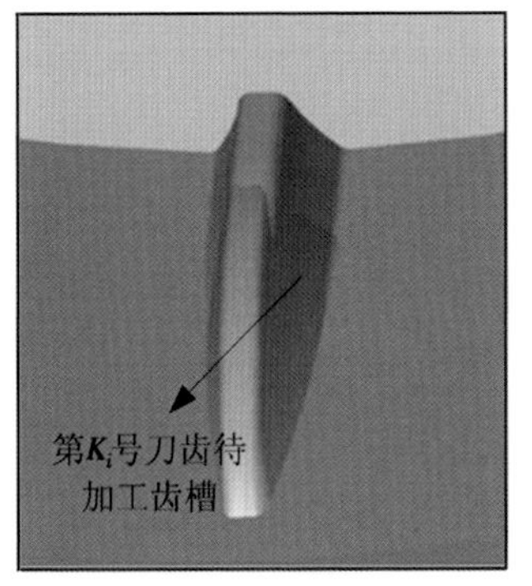

(d)工件齿槽

图 3.11　工件齿槽三维实体模型

表 3.2 仿真用工件齿轮的基本参数

法向模数/mm	齿 数	螺旋角	齿顶系数	齿根系数	变位系数
4	36	0°	1	1.25	0

(2)数值模拟有限元模型

材料本构模型:金属切削加工本构关系主要通过实验和反向求解相结合的方法获得。为了描述塑性材料流动应力特征,诸如 Zerilli-Armstrong 本构模型、Macgregor 本构模型、Follansbee-Kocks 本构模型、Bodner-Partom 本构模型、Jhonson-Cook 本构模型等被国内外学者提出。Jhonson-Cook 本构模型充分考虑了 Von Mises 屈服准则和各向同性强化定律,通过引入表征参数描述金属切削加工中普遍存在的热软化效应、应变率强化效应以及应变硬化效应,并且能够反映大应变、大应变率以及高温下金属材料的本构关系。Jhonson-Cook 本构模型适用于不同材料形式且结构简单,应用最为广泛。对高速干切滚齿工艺系统切削热传递的仿真采用 Jhonson-Cook 本构模型。

材料分离准则:在进行金属切削加工有限元仿真时,分离准则是决定切削所产生的力和温度的基本准则。材料分离准则是指当张力作用在结合点上的节点时节点的变化情况。DEFORM-3D切削仿真时主要用到以下 3 种分离方式,采用 DEFORM-3D 默认的材料分离准则。

①DEFORM-3D 默认:在这种情况下,当接触节点受到的张力或者压力大于 0 时,就会产生常规分离。

②与流动应力相关的分离准则:当被切削工件上接触节点受到的力大于所给的流动应力的比例时就发生节点分离,该比例值可以在软件中预先进行设定。

③与绝对压力相关的分离准则:当节点承受的张力大于给定允许张力的最大值时就发生节点分离,该压力值需要在软件中进行设置。

材料断裂准则:高速干切滚齿加工是齿轮工件材料通过塑性变形和断裂过程相结合实现的。材料断裂涉及多学科交叉结合,如材料科学、物理学、力学等。高速干切滚齿加工过程中,工件材料在塑性变形的作用下形成裂纹直至断裂。这一过程和工艺参数以及材料特性等相关,通过研究材料应力应变变化规律,建立合理的局部断裂判断准则是预测金属成形过程材料断裂的有效方法。DEFORM-3D 软件囊括了十余种材料断裂准则,采用 Normalized Cockroft & Latham 断裂准则,该准则通过标准常规实验获取材料数据,其模型为:

$$C_{\mathrm{DV}} = \int_0^{\varepsilon_f} \frac{\sigma^*}{\bar{\sigma}} \mathrm{d}\varepsilon \tag{3.17}$$

式中 C_{DV}——材料的临界破坏值;

ε_f——等效应变；

$\bar{\sigma}$——等效应力；

σ^*——最大应力，当最大应力 $\sigma_1 \geqslant 0$ 时，$\sigma^* = \sigma_1$，当最大应力 $\sigma_1 \leqslant 0$ 时，$\sigma^* = 0$。

摩擦模型：摩擦是高速干切滚齿工艺中存在的一种影响滚切加工工艺的现象。在干切滚刀刀齿前刀面和切屑发生摩擦的接触区域有两个：黏着区和滑动区。在黏着区，刀-屑接触处的剪应力等于临界摩擦应力；在滑动区，服从 Coulomb 摩擦定律。采用修正的 Coulomb 摩擦定律能够很好地反映摩擦状态的变化情况，可以根据接触情况确定刀齿和切屑的摩擦状态。设 τ 为刀-屑接触处切屑内的剪切应力，P 为同一处的法向压力，修正的 Coulomb 摩擦定律表明，当 $\tau \leqslant \tau_c$（临界摩擦应力）时，刀-屑接触处无相对滑动而处于黏性接触状态；当 $\tau \geqslant \tau_c$ 时，刀-屑接触处有相对滑动而处于滑动状态。临界摩擦应力 τ_c 为：

$$\tau_c = \min(\mu P, \tau_{fa}) \tag{3.18}$$

式中　μ——摩擦系数；

τ_{fa}——材料失效时的极限值。

（3）运动关系及材料参数定义

高速干切滚齿工艺是多刃断续非自由切削，干切滚刀与工件齿轮按照严格的传动比均做空间旋转运动。DEFORM-3D 软件进行金属切削加工仿真时，默认工件是静止不动的，为此，结合高速干切滚齿加工运动原理，将工件的旋转运动等效转移到刀齿上，在 DEFORM-3D 软件中高速干切滚齿工艺的运动关系示意图如图 3.12 所示。

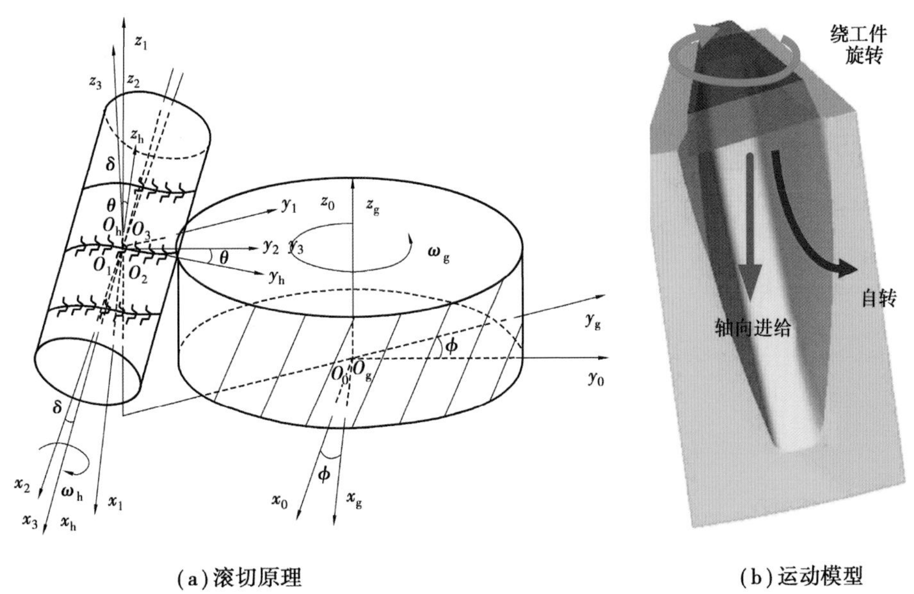

（a）滚切原理　　（b）运动模型

图 3.12　在 DEFORM-3D 中高速干切滚齿工艺的运动关系

结合某型汽车输出轴倒挡齿轮的高速干切滚齿加工工艺，选定工件齿轮的材料为20 CrMoH，干切滚刀的基体材料为高性能高速钢，干切滚刀的涂层材料为 TiAlN。20CrMoH 的密度为 7 840 kg/m^3。工件材料 20CrMoH 的物理参数见表 3.3。

表 3.3　工件材料 20CrMoH 的物理参数

比热容/[J·(kg·K)$^{-1}$]		热导率/[W·(m·K)$^{-1}$]		泊松比		弹性模量/10^3 MPa	
温度/℃	系数	温度/℃	系数	温度/℃	系数	温度/℃	系数
室温	—	97	39.0	室温	0.278	室温	210
100	503	196	39.8	100	0.282	100	206
200	530	293	38.2	200	0.277	200	200
300	551	392	37.0	300	0.280	300	193
400	565	488	35.4	400	0.287	400	184
500	570	—	—	500	0.297	500	176

表 3.4　涂层材料 TiAlN 的热导率

温度/℃	0	100	200	300	400	500
热导率/[W·(m·K)$^{-1}$]	11.0	11.8	12.0	13.5	13.0	13.3

涂层材料 TiAlN 的热导率近似服从线性变化，其表达式为：

$$\lambda = a + bT \tag{3.19}$$

其中，$a = 11.16$，$b = 0.004\ 85$。

表 3.5 所示为干切滚刀采用的 TiAlN 涂层材料的参数。

表 3.5　涂层材料 TiAlN 的物理参数

密度/(kg·m^{-3})	比热容/[J·(kg·K)$^{-1}$]	泊松比	弹性模量 10^3 MPa
1 892	320	0.22	419

3.3.2　切削热在高速干切滚齿工艺系统中的分布

(1)基于工艺仿真的热传递模型特征参数确定

在对高速干切滚齿工艺热传递进行仿真分析时，由于工件材料的塑性变形大，切削区发生流动，导致网格单元退化、畸变，这就需要在仿真过程中不断地对网格重新进行划分。仿真采用 DEFORM-3D 的自动网格重新划分功能，从而提高仿真结果的准确性。完成前处理后，进入数值计算阶段，该过程由计算机依据既定算法自动求解完成。求解完毕后就进入后处理阶段。DEFORM-3D 后处理模块提供切削力变化曲线，同时也提供尺度度量工具。根据仿真结果，测量切屑厚度时，沿着切屑边界曲线的法线方向测量，测量的刀-屑接触长度则主要是紧密型接触部分的长度。切屑厚度、刀-屑接触长度的测量如图 3.13 所示。

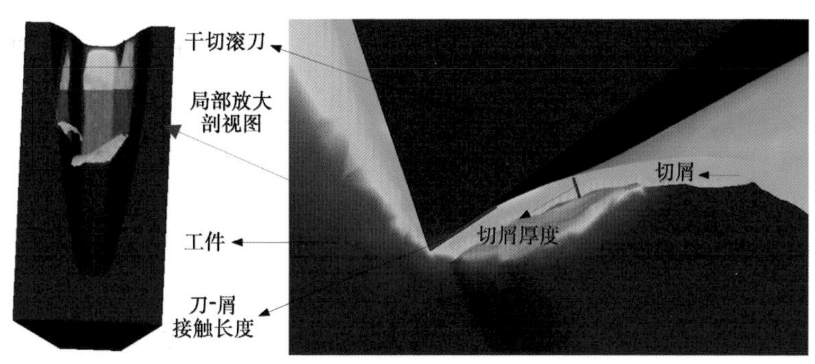

图 3.13　切屑参数测量

通过 DEFORM-3D 仿真分析还可以提取切削力载荷。如图 3.14 所示为干切滚刀的切削力，不难发现，由于高速干切滚齿工艺属于断续切削加工，干切滚刀刀齿切削力在开始切削的瞬间突然上升到一定定值，这是由于滚切过程产生冲击切削力的缘故；同时，切削力曲线并不是光滑曲线，而是具有一定振幅变化范围的高频波动曲线。通过对提取到的切削力进行坐标变化，可以获取高速干切滚齿工艺系统热传递模型所需要的力学数据。

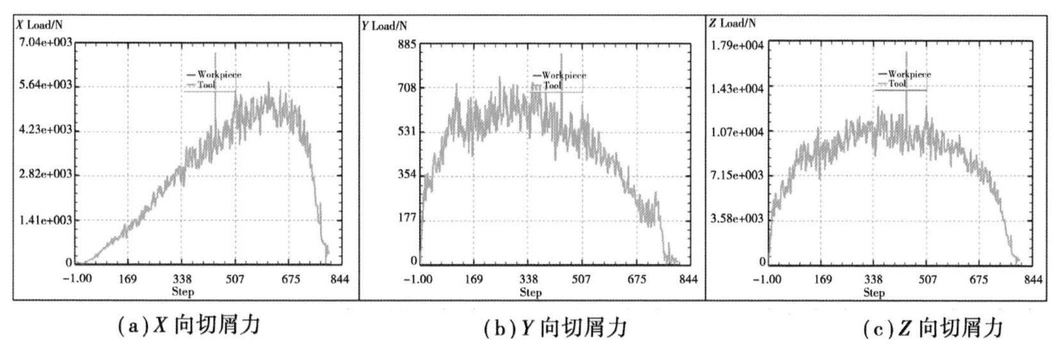

(a)X 向切屑力　　(b)Y 向切屑力　　(c)Z 向切屑力

图 3.14　干切滚刀的切削力

(2)热传递模型求解及结果分析与讨论

Mathematica 是一款科学计算软件，它很好地结合了数值和符号计算引擎、图形系统、编程语言、文本系统以及和其他应用程序的高级连接，很多功能在相应领域内处于世界领先地位，是目前最广泛使用的数学软件之一。考虑到热传递模型求解的复杂性，根据理论推导和工艺仿真提取到的特征参数值，在 Mathematica 软件中编写计算程序进行求解计算。

图 3.15 表示切屑热量的变化情况。不难发现，切屑带走的热量随着切削速度的增大而增加，且在达到一定的临界速度后趋于平稳，这是由于切削速度的提高使得热量来不及过多在干切滚刀和工件上停留就被切屑带走的缘故。图 3.15 同时也说明，随着滚切加工过程的推进，切屑上的热量不断向着干切滚刀、工件以及冷却介质等传递，切屑带走的热量呈下降趋势。对比$^{2}R_{c}$和$^{3}R_{c}$的变化规律，$^{3}R_{c}$比$^{2}R_{c}$小，这是由于高温切屑脱离切削加工区域进入机床加工空间直至离开机床的这一过程中（第三阶段传热）切屑将部分热量传递给床身的结果。

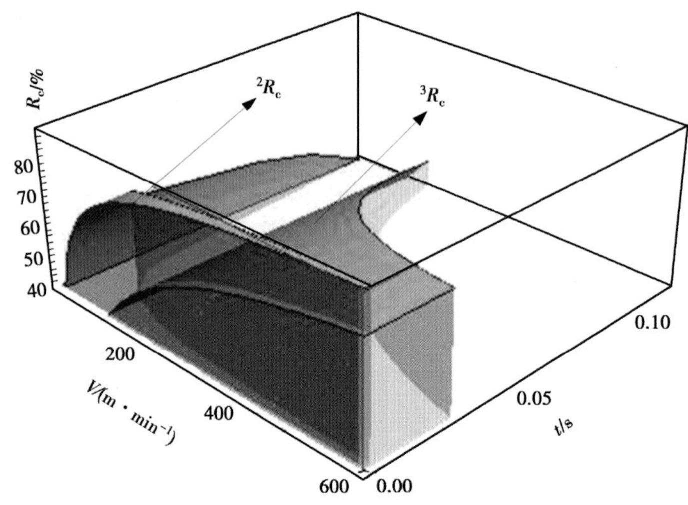

图 3.15 切屑热量的变化图

图 3.16 表示干切滚刀热量的变化情况。图 3.16(a)为切削热的第二阶段传热时干切滚刀的热量变化情况，第二阶段传热时，干切滚刀的热量随着切削速度的增加而减少，随着滚切

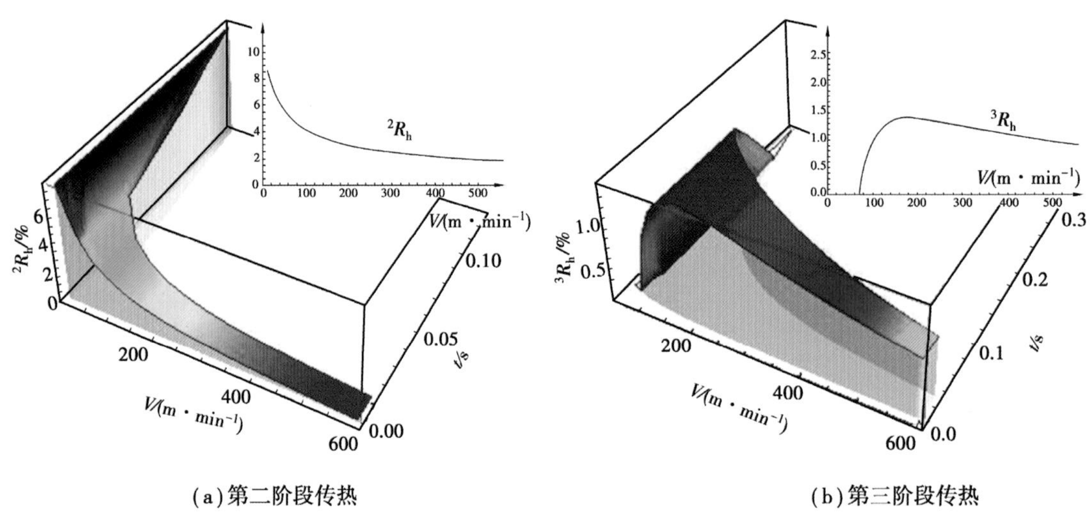

(a)第二阶段传热

(b)第三阶段传热

图 3.16 干切滚刀热量的变化图

加工的进行而增加。图3.16(b)为切削热的第三阶段传热时干切滚刀的热量变化，第三阶段传热时，干切滚刀的热量随着切削速度的增加呈现先增加后降低的变化趋势，而随着滚切加工的推进而减少。此外，图3.16还说明，与第三阶段传热相比较，第二阶段传热时干切滚刀上的热量更多。出现上述差异的原因在于第二阶段传热时干切滚刀处于切削加工状态，以从刀-屑接触区和剪切面吸收热量为主，而第三阶段传热时干切滚刀处于空闲非切削加工状态，以散热为主。

图3.17反映了涂层材料对干切滚刀热量的影响规律。TiAlN涂层材料的热导率高于AlCrN涂层材料。从图3.17可以看出，涂层材料的热导率越低，干切滚刀可以正常工作的速度取值范围就越宽泛。相同切削速度下，热导率较低的涂层材料带走的热量较少，这是由于低热导率导致切削热传递给干切滚刀的热量降低的缘故。涂层材料直接影响干切滚刀，制约着高速干切滚齿工艺的正常实施，根据工艺速度范围和干切滚刀许可承受的热量分布红线，选择合理的涂层材料有利于延长干切滚刀的使用寿命。

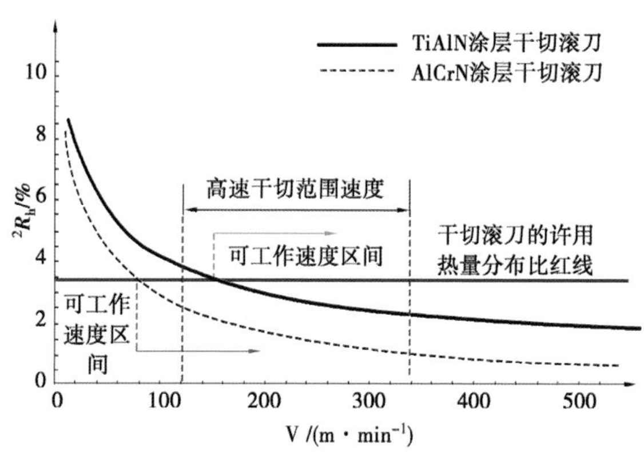

图3.17　涂层材料对干切滚刀的热量的影响

图3.18表示冷却空气带走的热量的变化情况。可以看出，随着切削速度的提高，冷却空气带走的热量逐渐减少，并在达到一定的临界速度后趋于平稳。图3.18也说明，随着滚切加工过程的进行，冷却空气带走的热量逐渐增多。对比分析第二阶段传热和第三阶段传热时冷却空气的热量变化情况，可以看出切削热的第三阶段传热时，冷却空气带走的热量更多，这是由于第三阶段传热时切屑、工件以及干切滚刀均向冷却空气二次传热导致冷却空气吸收的热量增加的缘故。根据这一特点，在切削热的第三阶段传热时(即空闲非切削加工时段)，采用多个冷却喷气装置能够快速有效地带走更多切削热，从而降低干切滚刀的温度以及减小工件热致变形误差。

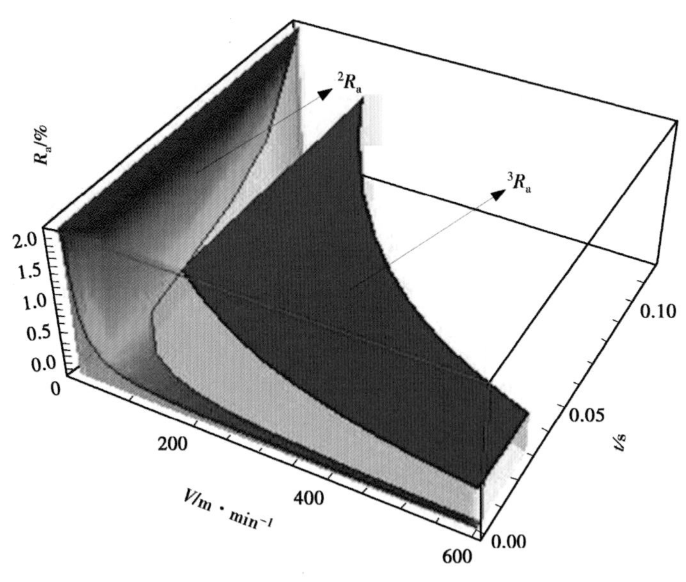

图 3.18　冷却空气热量的变化图

图 3.19 是高速干切滚齿工艺系统切削热在切屑、冷却空气、工件、干切滚刀以及床身中的热量分布曲线。从图 3.19 中可以看出,随着切削速度的提高,切削加工时间缩短,切削接触界面作用时间也变短,导致热量来不及过多传递就被切屑带走,从而使得切屑带走的热量越来越多。图 3.19 是在将床身材料视为铸铁且未加不锈钢防护罩的情况下绘制的,可以看出,床身带走的热量比值较高且与切削速度有一定的关系,因此,需要采取隔热措施或热对称设计来降低床身的热致变形误差,从而保证高速干切滚齿机床的加工精度。

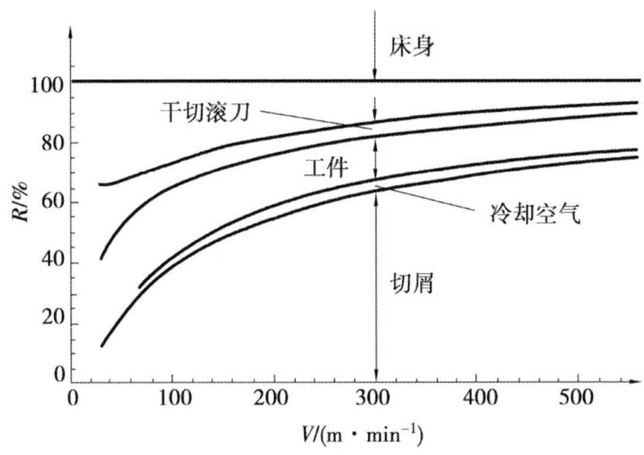

图 3.19　切削热的分配

3.4　高速干切滚齿工艺系统温度场控制方法

3.4.1　高速干切滚齿工艺系统温度场控制基础理论

切削加工过程产生的热量是导致切削加工温度场变化的根本源头，且直接影响着整个高速干切滚齿加工过程。为此，对高速干切滚齿加工温度场的控制就必须从源头上加以解决，即是通过合理减少热的产生量和合理控制热的散失两个方面来实现对高速干切滚齿工艺温度场的控制。图3.20所示为高速干切滚齿加工的温度场控制方法。

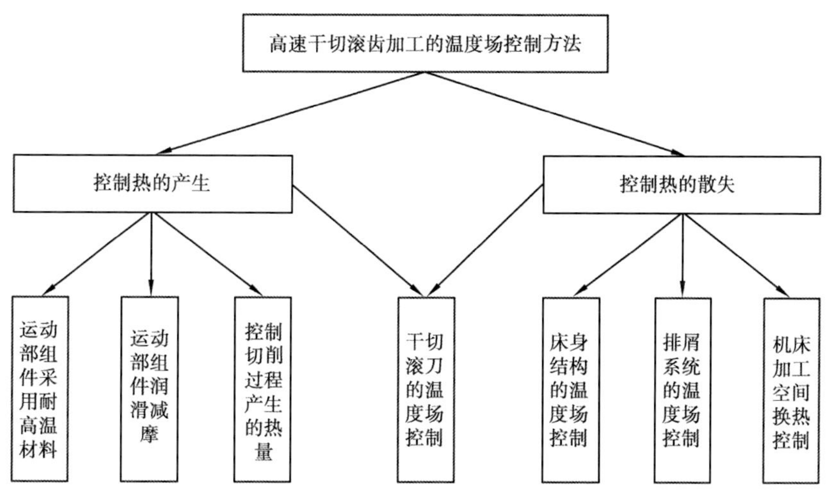

图3.20　高速干切滚齿加工的温度场控制方法

作为高速干切滚齿加工的主要热源之一，切削热伴随着整个滚切加工过程，其存在使得工件材料集聚受热软化，为干切滚刀切削工件创造了必要条件，但同时也是影响干切滚刀磨损寿命、工件表面质量以及机床热致变形误差的主要因素之一。针对高速干切滚齿工艺系统中切削热的产生与散失规律，建立了高速干切滚齿工艺系统的三阶段传热模型。高速干切滚齿工艺系统切削热三阶段传递模型是高速干式滚切机理的理论组成部分，同时也是研究高速干切滚齿工艺系统温度场控制方法的理论基础。通过揭示切削热在加工区域的热能传递与散失规律，可以为提升机床的热稳定性提供理论支撑，从而提高机床的工艺性能指数。高速干切滚齿工艺系统热传递模型与温度场控制方法之间的相关性如图3.21所示。

根据第一阶段传热模型，相应得出以控制切削热产生量为考察量的工艺参数优化、切屑厚度控制、干切滚刀参数优化等温度场控制方法；以及以控制干切滚刀沿着进给轴方向的连续加工时间为考察量的轴向窜刀和采用多头干切滚刀等温度场控制方法。根据第二阶段传热模型，相应得出以控制干切滚刀传热特性为考察量的给干切滚刀涂层等温度场的控制方

高速干切滚齿工艺系统切削热传递模型		⇔	高速干切滚齿工艺系统温度场控制方法	
传热阶段	热的产生与散失		温度场控制理论依据	温度场控制方法
第一阶段传热（切削接触界面传热）	*工件材料弹塑性变形； *刀-屑接触区摩擦生热； *刀-工件接触区摩擦生热	⇔	1.切削热的产生量 2.干切滚刀沿着进给轴方向的连续加工时间	1.工艺参数优化；切屑厚度控制；滚刀参数优化 2.轴向窜刀；多头干切滚刀
第二阶段传热（切削加工区域传热）	*高温切屑向工件及干切滚刀传热； *冷却空气与工艺系统之间的热交换	⇔	1.干切滚刀的传热特性 2.切屑与干切滚刀及工件的接触时间 3.切屑在切削区域的停留时间	1.干切滚刀涂层方法 2.高速滚切加工 3.喷气装置冷却吹气
第三阶段传热（机床加工空间传热）	*切屑掉入机床加工空间进而由快速排屑系统带离机床	⇔	1.床身热平衡 2.机床加工空间隔热 3.切屑快速离开机床加工空间 4.机床加工空间空气热交换 5.油温热稳定	1.床身对称设计 2.不锈钢防护罩；隔空安装 3.大斜面床身；快速排屑系统 4.粉尘收集与换热 5.循环油冷却装置

图 3.21　高速干切滚齿工艺系统热传递模型与温度场控制方法之间的相关性

法；以控制切屑与干切滚刀和工件的接触时间为考察量的采用高速滚切加工等温度场控制方法；以及以控制切屑在切削区域停留时间为考察量的采用喷气装置冷却吹走切屑等温度场控制方法。根据第三阶段传热模型，相应得出以实现机床结构热平衡为考察量的床身对称设计等温度场控制方法；以实现机床加工空间隔热为考察量的采用不锈钢防护罩、床身与保护罩隔空安装等温度场控制方法；以控制切屑快速离开机床加工空间为考察量的大坡度易排屑斜面床身设计、快速排屑系统等温度场控制方法；以控制机床加工空间空气热交换为考察量的粉尘收集与换热等温度场控制方法；以及以实现油温热稳定为考察量的循环油冷却装置等温度场控制方法。

3.4.2　基于热传递模型的干切滚刀温度场控制方法

(1) 干切滚刀轴向加工时间优化

基于第一阶段传热模型分析发现，为了控制干切滚刀温度场，可以通过控制干切滚刀的切削加工时间来实现，进而控制高速干切滚齿工艺系统切削热的产生量。干切滚刀切削加工工件齿轮时的轴向行程运动示意图如图 3.22 所示。

从图 3.22 可知，对于高速干切滚齿加工，干切滚刀的轴向行程可表示为：

$$S_Z = B_{CT} + U_e + B + U_a + B_{OT} \tag{3.20}$$

式中　B_{CT}——轴向法加工时的接近行程；

U_e——干切滚刀的接近安全允量，一般取 $U_e = 2$ mm；

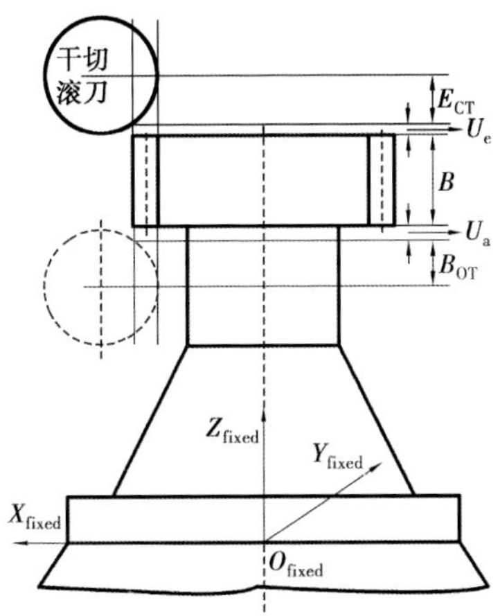

图 3.22　干切滚刀轴向行程示意图

U_a——干切滚刀的退出安全允量，一般取 $U_a=2$ mm；

B——工件齿轮的宽度；

B_{OT}——干切滚刀的超越行程。

对于直齿轮，干切滚刀的接近行程 $B_{CT}=\sqrt{d_{a0}h}$

对于斜齿轮，干切滚刀超越行程 $B_{CT}=\sqrt{[(d_{a0}+d_{a1})\tan^2\delta+d_{a0}]h}$

干切滚刀超越行程，$B_{OT}=\dfrac{1.25m_n\sin\delta}{\tan\alpha}$

滚切工艺轴向进给速度，$F_z=\dfrac{1\,000f_zZ_0V}{\pi d_{a0}Z_1}$

由此可得，干切滚刀轴向切削加工时间 t 的表达式为：

$$t=\begin{cases}\dfrac{\sqrt{d_{a0}h}+\dfrac{1.25m_n\sin\delta}{\tan\alpha}+B+4}{\dfrac{1\,000f_zZ_0V}{\pi d_{a0}Z_1}} & （直齿轮）\\[2ex] \dfrac{\sqrt{[(d_{a0}+d_{a1})\tan^2\delta+d_{a0}]h}+\dfrac{1.25m_n\sin\delta}{\tan\alpha}+B+4}{\dfrac{1\,000f_zZ_0V}{\pi d_{a0}Z_1}} & （斜齿轮）\end{cases}\tag{3.21}$$

式中　h——切齿深度；

δ——干切滚刀的安装角；

Z_0——干切滚刀的头数；

d_{a0}——干切滚刀的外径；

d_{a1}——工件齿轮的外径；

f_z——工作台每转进给量；

Z_1——工件齿轮的齿数；

α——分度圆压力角；

V——切削速度。

可以看出，干切滚刀轴向切削加工时间 t 是关于 h、B、δ、Z_0、d_{a0}、d_{a1}、f_z、Z_1、α、V 等的函数。那么，采用多头干切滚刀、合理的齿轮宽度、采用较高的切削速度以及轴向窜刀等可以降低干切滚刀轴向切削加工时间。原因有以下几点：

①采用多头滚刀可以增加单位时间内参与切削加工的刀齿数，降低单刀齿的加工时间，减少磨损，进而降低热量；

②采用合理的齿轮宽度可以有效减小干切滚刀轴向加工行程，避免处于加工状态的刀齿长时间参与切削加工，进而避免由热量聚集造成的刀具损坏；

③采用较高的切削速度可以有效地提高加工效率，降低单刀齿单位时间内吸收的热量；

④在高速干切滚齿工艺中，采用与传统湿切滚齿工艺一样的窜刀运动，可以有效地减少同一部位刀齿处于加工状态下的时间。

(2)干切滚刀可工作性热约束方程

与传统湿式滚齿工艺相比较，高速干切工艺采用更高的切削速度，导致切削热大量产生，且高速运转的各个部组件摩擦剧烈，摩擦热量也较大。高速干切滚齿工艺消除了切削油/液的使用，仅依靠冷却压缩空气对干切滚刀和工件局部降温。因此，热是制约高速干切滚齿工艺顺利实施的关键因素之一。高切削速度对机床刚度强度提出了更高要求，也对主轴转速、工作台等的性能要求较高。因而，高速干切滚齿工艺的顺利进行，除了得益于滚齿工艺的多刃断屑加工特征以外，还与以下 5 个方面关系密切：热量的控制、高刚度高强度新型机床、高速度高性能的运动部组件、新式刀具涂层技术、高精度误差补偿数控系统，如图 3.23 所示。

干切滚刀作为实施高速干切滚齿工艺的关键工具，其能否正常工作直接影响着滚切过程的顺利进行。基于三阶段传热模型分析发现，对高速干切滚齿工艺起决定性影响作用的阶段是切削热的第一阶段热传递过程和切削热的第二阶段热传递过程，这是由于这两个阶段热传递过程发生在滚切加工过程中，切削热处于大量产生以及快速散失的过程。由于在高速切削条件下，切削热对干切滚刀寿命影响显著，这对干切滚刀的要求很高，不但要能满足高速旋转，还要能够保证正常工作。除了已经提出的降低干切滚刀轴向加工时间以及采用低传热系

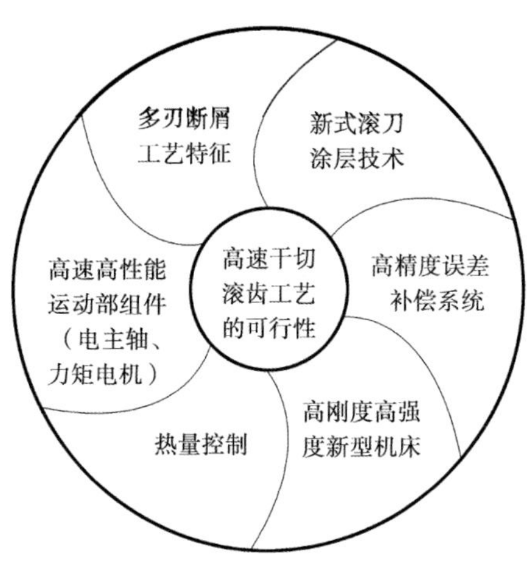

图3.23　高速干切滚齿加工工艺可行的关键因素

数的涂层材料以外，还应在干切滚刀能够承受的热量上进行控制。干切滚刀本身能够承受一定的热量，称其为干切滚刀的许用热量，记为$[Q_h]$。根据前面提出的高速干切滚齿工艺系统切削热三阶段传热模型，对任意一个切削加工周期而言，干切滚刀在切削热的第二阶段传热时拥有的热量最多。考虑到刀齿在整个切削加工时间内干切滚刀上的热量不断聚集，假设在某一个周期内干切滚刀上的热量达到最大值，记为$^2Q_{hmax}$。因此，对于干切滚刀，其可工作性热约束条件为：

$$^2Q_{hmax} \leqslant [Q_h] \tag{3.22}$$

(3)干切滚刀的冷却压缩气体喷流系统

图3.24是控制干切滚刀温度场的冷却压缩气体喷流系统，其工作原理为：常压空气通过充气装置存储到气罐中并通过空气压缩机压缩；然后通过冷干机对压缩空气进行制冷和干燥，空气流量控制器根据喷射需求将适量低温压缩空气输送到喷嘴；最终由喷嘴喷射到干切滚刀上对其进行冷却降温，从而实现干切滚刀温度场的控制。在这个过程中，干切滚刀上的

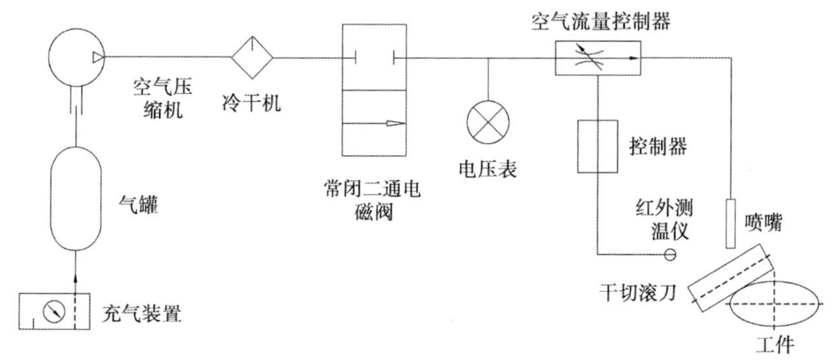

图3.24　干切滚刀温度场控制系统

温度通过红外测温仪将温度信号转化为电信号，控制器接收电信号通过计算分析进而向空气流量控制器发出指令，控制空气的流量和速度，实现精确定量喷射。

为了降低压缩空气的温度，可在压缩空气进气口配置进口环保冷媒冷冻式空气干燥机，对干切滚刀冷却所用的空气进行制冷和干燥，图 3.25 为用于高速干切滚齿工艺的进口冷干机 IDFA8E。

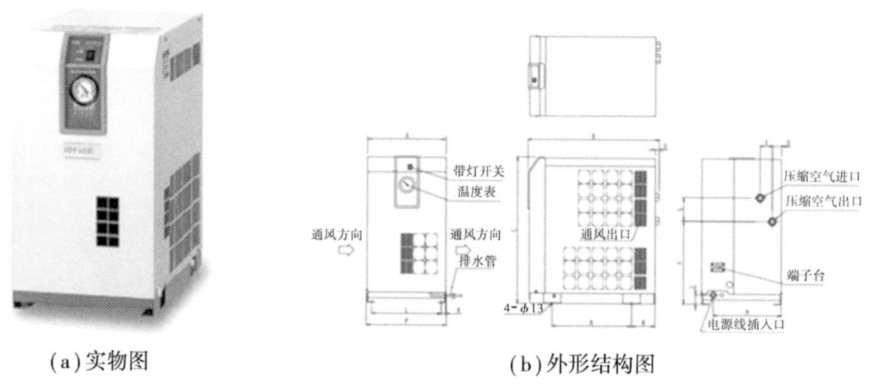

(a)实物图

(b)外形结构图

图 3.25　进口 IDFA8E 空气干燥机

图 3.26 是采用喷气装置对干切滚刀进行冷却降温的实物图，实际加工表明，如果关掉喷气装置，将直接影响高速干切工艺的顺利进行。然而，该装置没有实现信号采集与反馈的红外测温仪，可采用图 3.26 所示的冷却压缩气体喷流系统，从而根据干切滚刀温度状况定量精确喷射低温压缩空气，降低成本。

图 3.26　干切滚刀上的喷气装置

结合高速干切滚齿工艺系统三阶段传热模型，考虑到干切滚刀的刀齿并非时刻都处于加工状态，在刀齿的非切削加工时段内增加冷却装置，可以有效地降低非切削加工状态刀齿的温度，从而降低干切滚刀的温度，以达到干切滚刀温度场控制的目的。这一类对非切削加工刀齿进行冷却降温的喷气装置可以直接在刀架上钻孔安装喷嘴或者单独做成一套装置。尤其是采用环状多喷嘴的喷射装置可以同时对旋转干切滚刀的多个刀齿进行温度场控制。图3.27为一种环状多喷嘴喷气装置示意图。

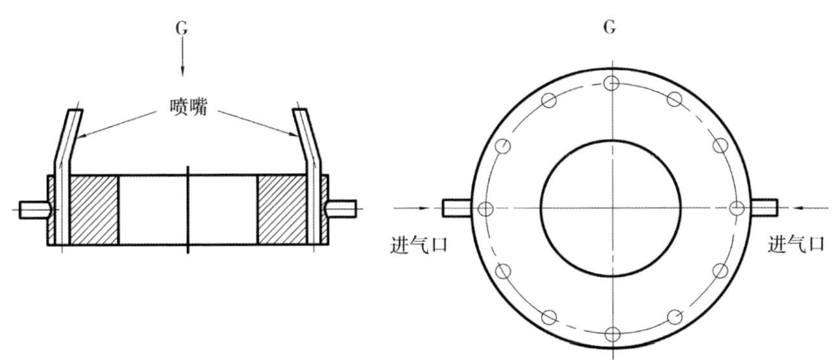

图3.27　环状喷气装置示意图

3.4.3　基于热传递模型的机床加工空间温度场控制方法

(1)高速干切滚齿机床床身热阻系统

通过对热传递模型应用研究的结果分析与讨论发现:切屑带走的热量占总切削热的绝大部分,这是由于切削速度的提高使得热量来不及在干切滚刀和工件上停留就被切屑带走;第二阶段传热时,切屑的热量分布比随着切削速度的增大而增大,最终趋于平衡状态;第三阶段传热时,切屑的热量分布比随着切削速度的增大呈现抛物线变化趋势,在此过程中,切屑掉入排屑装置时会将一部分热量传递给床身。

综合起来考虑,高速干切滚齿工艺系统要求床身具有良好的热稳定性,同时排屑机构的设计必须科学合理,以降低切削热引起的热致变形问题。床身设计在采用热平衡结构的同时,还须考虑排屑的快速性,此外,耐高温材料也是较好的选择。排屑装置的设计则应尽可能快地将切屑带离机床,同时尽量带走全部切屑。图3.28描述了高速干切滚齿机床身与排屑装置的温度场控制方法。

床身作为机床的基础支撑部件,除了具备较高的刚度以外,还必须保证热量对其影响较小,其热致温升问题必须得到重视。就床身的温度场控制来说,一方面是减少传递给床身的热量,另一方面是降低床身对温度的敏感程度。为控制床身对温度的敏感度,可采用大斜面、横向对称设计的床身结构,如图3.29所示。

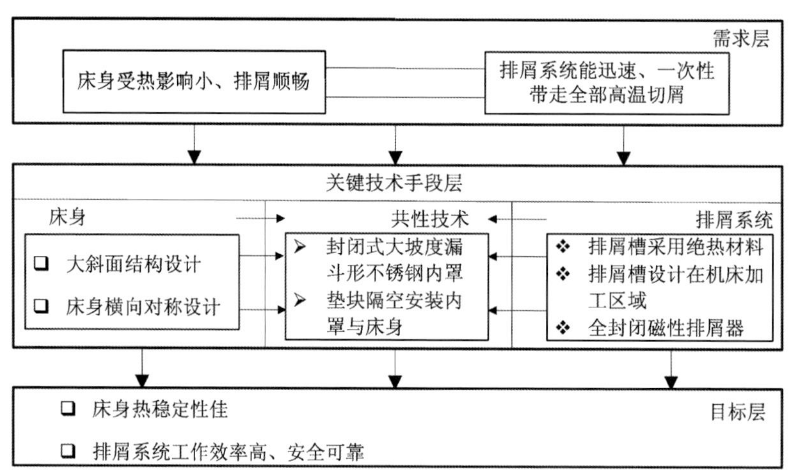

图 3.28　高速干式滚切装备床身与排屑装置的温度场控制方法

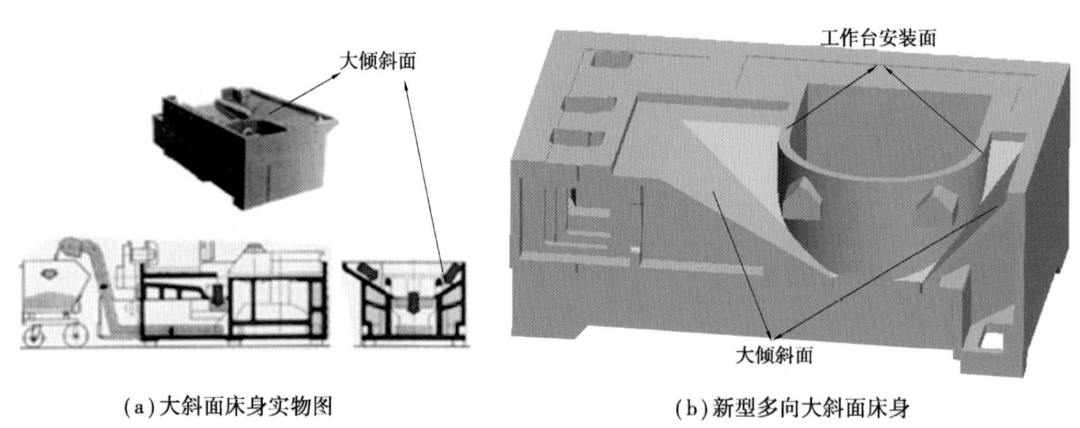

(a)大斜面床身实物图　　(b)新型多向大斜面床身

图 3.29　大斜面、横向对称式床身

在高速干式滚切装备中，排屑装置的主要作用是迅速带走高温切屑，防止切削热传递给床身进而引起变形。图 3.30 所示为一种全封闭磁性排屑装置，它可以将切屑迅速带离机床加工区域。

如图 3.31 所示，为了让排屑系统迅速带走高温切屑，同时尽可能减少切屑传递给床身的热量，使用封闭式大坡度漏斗形不锈钢内罩是一种不错的解决方案。同时，为了有效阻隔内罩切削热传递给床身等铸件，内罩与床身的连接采用垫块隔空安装，而不是与床身立柱大面积贴合。

(2)高速干切滚齿机床加工空间换热系统

通过对热传递模型应用研究的结果分析与讨论，由冷却空气分别在第二阶段传热和第三阶段传热时带走的热量占切削热的热量分布比曲线可知，冷却空气的热量分布比随着切削速

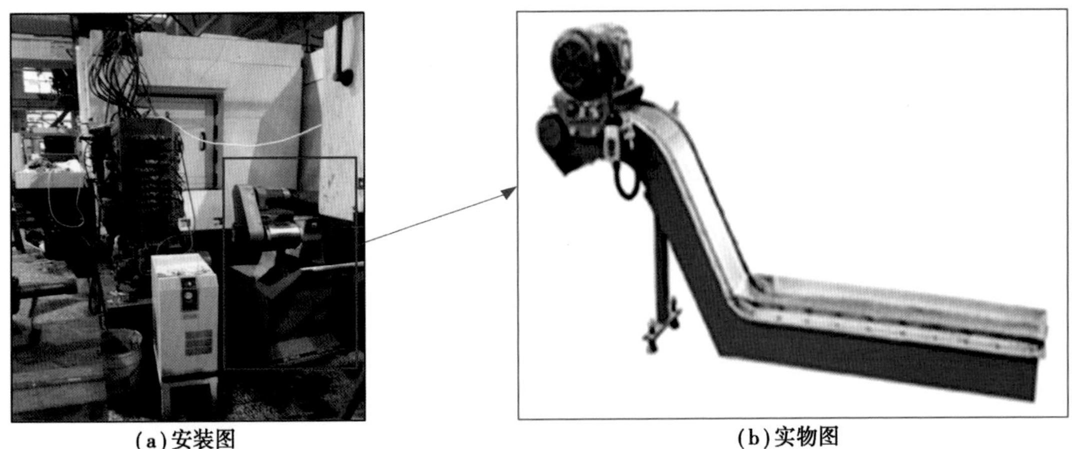

(a)安装图

(b)实物图

图3.30 全封闭磁性排屑装置

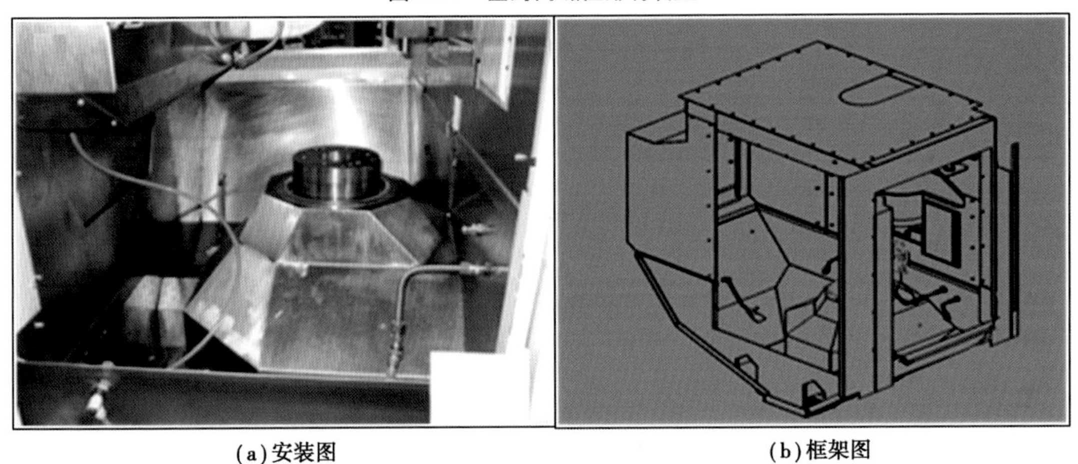

(a)安装图

(b)框架图

图3.31 不锈钢内罩

度的增大而增大,第三阶段传热时冷却空气带走的热量多于第二阶段传热。如果机床加工空间聚集的热量过多,那么就会引起该区域内部组件受热变形,进而影响它们之间的相互位置关系,最终影响机床加工精度。

基于此,通过控制喷气装置来控制机床加工空间的温度场是一种较好的方案。此外,还可以在排屑器与机床相连的空间连接大风量粉尘收集器,让其吸收粉尘并同时对加工区域进行空气热交换作用,从而控制机床加工空间的温度场。由于机床加工区域运动部组件的摩擦生热等也会影响机床的加工精度,这就需要通过选材、工艺控制等实现温度控制。对于刀架和工作台齿轮箱,可采用循环油冷却,在循环线路上配置专业的油冷机能够有效控制油温。图3.32所示为油冷机工作流程示意图。

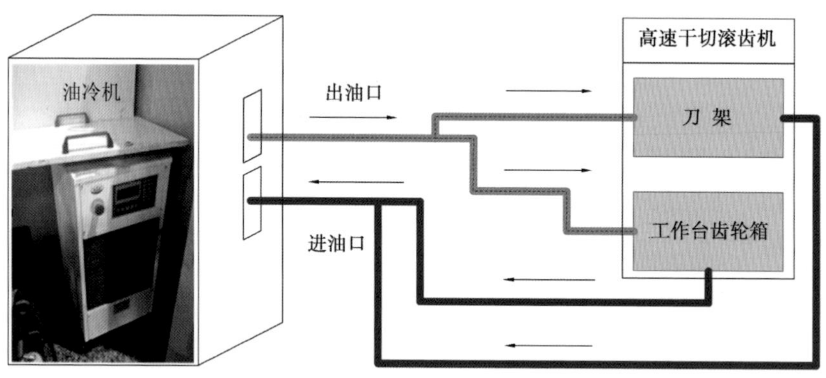

图 3.32　油冷机工作流程示意图

第4章 高速干切滚齿有限元仿真及实验分析

本章要点

◎ 高速干切滚齿仿真理论基础

◎ 高速干切滚齿仿真模型及实验设计

◎ 高速干切滚齿仿真及实验分析

齿轮滚切是一种复杂的空间多刃断续切削过程，相比于其他的切削加工研究面临更多的难题，如高速的多刃断续切削引起的切削力冲击和不用切削液的散热与润滑问题会造成机床振动、热变形，刀具损坏等，因此在机床的设计和刀具的开发过程中对高速干切滚齿理论的研究提出了更高的要求。因此对齿轮高速干切滚齿切削力、切削温度场等的研究是解决其关键技术的重点，而通过传统的数值计算方法和传统的实验方法难以对滚切过程中的情况定量分析。有限元仿真技术的高速发展，为解决滚切加工这种非线性多场耦合问题提供了一种方便、高效而且可靠的数值模拟方法。

有限元方法是一种将连续体离散化为若干个有限大小的单元体的集合，以求解连续体力学问题的数值方法，常用于解决工程和数学物理问题。有限元方法最初出现在20世纪60年代末期，作为一种通用性和可靠性强的分析方法，在工程分析中得到了快速的发展，之后随着计算机技术的进步，20世纪70年代初通用的有限元程序逐渐被开发出来，并作为一种强大可靠的工程分析工具得到了广泛应用，其在求解非线性和多场耦合问题方面展现了强大能力，从而逐渐被用于切削加工分析的研究中，并快速发展。各种商用有限元软件也随之快速进入市场，市面上出现了如ANSYS、ABAQUS、NASTRAN、CATIA等功能强大的通用型有限元软件，能够进行各类大型复杂的运算。同时，对于某些专业的领域又出现了一些功能更专注的软件，如主要面向各种切削加工仿真分析的ADVANTAGE，专注于模锻和切削加工仿真分析的DEFORM-3D等。成熟的有限元软件环境，为研究高速干式齿轮滚切过程中切屑成型、切削力、温度场等问题提供了可行的方案。

由于齿轮滚切过程相比于其他切削加工过程的复杂性，建立一种基于Mathematica数学建模、CAD三维建模及DEFORM-3D仿真的高速干切滚齿过程仿真分析模型与方法，可实现各种工艺参数和加工条件下的滚切仿真实验。其相比于车间实验，更加方便快捷，成本低廉，且效率更高，且得到齿轮滚切过程温度场、应力场、切削力以及切屑流成型等结果，可为高速干切滚切齿温度场理论、切屑成型理论等基础理论的研究提供实验及数据支撑，并可用于研究分析其对机床设计的影响。通过对比分析不同切削参数下的齿轮滚切过程，可确定影响切削性能的主要因素，为工艺参数优化提供数据支持。同时还能够在机床的设计阶段发现潜在的问题，经过计算分析，找出合理的解决方案，从而降低试制成本，缩短研发周期。总的来说，通过仿真研究可以缩短新产品开发周期、降低产品整体成本、增强产品系统的可靠性。

4.1　高速干切滚齿仿真基础理论

4.1.1　高速干切滚齿有限元控制方程

在高速干切滚齿工艺仿真过程中，有限元控制方程反映了被切齿轮内部剪切力等物理量与外部刀齿施加的切削力等载荷之间在高速切削运动中的变化关系，是切削加工有限元仿真的理论基础。金属切削加工有限元仿真技术最常用的控制方程(数值模拟方法)有两种，分别是基于拉格朗日描述和欧拉描述建立的控制方程(以下称拉格朗日方法和欧拉方法)。

拉格朗日方法主要用于对固体材料进行数值模拟，在进行有限元仿真过程中，得到的网格由材料单元组成，能够准确还原被分析物体的几何形状，同时在切削加工等材料大变形仿真分析中网格会随着加工过程的进行而变化。在常用的商业软件中，大量应用拉格朗日方法作为金属切削仿真的方法，由于其对动态模拟的强大适应能力，使得其能够对整个切削加工过程进行模拟，进而得到加工过程中切屑的变形过程以及工件的加工残余应力等数据。但是，这种方法容易因大变形而产生网格纠缠使单元网格精度降低，而且会引起严重的局部变形，运算过程中也容易因此而出错或终止运算。

欧拉方法主要用于对流体变形进行数值模拟，其有限元网格的性质与拉格朗日法的网格不同，只是覆盖了可控制空间域的体积。欧拉方法的数值模拟主要用于给定了切屑的形状和切削刃的切削角度之后的稳态模拟过程，只能够对高速干切滚齿过程进行某一时态的分析。

拉格朗日方法和欧拉方法在进行物体自由变形数值模拟时有各自的优势和局限性，为克服其二者的缺点，任意拉格朗日欧拉方法(Arbitrary Lagrangian-Eulerian Method)被提出并用于有限元仿真中，在求解自由液面大晃动引起的强非线性问题以及固体材料大变形问题等方面具有优势，这种方法既包含了拉格朗日方法能够进行动态模拟的特点，又包含了欧拉方法的特点，使得使用纯拉格朗日方法产生的网格纠缠带来的一系列问题得到解决。对高速干切滚齿过程的研究希望得到动态的仿真结果，作为一个大变形、大应变率的热力耦合问题，任意拉格朗日欧拉法(ALEM)正适宜作为其有限元研究的方法，得到仿真设定时间内任意时刻的滚切状态和结果数据，同时对自动重新划分网格提供更好的支持，并使有限元运算中不收敛的情况得到很好的控制。

结合杨勇为单元控制方程设立的边界条件，通过欧拉描述的 Euler 应力张量和拉格朗日描述的 Kirchhoff 应力张量的转化，建立高速切削加工的有限元控制方程：

$$\sum \int_{V_0} B^T S \mathrm{d}V_0 = \sum \int_{V_0} N^T f_{i0} \mathrm{d}V_0 + \sum \int_{A_0} N^T F_{i0} \mathrm{d}A_0 \tag{4.1}$$

式中 B——单元应变矩阵；

N——单元形函数；

V、A——现时构型中的体积和表体积；

f_i——单位体积力载荷矢量；

F_i——单位体积表面力载荷矢量。

4.1.2 齿轮材料流动应力模型

流动应力是指材料在发生塑性变形的某一瞬时，为了保持其能够继续发生材料的流动而需要的应力值，流动应力也可以被定义为维持特定应变的塑性变形所需的压力。在金属切削加工的过程中，工件的材料在高温（200 ~ 1 200 ℃甚至更高）、大应变和大应变率的条件下发生大弹塑性变形，因此对不同材料在不同情况下的流动应力的研究是实现准确的有限元仿真模拟的关键。

随着国内外对于金属切削有限元仿真模拟的研究深入，大量的研究结果证明了其可靠性，对仿真过程中关键的材料流动应力模型的研究也越来越完善，提出了适宜各种条件的材料流动应力模型，常用到的模型有：Johnson & Cook 模型（JC 模型）、Steinberg-Guinan 模型、Norton-Hoff模型、Steinberg-Lund 模型以及 Zerilli-Amstrong 模型（ZA 模型）等，部分模型在处理大应变、大应变率的高速切削同样适用。

JC 模型作为最常用的流动应力模型，主要考虑的应变率效应和温度效应适用于高速切削过程的高应变率、大应变以及塑性耗散导致温度变化使材料产生软化的情况；ZA 模型相比于 JC 模型进一步考虑了温度软化效应和应变率强化效应；而张超等在进行 Ti6Al4V 合金高温拉伸实验中以 Norton-Hoff 模型为基础测定的模型能够精确地预测 Ti6Al4V 合金多数条件下的流动应力。

在仿真实验软件 DEFORM-3D 的材料数据库中，包含了常用材料的流动应力模型。对于仿真过程中用到的两种齿轮材料 45 钢和 25CrMo4 都给出了相应的流动应力方程。由于对材料为 25CrMo4 的齿轮滚切进行仿真的过程覆盖了不同切削速度条件下的仿真，因此将 JC 模型和 ZA 模型分别作为其不同滚切条件下的流动应力模型。

25CrMo4 的 Jhonson & Cook 模型为：

$$\bar{\sigma} = (A + B_{\bar{\varepsilon}^{n}})\left(1 + C\ln\left(\frac{\dot{\bar{\varepsilon}}}{\dot{\varepsilon}_0}\right)\right)\left(\frac{\dot{\bar{\varepsilon}}}{\dot{\varepsilon}_0}\right)^{\alpha}(D - ET^{*m}) \tag{4.2}$$

其中 $T^* = \dfrac{T - T_{\text{room}}}{T_{\text{melt}} - T_{\text{room}}}$；$D = D_0\exp|k(T - T_{\text{b}})^{\beta}|$

式中 $\bar{\sigma}$——流动应力；

$\bar{\varepsilon}$——等效应变；

n——加工硬化指数；

A——准静态条件下的屈服强度；

B_{ε}——应变硬化参数；

C——应变率强化参数；

m——热软化参数；

T_{room}——室温（一般取 298 K）；

T_{melt}——熔点；

$\dot{\bar{\varepsilon}}$——等效应变率；

$\dot{\varepsilon}_0$——参考应变率；

$\frac{\dot{\bar{\varepsilon}}}{\dot{\varepsilon}_0}$——标准等效属性应变率。

25CrMo4 的 Jhonson & Cook 流动应力模型主要参数取值：

$A = 1\ 200$；$B_{\varepsilon} = 891$；$C = 0.02$；$D_0 = 1$；$E = 1$；$n = 0.2$；$m = 0.64$；$\bar{\varepsilon} = 1$；$T_{melt} = 1\ 800$；$T_{room} = 293$。

与应变率相关的流动应力曲线如图 4.1 所示。

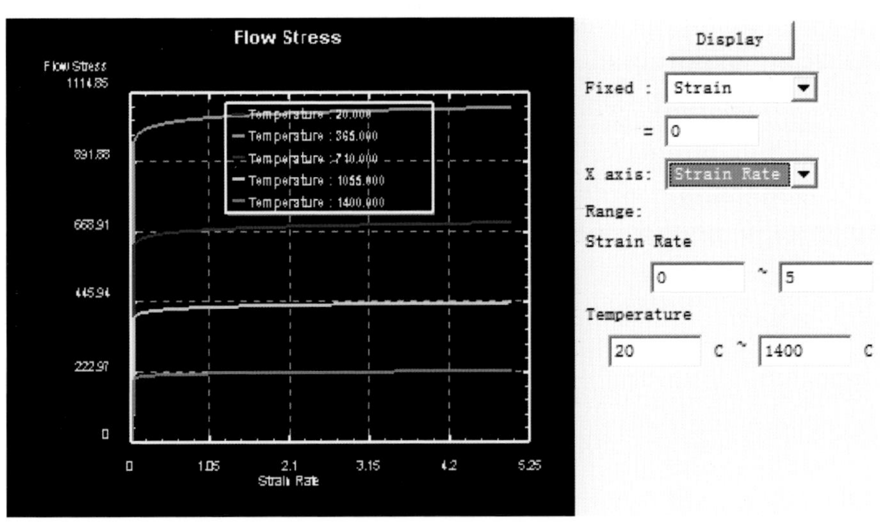

图 4.1 25CrMo4 的 JC 流动应力曲线

25CrMo4 的 Zerilli-Amstrong 模型为：

$$\bar{\sigma} = a + c_1 \exp(-c_3 + c_4 T \ln \dot{\bar{\varepsilon}}) + c_5 \dot{\bar{\varepsilon}}^n \tag{4.3}$$

式中 $\bar{\sigma}$——流动应力；

$\bar{\varepsilon}$——等效应变；

$\dot{\bar{\varepsilon}}$——等效应变率；

T——温度；

a、c_1、c_3、c_4、c_5、n 是参数。

25CrMo4 的 Zerilli-Amstrong 流动应力模型主要参数取值：

$a=792$；$c_1=740$；$c_3=0.014\,5$；$c_4=0.001\,6$；$c_5=832$；$n=0.064$。

与温度相关的流动应力曲线如图 4.2 所示。

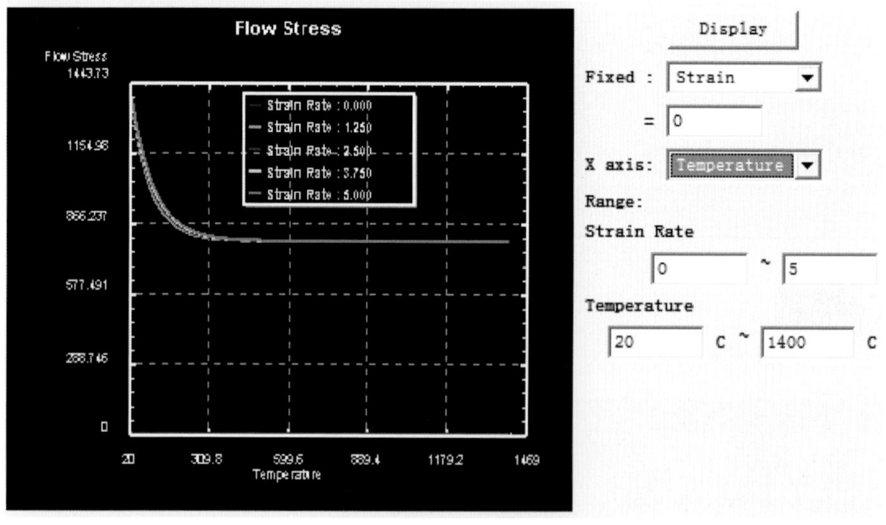

图 4.2　25CrMo4 的 ZA 流动应力曲线

在利用 DEFORM-3D 进行金属切削加工工艺仿真的应用过程中，工件材料与断裂准则密切相关，对于 45 钢，对应的流动应力模型为 Oxley 方程：

$$\bar{\sigma} = \bar{\sigma}(\bar{\varepsilon}, \dot{\bar{\varepsilon}}, T) \tag{4.4}$$

式中 $\bar{\sigma}$——流动应力；

$\bar{\varepsilon}$——等效应变；

$\dot{\bar{\varepsilon}}$——等效应变率；

T——温度。

45号钢数据不同温度和不同应变率下对应的曲线如图4.3所示。

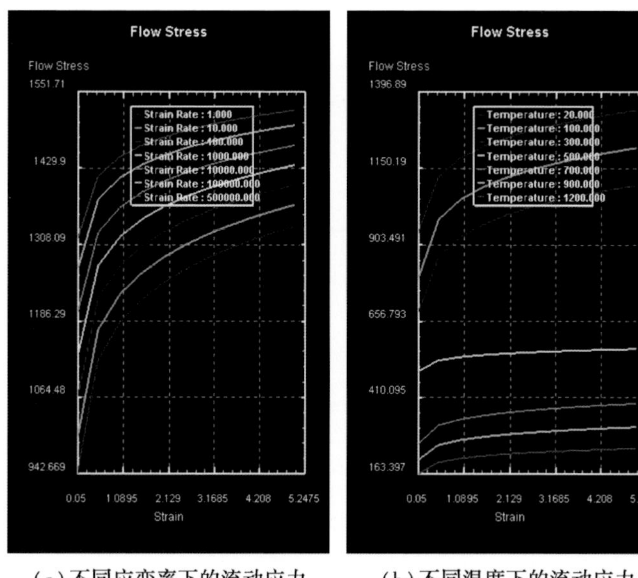

(a)不同应变率下的流动应力　　(b)不同温度下的流动应力

图4.3　流动应力曲线

4.1.3　金属材料分离准则

在进行金属切削有限元仿真时,断裂准则决定被切区域在何种情况下以何种方式产生节点分离,如图4.4所示。在金属切削仿真有限元模拟的过程中涉及两种切屑分离准则:物理分离准则和几何分离准则。物理分离准则是基于应力、应变和应变速率综合考虑得到的,而几何分离准则通过判断刀尖与刀尖前单元节点的距离变化来判断分离与否,当两点的距离小于某个临界值时,刀尖前单元的节点就产生分离。

金属材料的断裂还可以分为延性断裂和脆性断裂。延性断裂是指金属材料在载荷作用下,首先发生弹性变形,当载荷继续增加到某一数值,材料即发生屈服,产生塑性变形,载荷继续增大,变形也持续增大,继而出现断裂口或微空隙,进一步发展成宏观裂纹,宏观裂纹扩展到一定程度就导致断裂。脆性断裂是指在施加于材料上的应力值低于材料本身的屈服应力和材料没有发生明显塑性变形的情况下,材料发生的突然断裂过程,其裂纹扩展速度可达1 500～2 000 m/s。

在金属切削加工过程中发生脆性断裂的概率非常小,大部分都是发生延性断裂。一般认为,金属中的延性断裂是因材料的位错堆积或其他缺陷产生的空洞的增长和聚集引起的,切削过程中金属发生大塑性变形会导致空洞长大聚集从而形成裂纹。

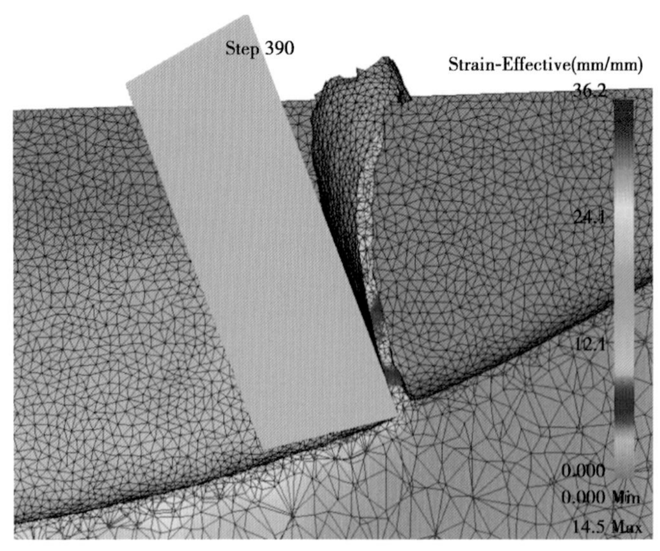

图 4.4　节点分离

对于延性断裂准则的研究开始于 20 世纪 40 年代，几十年间不断发展出适于各种情况的模型，目前在高速切削加工过程中常用的断裂准则有以下几种：

①Freudenthal 最早建立延性断裂准则，成为研究延性断裂准则的基础模型，表达式如下：

$$\int_0^{\bar{\varepsilon}_f} \bar{\sigma} \mathrm{d}\bar{\varepsilon} = C_1 \tag{4.5}$$

式中　$\bar{\sigma}$——等效应力；

$\bar{\varepsilon}$——等效应变；

$\bar{\varepsilon}_f$——发生断裂时的总塑性应变；

C_1——临界破坏值，是通过实验确定的表示材料抗延性断裂的参数。

②McClintock 提出的材料延性断裂模型为：

$$\int_0^{\bar{\varepsilon}_f} \left(\frac{\sigma^*}{\bar{\sigma}}\right) \mathrm{d}\bar{\varepsilon} = C_2 \tag{4.6}$$

式中　$\sigma^* = \begin{cases} \sigma_1 & \sigma_1 \geqslant 0 \\ 0 & \sigma_1 < 0 \end{cases}$；

$\bar{\sigma}$——等效应力；

C_2——临界破坏值。

③Rice 和 Tracey 提出了三相应力作用下的断裂准则：

$$\frac{\Delta R}{R} = \int_0^{\bar{\varepsilon}_p} \alpha \exp\left(\frac{3\sigma_m}{2\bar{\sigma}}\right) d\bar{\varepsilon} > C_3 \tag{4.7}$$

式中　R——空洞的初始半径；

ΔR——空洞半径变化值；

$\bar{\varepsilon}_p$——等效塑性应变；

α——0 ~ 1 取值的实验参数；

σ_m——静水压应力；

$\bar{\sigma}$——等效应力；

C_3——临界破坏值。

在塑性成形的过程中，当 $\Delta R/R$ 的值大于临界值 C 时，就认为产生了断裂。该模型中不仅包含了物理断裂标准，而且包含了几何断裂标准。

④Cockcroft & Latham 提出了一个著名的断裂准则模型：

$$\int_0^{\bar{\varepsilon}_f} \sigma^* d\bar{\varepsilon} = C_4 \tag{4.8}$$

式中　$\sigma^* = \begin{cases} \sigma_1 & \sigma_1 \geqslant 0 \\ 0 & \sigma_1 < 0 \end{cases}$；

σ_1——材料发生断裂时的最大应力；

C_4——临界破坏值。

⑤Brozzo 以 Cockcroft & Latham 提出的模型为基础，提出了考虑静水压力作用的模型：

$$\int_0^{\bar{\varepsilon}_f} \frac{2\sigma_1}{3(\sigma_1 - \sigma_m)} d\bar{\varepsilon} = C_5 \tag{4.9}$$

式中　σ_1——最大主应力；

σ_m——静水压应力；

C_5——临界破坏值。

以上几种都是切削仿真中常用的断裂准则，根据不同的条件，可以解决不同的问题，也各有优势，而在 DEFORM-3D 中最常用的就是 Cockcroft & Latham 模型，Cockcroft 和 Latham 认为拉伸主应力是影响材料断裂的主要参数，在一定的应变速率和温度条件下，一种材料受到的最大拉应力到达其临界破坏值时材料就会发生断裂。本书的齿轮高速干切滚齿仿真过程中主要用到的是 DEFORM-3D 软件改进的更适合切削加工仿真的 Cockcroft & Latham 断裂准则。

4.1.4 刀齿-切屑摩擦特性模型

齿轮高速干切滚齿不使用切削液，在滚刀和切屑之间的摩擦仅仅是固体之间的摩擦，相比于传统的摩擦模型具有以下特点：

①接触应力极高。在切削区域，刀齿和工件之间，特别是在刀具的刀尖部分的应力可以达到2 000～3 000 MPa，这已经超过了材料的屈服应力和抗拉强度。

②切削区域的温度高。刀齿与切屑接触区域某些点的最高温度甚至可以达到1 000 ℃以上，李娜通过热电偶测定其平均温度值经常达到700～1 200 ℃。

③刀齿的前刀面更容易与切屑表面发生黏合现象。由于在滚切过程中，因材料磨损切屑和刀齿前刀面都出现了新的没有氧化物和其他杂质的接触面，化学活性相对较高，所以在极大的接触应力和高温作用下更容易产生黏结。

在高速干切滚齿过程中，上述高压高温特性使得滚刀-切屑之间发生黏结，从而刀齿的前刀面和切屑之间的摩擦就不是普通的滑动摩擦，而是发生黏结之后刀齿与切屑作为一个金属整体发生金属内部的滑移剪切，剪切力的大小取决于材料本身的力学特性和发生滑移剪切的面积。因此传统的库仑摩擦模型已经不再适用于描述滚刀与切屑之间的摩擦特性。Zorev提出了将高速切削区域通过法向应力和摩擦应力来描述，切削过程中刀具和切屑的接触区域分为：黏结区和滑动区，黏结区是从刀尖开始到某一点，而滑动区是这点到刀具和切屑离开接触的点，如图4.5所示。在黏结区摩擦应力被认为是与被切削材料流动应力相关的常量，而滑动区的摩擦力就相当于普通的滑动摩擦力。

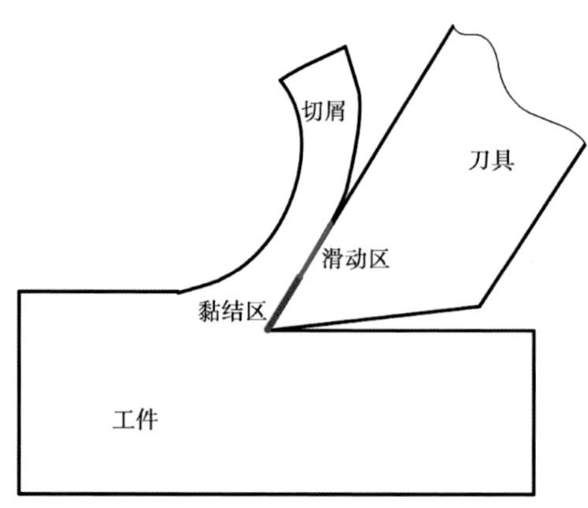

图4.5 黏结区和滑动区

刀齿-切屑接触区域的摩擦可以表示为：

$$\tau_f = \begin{cases} k_{chip} & (\mu\sigma_n \geqslant k_{chip}) \\ \mu\sigma_n & (\mu\sigma_n < k_{chip}) \end{cases} \tag{4.10}$$

式中 τ_f——摩擦应力;

k_{chip}——被切削材料的剪切流动应力;

μ——摩擦系数;

σ_n——法向应力;

$\mu\sigma_n \geqslant k_{chip}$——黏结摩擦区域;

$\mu\sigma_n < k_{chip}$——滑动摩擦区域。

4.1.5 高速切削加工热传导方程

在金属切削过程中所产生的热量主要来自于被切工件大塑性变形、刀齿前刀面与切屑的摩擦以及刀齿后刀面与已完成的被切削面的摩擦。由于参与切削的各部分产热不同,产生的温升也就不同,刀具和工件的各接触面以及切削液介质、空气介质之间就会进行热传导。

在齿轮高速干切滚齿过程中,由于切削速度快,切削的时间就短,且传热介质只是热传导系数较低的空气,导致切削过程中切削区所产生的热量不能及时扩散,在传热学中这种情况被认为是绝热的。因此,高速切削加工可以用到以下的热传导微分方程:

$$\lambda\left(\frac{\partial^2 T}{\partial x^2} + \frac{\partial^2 T}{\partial y^2}\right) + Q = C_p\left(\mu_x \frac{\partial T}{\partial x} + \mu_y \frac{\partial T}{\partial y}\right) \tag{4.11}$$

式中 λ——热传导系数;

$T = T(x, y)$——温度分布;

Q——单位体积内的热生成率;

C_p——比热。

其中 Q 可以表示为等效应力和等效应变速率的函数:

$$Q = \bar{\sigma} \cdot \bar{\varepsilon}/J \tag{4.12}$$

式中 $\bar{\sigma}$——等效应力;

$\bar{\varepsilon}$——等效应变速率;

J——热功当量。

热功当量需要满足以下两个条件:

$$q = \frac{\tau_f v_f}{J} \tag{4.13}$$

式中 q——摩擦生热所产生的热量；

τ_f——刀具和工件接触区的剪应力；

v_f——工件和刀具的相对运动速度。

$$q = \delta(T - T_0) \tag{4.14}$$

式中 q——工件和刀具与空气介质之间的热传递；

δ——热交换系数；

T——工件或刀具的温度；

T_0——空气的温度。

一般在实际应用过程中通过此部分传递的热量很少，忽略不计。

4.2 高速干切滚齿仿真模型及实验设计

4.2.1 DEFORM-3D 及仿真分析过程

DEFORM（Design Environment For Forming）由美国 SFTC 公司开发的一款基于有限元方法，面向与金属成型及其相关的产业进行各种成型和热处理过程分析的专用商业仿真系统，包含一系列仿真分析软件。其中 DEFORM-3D 是主要针对复杂的三维实体的材料成型问题仿真分析的产品。

相比于常用的通用型商业三维有限元分析软件如 ANSYS、ABAQUS 等，DEFROM-3D 在处理金属切削变形问题方面更加专注且优势明显，其特性更适于高速干切滚齿过程仿真研究：

①更简单直观的网格划分模块，能够自定义网格密度分布，实现对特定区域的网格细化。

②拥有强大的专门用于解决大变形问题的自动生成自适应网格的组件，当变形量超过设定值时自动进行网格重划，在处理滚切过程仿真时其效率和质量要优于 ANSYS 和 ABAQUS。同时，在网格重划分过程中，工件模型会出现体积损失，损失越大，计算误差越大，DEFORM-3D在处理时体积损失最小，保证了更高的计算精度。

③在强力的自动画网格技术支撑下，当模型发生重合和折叠时自动生成边界条件，保证准确可靠地完成复杂的滚齿过程仿真运算。

④能够处理各种不同情况下的变形与热传导耦合问题。

⑤拥有丰富的材料数据库,包含了常用的材料的弹性变形参数、属性变形参数、热学参数、热辐射参数、加工硬化参数等数据,涵盖最典型的工件材料,刀具基体材料和涂层材料。

⑥在后处理中,能够直观通过等值线图、云图、矢量图等展示每一步仿真的过程与结果。

DEFORM-3D 由有限元模拟器、前处理器、后处理器及用户处理器 4 大模块组成,其前处理界面如图 4.6 所示,图中对齿轮齿槽面的网格作了细化处理,使其有更高的运算及结果精度。

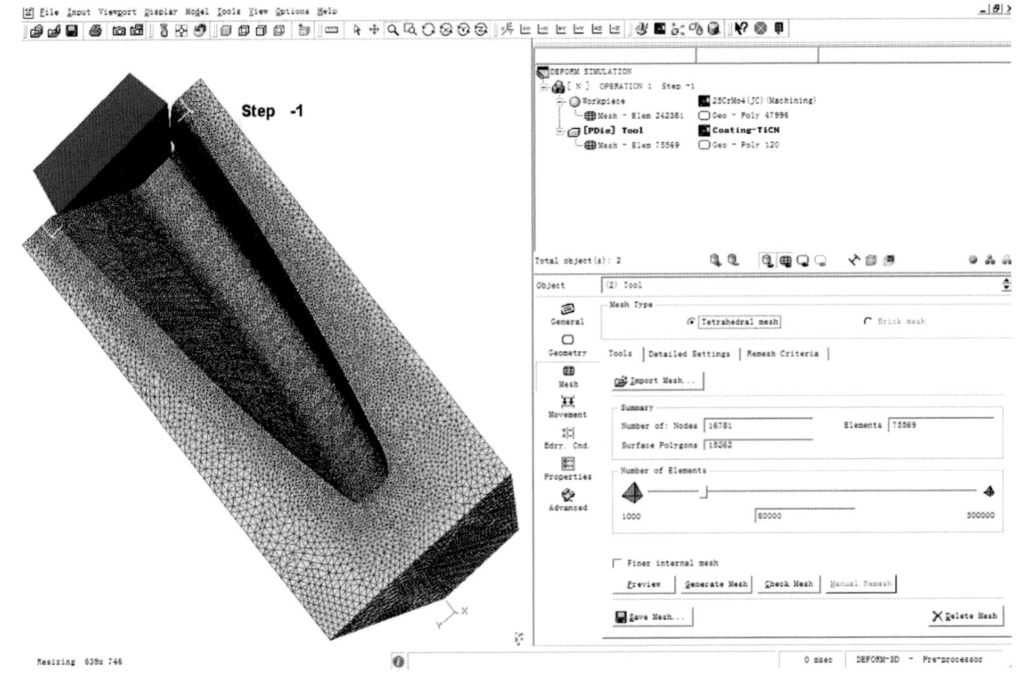

图 4.6　DEFORM-3D 工作界面

DEFORM 软件的有限元仿真分析过程与其他商用有限元仿真软件一样,仿真的基本步骤包括建立模型,导入模型,建立运动关系,划分网格,设置材料,设置边界条件,建立接触关系,生成数据文件,运行软件,最后取得结果。本研究首先基于数学建模工具 Mathematica 建立的点云数据在三维 CAD 建模软件中建立齿轮齿槽的实体模型,并建立滚刀刀齿的实体模型;然后将齿轮和刀齿的实体模型导入 DEFORM-3D 中,基于齿轮滚切原理并根据 DEFORM-3D 软件运行环境建立滚切运动关系;再划分网格并设定边界条件(图 4.6 中为完成网格划分和边界条件设定的滚切模型);最后运算求解并进行结果后处理。运用 DEFORM-3D 软件开展高速干切滚齿过程有限元仿真分析的技术路线如图 4.7 所示。

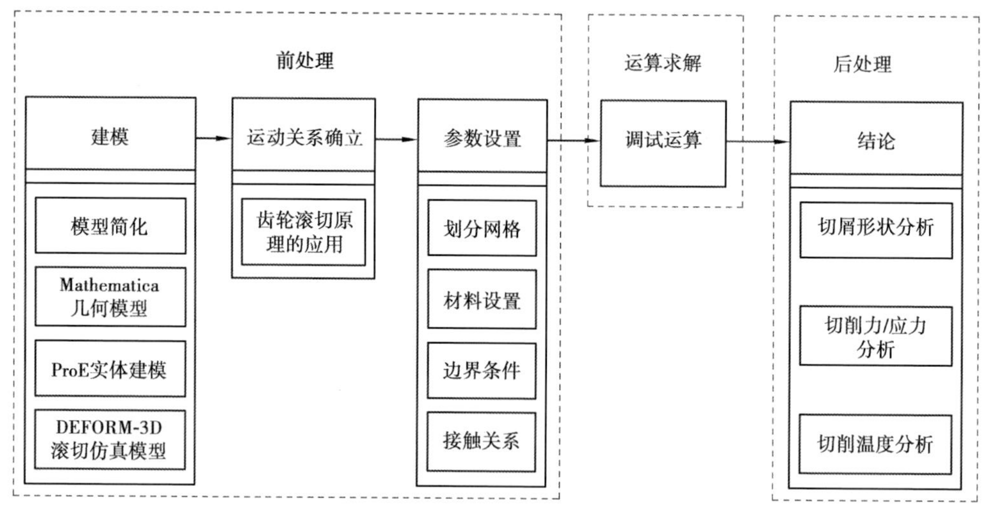

图 4.7　高速干切滚齿有限元仿真技术路线

4.2.2　高速干切滚齿仿真基础模型的建立

高速干切滚齿过程仿真分析相比实际加工实验分析具有成本低、效率高、灵活性好的特点，同时需满足相对于实际滚切加工条件足够的精确性。因此，在进行高速干切滚齿过程仿真分析时，考虑到齿轮滚切过程的复杂性和本研究目的的需要，要建立足够精度的高速干切滚齿三维仿真模型，还要满足实验条件和仿真运算环境（有限元仿真软件）的要求，并且能够适应研究中不同参数条件的滚切仿真实验，即建立一个通用的可以灵活表现不同刀齿滚切状态的滚切有限元仿真模型。

齿轮滚切属于多刃断续非自由斜角切削，与普通车削加工相比，其加工过程中刀齿和工件的相对位置和相对运动关系更加复杂，滚切过程中每一个刀齿在进入切削状态所对应的成型齿槽的形状不同，切除材料的形状不同，则形成新的齿槽实体也不相同。为了能够更加真实地反映齿轮滚切加工过程，在进行仿真实验设计时，就需要更加精确地考虑滚刀刀齿的几何结构、滚切运动关系对整个加工成型过程的影响。

根据上述要求，为了使建立的高速干切滚齿过程仿真模型能够更直观地表现滚切过程刀齿切除齿轮材料时切屑流的生成、切屑的形状、切削力切削应力的变化、温度场的分布等情况，就需要对滚切的切削运动精确地还原，即对被切齿轮和滚刀模型进行精确建模。从而需引入 Mathematica 数学建模软件建立精确的滚切数学模型，并通过 CAD 三维建模软件将数学模型实体化得到几何模型，最终通过匹配仿真软件环境得到研究齿轮高速干切滚齿过程的 DEFORM-3D 仿真模型，建模流程如图 4.8 所示。

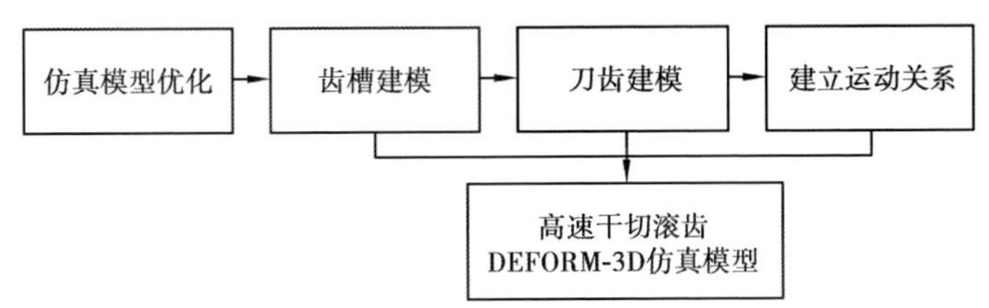

图4.8　基于 DEFORM-3D 的齿轮高速干切滚齿仿真模型的建立

在进行全特征模型仿真时，划分的网格为了保证足够精度使其能够直观地体现切削区域的切削状态，整个模型的网格数量巨大、接触点复杂，难以完成计算，而减少网格又使计算不能满足精度要求，甚至难以体现切削的具体过程，而且仿真时滚刀实际转动角度有限，在滚切同一齿轮时完整特征的齿轮滚切模型（图4.9）中大部分刀齿和齿槽并不参与切削，因此，需要对仿真模型进行优化。由于齿轮滚切的多刃切削特性，即每个刀齿单独的切削过程比较独立，切除的材料形状不同，较少发生干涉，因此在进行滚切仿真实验的过程中，只要仿真模型能够模拟参与切削的每一个刀齿切除与其对应的材料的实时滚切过程就能得到本文研究滚切过程所需的切屑流成型过程、切削力、切削应力以及温度场数据，从而确定仿真模型的大体优化方向。

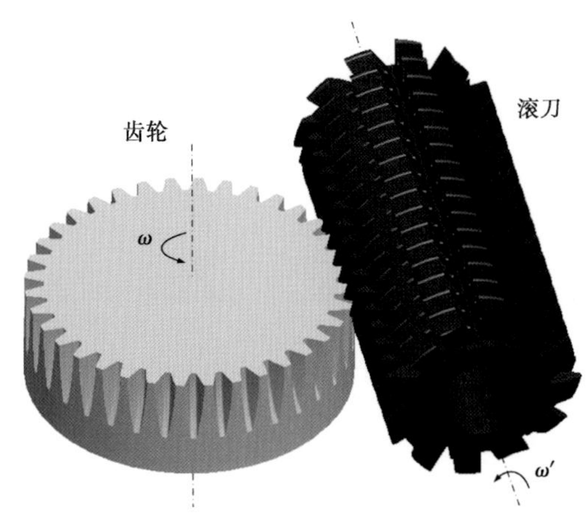

图4.9　全特征滚齿模型

在齿轮滚切过程中，齿轮工件绕齿轮轴线作旋转运动，同时滚刀绕自身轴线旋转并沿齿轮轴线作直线运动，滚切原理如图4.10(c)所示。滚刀上每一个刀齿对应其切削的齿槽都有一个相对的空间位置和运动关系，滚刀与工件空间位置和运动关系参数见表4.1。

表4.1　滚刀与工件空间位置和运动关系参数表

序　号	参数名称	参数值
1	滚刀和工件的径向（Y向）距离 Y	

续表

序　号	参数名称	参数值
2	滚刀安装角 δ(右手定则)	$\Delta_g \beta_1 \Delta_1 \lambda$
3	滚刀回转速度 ω_h	工艺设计确定
4	滚刀轴向进给速度 f	工艺设计确定
5	滚刀回转角 φ	模型运算自变量
6	滚刀轴向进给量 l	
7	展成角 ψ_1	$\psi_1 = \Delta_1 \frac{Z_k}{z} \varphi$
8	差动角 ψ_2	
9	工件旋转角 ψ	$\psi = \psi_1 + \psi_2$

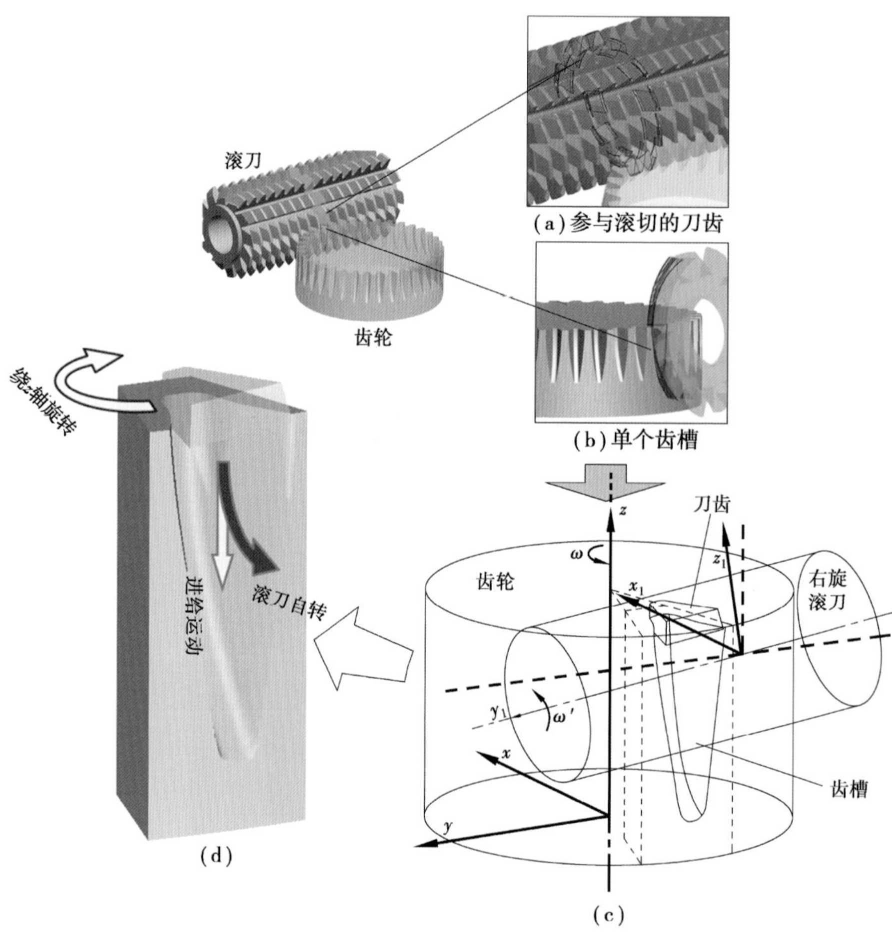

图4.10　齿轮滚切仿真模型优化

根据齿轮滚切原理可知,同一个齿轮上每个齿槽的成型过程是相同的,而齿槽的成型过程中参与滚切的刀齿也是一定的,因此,模型就可以简化为一个齿槽的成型过程。又因为每个刀齿切削的独立性,且大部分对切屑流成型、切削力、切削应力等的研究并不需要其保持连续滚切的状态,所以可以将其简化为独立的刀齿滚切过程,整个模型就简化成了单齿-单齿槽模型。通过建立单齿-单齿槽模型能够还原滚刀上每个单齿独立的切削过程,能更好达到精确仿真的要求并且更突出地体现滚切的过程。

分别对图4.10(c)所示滚切中某一时刻的齿轮和齿槽建模,得到单个滚刀刀齿模型和正在被切而未切削完成状态的单齿槽模型(建立方法在3.2.2节和3.2.3节已说明),将对应切削时态的齿槽模型和刀齿模型按其相应的位置组装,并将滚刀本身的运动以及齿轮工件的旋转换算成刀齿的旋转合成,施加于刀齿之上,就建立了符合DEFORM-3D运行环境的齿轮滚切三维实体仿真模型,如图4.10(d)所示,其模型作为齿轮高速干切滚齿过程仿真研究的基础模型。

滚刀由形状相同的一系列刀齿按螺旋阵列分布于其基本蜗杆面上形成。滚切过程中,各刀齿根据滚切原理相继从齿坯上断续切除材料,最终包络形成齿轮齿面。在建立高速干切滚齿过程仿真研究模型时,由于各刀齿几何形状一致,因此在进行刀齿模型简化时只需要取其中任意一颗齿作为刀齿的模型。得到的刀齿(见图4.11刀齿原型)结构相比整个滚刀已经简化,但依旧存在多余的结构特征。

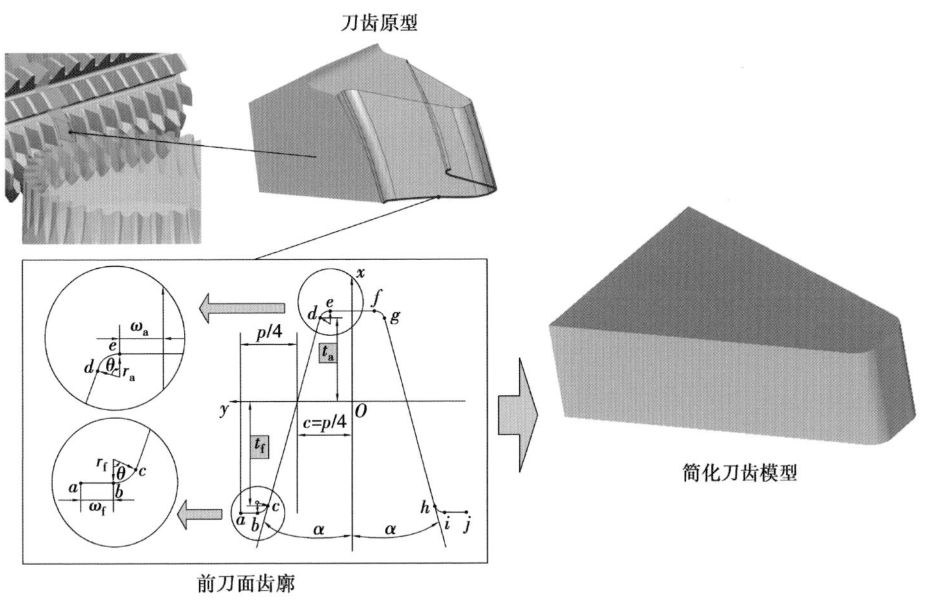

图4.11　刀齿建模

通过 Mathematica 运算，得到齿轮滚切过程中刀齿齿廓轨迹，将所有参与切削的刀齿齿廓轨迹叠加，能够包络出完整的齿形，说明滚齿过程中实际去除材料并包络出齿形的是前刀面的齿廓。根据滚切原理，建立图 4.11 前刀面齿廓几何模型，通过 CAD 三维建模软件结合滚刀后面与前面的角度关系混合拉伸得到滚刀单齿的简化刀齿模型（图 4.11）。

多刃断续切削特征齿槽建模过程如下：

①滚切三阶段模型

当滚刀沿工件轴向进给到某一位置时，随着滚刀与齿轮工件相对回转，分布在滚刀基本蜗杆螺纹上的刀齿包络出齿轮齿形并形成齿槽。根据滚刀的进给位置，将齿槽的形成过程分为 3 个阶段，如图 4.12 所示。第一阶段为切入过程，是指滚刀接触齿坯开始切削，直到齿坯顶部被切出完整的齿槽轮廓（图 4.12A）；第二阶段为完整切削过程，是指第一阶段结束直到滚切形成齿轮全齿宽；第三阶段为切出过程，是指第二阶段结束直到滚刀脱离与齿坯接触。

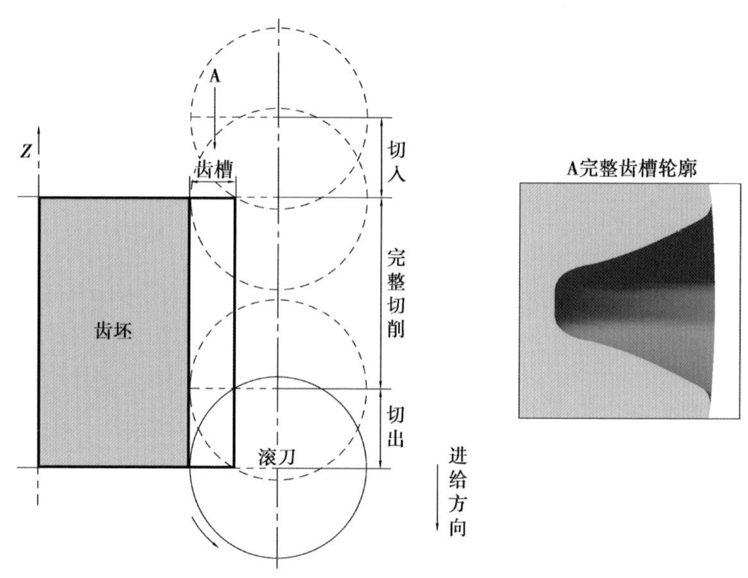

图 4.12 齿槽成形三阶段

由于只有在第二阶段完整切削状态下切削刃轨迹和工件接触长度保持不变，且一般情况下切削过程中处于这阶段的加工时间远远大于第一、第三阶段的加工时间，所以将滚齿第二阶段的状态作为本书的研究模型。该状态下齿槽形状特征为：已经出现一段完整的齿槽轮廓，但还未切到齿坯底部，如图 4.12 中所示完整切削阶段的滚刀行程。

②齿槽建模与切屑模型

滚齿第二阶段的滚切过程中（图 4.13），齿轮工件每旋转一周，齿轮上每个齿槽必经历一个被切削过程,被加工齿轮上一个齿槽从进入切削状态与滚刀接触(齿槽 m 进入接触点 a)到脱离切削状态与滚刀分离(齿槽 m'离开接触点 b)的过程中将会有一定数量的滚刀刀齿依次参与切削,本书将被加工齿轮旋转一周,一个齿槽所经历的切削定为一个滚切周期。

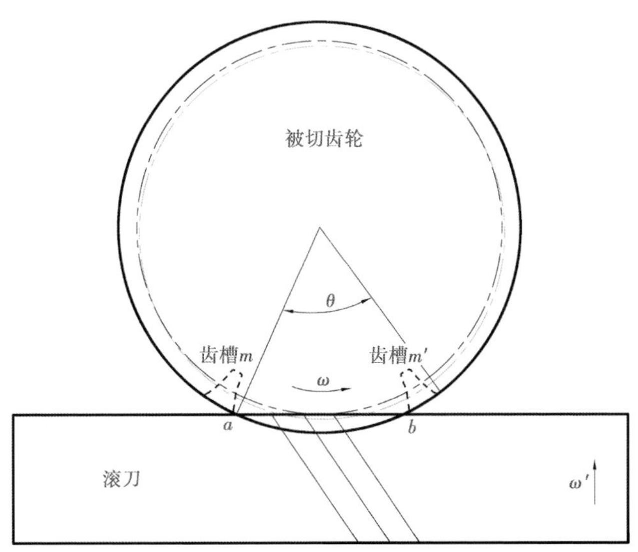

图 4.13　滚切周期示意图

根据滚切原理和几何模型运算可知,一个齿槽的滚切周期内,齿轮滚切基本参数一定则参与滚切的刀齿数目一定,且每个齿槽的滚切过程基本一致,因此,在一个齿轮的滚切过程中,只要确定参与切削的所有刀齿,就确定了所有的滚切状态。将通过 Mathematica 展成运算得到的参与滚切的刀齿编号,将齿槽正对 Y 轴时对应的刀齿设为 0 号刀齿,在 0 号刀齿之前参与滚切的刀齿编为负,之后的编为正,如图 4.14 所示。

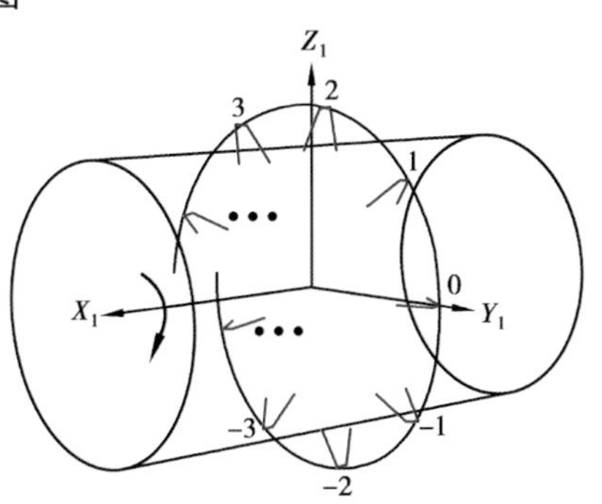

图 4.14　参与切削的刀齿示意图

通过 Mathematica 对滚刀上每个刀齿在切削时的轨迹建立数学模型,将一个滚切周期内滚切同一个齿槽的所有轨迹模型叠加建立轨迹簇,在 CAD 三维实体建模软件中通过轨迹簇对圆柱齿轮进行依次的材料去除操作,以此还原滚切过程的展成运动,如图 4.15 所示,得到一个精确的滚切加工三维齿槽实体模型。

通过这种方式得到的齿槽与实际车间加工所得的齿槽成型方式完全相同,得到的未加工完成的齿槽就是滚切加工第二阶段某一个瞬时齿槽的形状。齿槽上部已加工完成,形成了完整的齿槽轮廓;中部为正在被滚切的齿槽,其形状反映此时滚刀与齿轮工件的接触状态;下部为还没有被切到的齿坯,齿轮工件底部还没有形成齿廓。

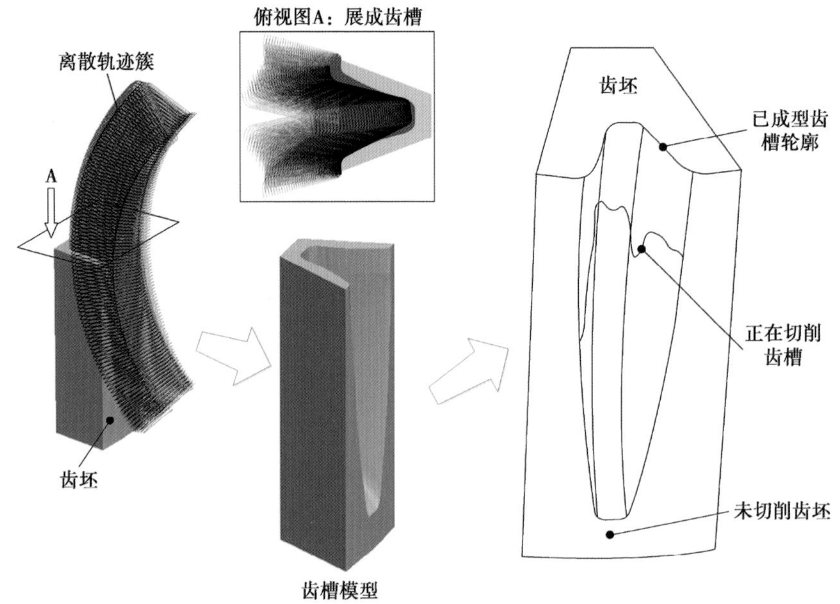

图 4.15　齿槽建模

由于滚切加工时滚刀上参与切削的刀齿与齿槽的相对位置不断发生变化，在每个刀齿进入切削时，刀齿所切掉的部位不同，每个刀齿所切除的材料的形状就不相同，而下一个刀齿在进入切削时所对应的已成型齿槽的形状与前一个刀齿所对应的齿槽的形状也就不相同。结合 Mathematica 数学模型和 CAD 三维实体建模，就能够得到每个刀齿所切除材料的几何模型，如图 4.16 所示。

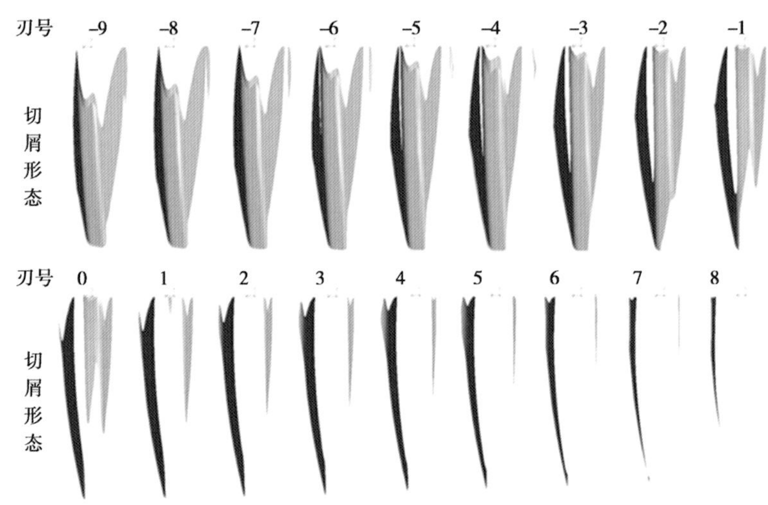

图 4.16　一个切削周期内切除的未变形切屑三维实体模型

通过刀齿轨迹依次切除被切齿轮工件的材料，每一个轨迹所去除的材料就是所对应刀齿滚切得到的切屑，就是实际车间加工和仿真实验所得切屑的未变形状态，如图 4.16 所示。

4.2.3 高速干切滚齿过程仿真实验设计

齿轮高速干切滚齿相比于传统的湿切滚齿和普通的高速滚齿切削参数和切削环境发生了极大的改变。不使用切削液，对滚切过程中切削热的散失，滚刀刀齿和切屑、刀齿和工件之间的摩擦，以及切屑的流动都会产生极大的影响；随着切削参数的改变，切削力和切削温度会发生变化，以此产生的结果对刀具的性能提出了不同的要求；选择合适的切削速度和进给量对加工效率和切削力以及切削温度等也会产生影响；同时，在滚切不同材料时，也会对切削参数和切削环境提出不同的要求。为了研究高速干切滚齿不同参数和加工环境对其切削性能的影响，需设计不同的实验对其进行对比分析，从而对齿轮高速干切滚齿基础理论有更深入的认识，同时为滚切加工工艺参数优化提供实验支撑。

在齿轮加工过程中，随着被切齿轮模数、齿数等基本参数变化，对应滚刀的参数也会发生变化，本文的仿真实验涉及不同模数、齿数及不同加工环境下的直齿轮和斜齿轮的加工仿真。通过对不同参数下的齿轮滚切仿真实验对比，也能进一步保证实验的可靠性。

在保证与实际生产加工参数吻合的情况下，对3组不同参数（见表4.2、表4.3）的直齿轮和斜齿轮滚切进行适当优化，使其更加适合齿轮滚切过程仿真研究，并以此作为研究的基础模型。

表4.2 齿轮基本参数

参数 / 齿轮	法向模数/mm	齿 数	螺旋角	齿顶系数	齿根系数	变位系数
直齿	4	36	0°	1	1.25	0
干切斜齿	2	35	20°	1	1.25	0
湿切斜齿	2	35	20°	1	1.25	0

表4.3 滚刀基本参数

参数 / 齿轮	滚刀外径/mm	滚刀槽数	齿顶系数	齿根系数	螺旋升角/(°)	滚刀头数
直齿滚刀	80	9	1.25	1	-3.275 83	1
斜齿滚刀	70	17	1.25	1	- 5.296 38	3
湿切斜齿滚刀	75	14	1.25	1	- 4.917 1	3

根据仿真分析目标，以建立的 DEFORM-3D 齿轮滚切过程仿真基础模型为基础，合理设计实验参数，建立不同的滚切仿真实验方案，使其能够满足研究高速干切滚齿过程中切屑变形、切削力、切削应力分布、温度场分布等问题的要求。

在进行高速干切滚齿过程仿真实验参数的确立时首先可以以滚齿实际加工参数作为参考，但不是每一种滚切条件下的仿真实验都能找到对应的实际参考值。为了更加方便合理地进行仿真实验方案设计，引入著名的 Hoffmeister 公式作为另一个参数设定条件：

$$h_{\text{cumax}} = 4.9 \cdot z_1^{(9.25 \cdot 10^{-3} \cdot \beta_2 - 0.542)} \cdot e^{-0.015 \cdot \beta_2} \cdot e^{-0.015 \cdot x} \cdot \left(\frac{d_{a0}}{2 \cdot m_n}\right)^{-8.25 \cdot 10^{-3} \cdot \beta_2 - 0.225} \cdot \left(\frac{i}{z_0}\right)^{-8.77} \cdot \left(\frac{f_a}{m_n}\right)^{0.511} \cdot \left(\frac{T}{m_n}\right)^{0.319} \tag{4.15}$$

式中 m_n——模数；

z_1——齿数；

β_2——螺旋角；

x——变位系数；

d_{a0}——滚刀直径；

i——齿轮槽数；

z_0——头数；

f_a——轴向进给量；

T——切深；

h_{cumax}——最大切屑厚度。

Hoffmeister 公式能够在给定的切屑厚度范围内，计算出对应的合理滚刀轴向进给量，反之亦然，从而对切削的参数进行适当地限制。

(1)高速干切滚齿和湿切滚齿仿真对比实验

高速干切滚齿相比于传统湿切滚齿两个最直接的变化是：完全去除了切削液的使用和更高的滚切速度。在滚切过程中引起的大部分变化都源于两者的变化，因此设计两个实验来对其进行研究：分别对满足实际加工条件参数下和满足实验需求理想参数下的高速干切滚齿过程和传统湿切滚齿过程进行仿真对比实验。

1)高速干切和传统湿切滚齿实验

由于在实际加工过程中齿轮干切和湿切的滚切参数和加工条件差别巨大，湿切滚齿的滚切速度远低于高速干切滚齿速度，切削液的使用使湿切滚齿刀具与切屑的摩擦以及散热系数等条件都优于高速干切滚齿。为了对实际加工参数条件下的高速干切滚齿和传统湿切滚齿的切屑变形、切削力、切削应力分布、温度场分布等性能差异有总体的认识，仿真实验参数的设定尽量与实际加工条件相符，具体方案见表4.4。

表4.4 实际干切滚齿与湿切滚齿仿真参数

编 号	滚切方案	齿 轮	滚刀转速/($r \cdot min^{-1}$)($m \cdot min^{-1}$)	滚刀轴向进给量/($mm \cdot r^{-1}$)
1	高速干切滚齿	干切斜齿	900(197.82)	2
2	传统湿切滚齿	湿切斜齿	300(70.65)	3.6

2)不同参数干/湿滚切对比

为了研究高速干切滚齿和传统湿切滚齿仿真产生不同结果的原因，以不同速度和有无切削液作为变量，对不同滚切速度下的干式和湿式滚切过程进行仿真。仿真所用到的基本参数见表4.5。

表4.5 实验干切滚齿与湿切滚齿仿真参数

编 号	滚切方案	滚刀转速/($r \cdot min^{-1}$)	滚刀轴向进给量/($mm \cdot r^{-1}$)
1	干切滚齿	300	1.667
2		900	1.667
3	湿切滚齿	300	1.667
4		900	1.667

(2)不同切削参数对滚切性能影响仿真实验

1)不同滚切速度仿真实验

为获取干切滚齿条件下不同的切削速度(滚刀转速)对齿轮加工过程中切削力、切削温度以及切屑变形数据的影响。在保持被切齿轮和滚刀的几何参数一定，滚切环境不变(干切滚齿)的条件下，对不同滚切速度下的干式滚齿过程进行仿真。仿真实验分别对6组不同滚切速度下的直齿轮滚切过程和4组不同滚切速度下斜齿轮滚切过程进行DEFORM-3D仿真实验见表4.6。同时，实验参数从传统滚齿的低速滚切覆盖到干切滚齿的高速滚切，为确定合理的齿轮高速干切滚齿速度提供参考。

2)不同进给量加工实验

从Hoffmeister公式可知，不同的进给量会影响切屑的厚度，而切屑厚度不同会对切屑成型、切削力、切削应力以及温度场都产生影响,因此,需对不同进给量的高速干切滚齿过程进行仿真,得到进给量对切削性能参数的影响。

表 4.6　直齿/斜齿干切实验参数

齿　轮	编　号	滚刀转速/($r \cdot min^{-1}$) (m/min^{-1})	滚刀轴向进给量(速度) /($mm \cdot r^{-1}$)($m \cdot min^{-1}$)
直齿	1	300(75.36)	1.667(50)
	2	450(113.04)	1.667(75)
	3	600(150.72)	1.667(100)
	4	750(188.40)	1.667(125)
	5	900(226.08)	1.667(150)
	6	1 050(263.76)	1.667(175)
斜齿	7	300(65.94)	2(52)
	8	600(131.88)	2(103)
	9	900(197.82)	2(155)
	10	1 200(263.76)	2(206)

3)不同齿轮材料滚切实验

齿轮材料不同,其力学性能也就不同,实际加工过程中对滚刀性能,切削参数都会产生影响。通过设计不同材料的高速干切滚齿仿真实验,对滚切过程中切削力、切削应力以及温度场变化情况进行分析,研究齿轮材料对滚齿刀具性能以及对滚切参数的设定的影响。

(3)不同刀齿滚切实验

在齿轮滚切过程中,一个齿槽的成型需要多个刀齿参与切削,而不同刀齿在成型过程中去除材料的形状、厚度等差异使仿真结果数据各不相同。研究不同刀齿的滚切过程也能对切屑成形规律和切削力产生规律有更深入地认识。因此,设计同一滚切过程中不同齿号的刀齿滚切的仿真实验。

对不同材料的齿轮加工过程进行有限元仿真实验,结合实际加工,选择两种性能差异较大的典型齿轮材料 25CrMo4 和 45 号钢作为实验加工材料,滚刀基体材料选择 M35(SKH55),并以 TiCN 作为滚刀的涂层材料。齿轮材料与涂层材料的材料属性见表 4.7。

表4.7　齿轮与滚刀涂层材料参数表

材　料	杨氏模量		泊松比	热膨胀系数		热导率		热容率	
	温度	系数		温度	系数	温度	系数	温度	系数
25CrMo4	0	213 000	0.3	0	1.17e-5	20	41.7	20	6.618 85
	20	212 000		20	1.19e-5	100	43.4	100	3.893 6
	100	207 000		100	1.25e-5	200	43.2	200	4.184 05
	200	199 000		200	1.3e-5	300	41.4	300	4.458 8
	300	192 000		300	1.36e-5	400	39.1	400	4.796 35
	400	184 000		400	1.41e-5	500	36.7	500	5.314 45
	500	175 000		500	1.45e-5	600	34.1	600	6.107 3
	600	164 000		600	1.49e-5	1 500	34.1	1 500	6.107 3
	1 500	69 440		1 500	1.49e-5	1 650	34.1	1 650	6.107 3
45	0	213 000	0.3	0	1.17e-5	20	41.7	0	3.540 35
	20	212 000		20	1.19e-5	100	43.4	20	3.618 85
	100	207 000		100	1.25e-5	200	43.2	100	3.893 6
	200	199 000		200	1.3e-5	300	41.4	200	4.184 05
	300	192 000		300	1.36e-5	400	39.1	300	4.458 8
	400	184 000		400	1.41e-5	500	36.7	400	4.796 35
	500	175 000		500	1.45e-5	600	34.1	500	5.314 45
	600	164 000		600	1.49e-5	1 500	34.1	600	6.107 3
	1 500	69 440		1 500	1.49e-5			1 500	6.1073
TiCN	448 000		0.23	8e-6		30		15	

4.3　高速干切滚齿仿真及实验分析

基于DEFORM-3D对不同参数和不同加工环境下的齿轮滚切过程进行仿真模拟，可得到其切屑变形、切削力变化、切削应力变化、切削温度场分布等数据，结合实际加工实验结果，为高速干切滚齿工艺参数优化提供支持。

4.3.1　高速干切滚齿切屑变形仿真与实验结果分析

在齿槽建模过程中，结合Mathematica和CAD三维建模软件，还原齿轮滚切展成运动，得到滚刀刀齿对应成型齿槽的同时，还可以输出对应的切除材料的模型，如图4.17所示，此时得到的模型就是未受到热力耦合作用的切屑，即未变形切屑。而在实际齿轮滚切加工和

DEFORM-3D 滚切仿真过程中，被切除的材料在受热力耦合作用下将产生大塑性变形，从而就会产生与未变形切屑对应的变形之后的切屑。

从图 4.17 中可以看出，在各个 DEFORM-3D 仿真子步时，切屑的产生及其形状。通过对滚切过程整个切屑流生成的整个过程的仿真还原，能够得到滚切过程中任意时刻的切屑形态。

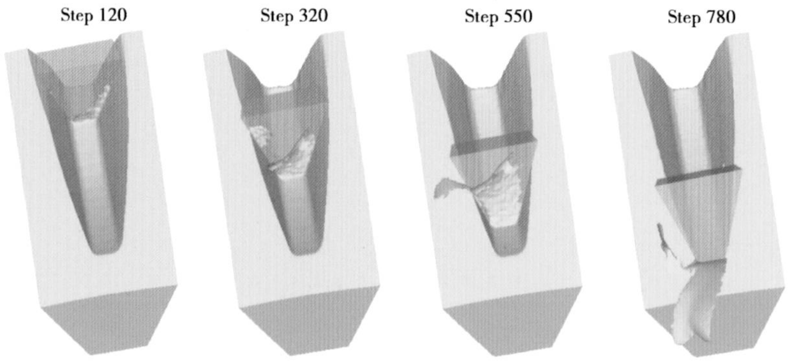

$m=4$ mm，$\alpha=20°$，$\beta=0°$，$Z_k=9$，$z_0/z=1/36$，$f=1.667$ mm/r，$v=150$ m/min，M35/TiCN，25CrMo4，No. −3

图 4.17　DEFORM 仿真-3 号刀齿切屑的产生过程

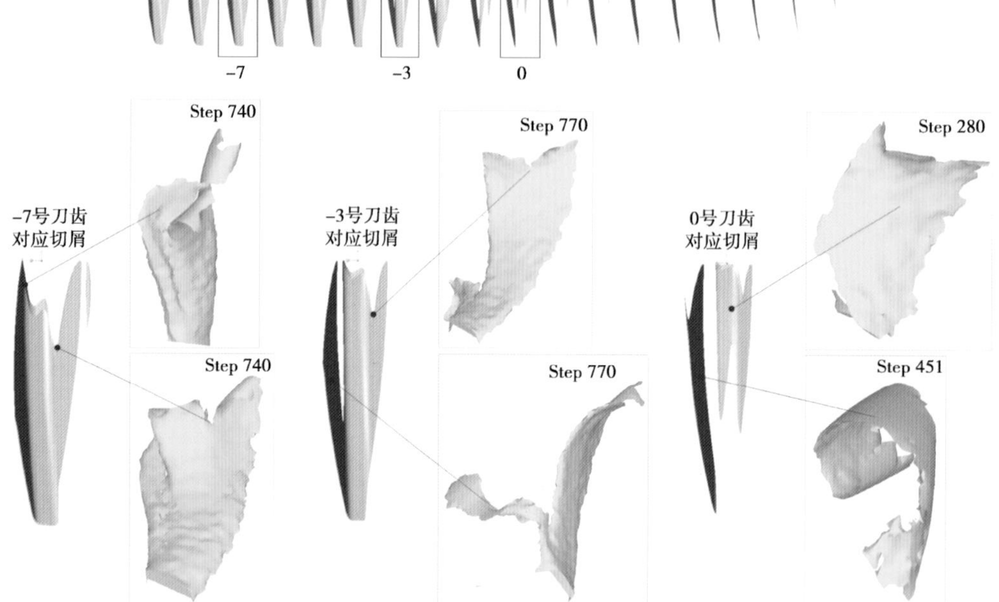

图 4.18　未变形切屑和对应仿真结果的切屑

由于不同刀齿对应未变形切屑的形状不同，仿真生成的切屑形态也各不相同。如图 4.18 所示，−7 号刀齿未变形切屑模型顶端呈 W 形状，而得到的仿真切屑在变形后依然呈 W 形状，−3 号刀齿对应未变形切屑模型左侧呈细条状，在仿真模型中发生了巨大的变形；而 0 号刀齿对应的未变形切屑的模型有两部分，在仿真中也得到两个分离的切屑，而且细长切屑发生了卷曲。通过对比分析可以得出，虽然通过仿真实验所得的切屑因接触条件，刀具磨损，高温融化等因素没有通过数学模型建立的理论切屑形状精确，但仿真得到的切屑与理论切屑形状符合程度非常高，说明 DEFORM-3D 能够很好地保证滚切仿真实验产生切屑的精确度。同时通过对得到切屑的厚度进行测量发现，-7 号刀齿 > -3 号刀齿 >0 号刀齿切屑厚度，结合对图 4.16 中得到的三维实体模型的测量结果，可以发现在逆铣滚切过程中，随着刀齿齿号的增大，切屑的厚度随着刀齿去除材料由少到多再变少的趋势先变厚再变薄。这对本书后面章节研究切削力的变化规律提供了参考。

由于加工环境等因素的影响，通过实际的车间加工实验所得到的切屑形态相比于数学模型和仿真模型更加复杂，但其切屑变形的趋势一致，如图 4.18 所示，而通过 DEFORM-3D 仿真实验得到的切屑与车间加工实验得到的切屑在形态和变形规律上非常吻合，如图 4.19 所示，这也从侧面验证了用 DEFORM-3D 进行滚切仿真实验对比实际加工的可靠性。

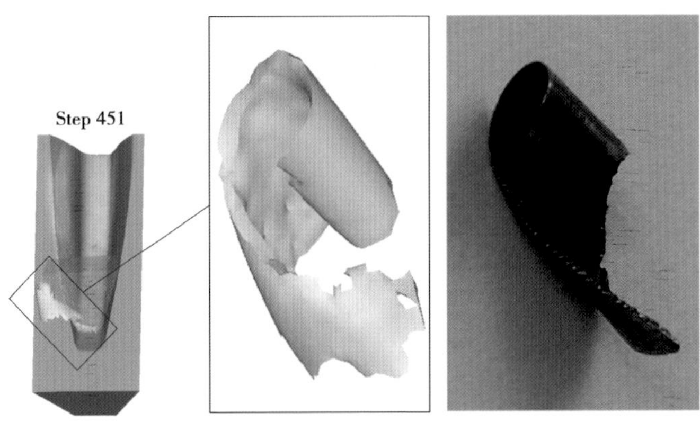

(a) -7号刀齿生成的切屑

$m=4$ mm, $\alpha=20°$, $\beta=0°$, $Z_k=9$, $z_0/z=1/36$, $f=1.667$ mm/r, $v=150$ m/min, M35/TiCN, 25CrMo4, No. -7

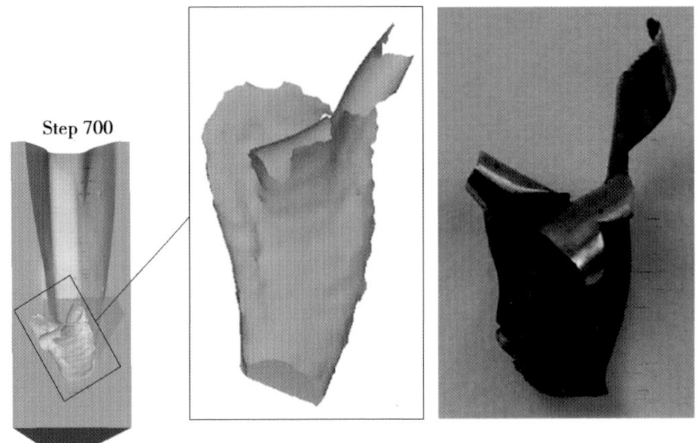

(b) 0号刀齿生成的切屑

$m=4$ mm, $\alpha=20°$, $\beta=0°$, $Z_k=9$, $z_0/z=1/36$, $f=1.667$ mm/r, $v=150$ m/min, M35/TiCN, 25CrMo4, No. -3

图 4.19　仿真分析的切屑和车间加工的切屑对比图

对车间加工实验得到的一系列切屑进行筛选分析对比，发现其变形趋势表现为：被去除材料细长时，切屑变形一般发生卷曲，被去除材料位于齿槽一边或者两边齿槽被去除的材料不相连时，切屑就会发生整体卷曲，如图 4.20(a)所示。当被去除材料位于整个齿槽又有细长部位的时候就会发生部分卷曲，如图 4.20(b)中所示的完整切削阶段切屑的上部分，细长部分都发生了向外的卷曲；由于齿槽的形状是上大下小，滚刀刀齿的刀刃在切除材料时接触线越来越短，切屑自身在变形过程中就会发生挤压，导致切屑的下部分比较厚。

从车间加工实验得到的切屑中可以明显地区分出滚切三阶段中第二阶段与第一、第三阶段切屑的不同，从图 4.20 中可以看出，第一、第三阶段的切屑明显要比第二阶段的切屑更加粗短，且变形更加集中。

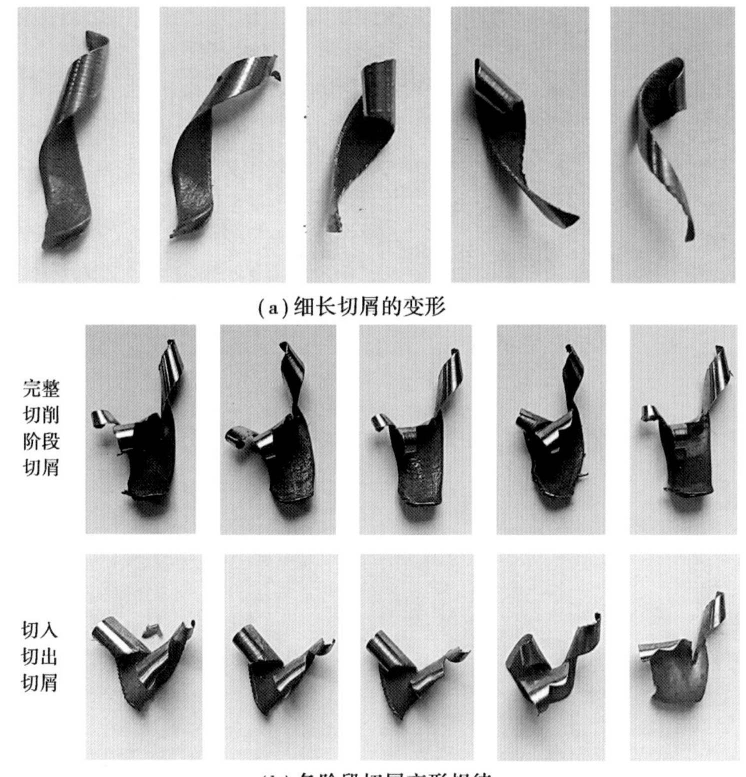

(a) 细长切屑的变形

(b) 各阶段切屑变形规律

图 4.20 切屑变形

通过整理车间实验产生的切屑还发现，大量相似形状的切屑重复出现，也就是说滚切过程虽然复杂，但是也表现出一定的规律性。对于每个齿槽在一个周期内滚切得到的切屑，每个形状都不同，但是在不同周期，相同刀齿滚切出来的切屑就是一样的，因此就会有相似切屑重复出现。其主要原因是在完整切削阶段滚刀在各个进给位置包络齿形时切除的材料是一致的。

根据前文的结论，被切除材料在齿槽的位置分布，可以得到结论：右旋滚刀滚切出来的切屑形状分布是左侧的切屑细长，而 DEFORM-3D 仿真分析结果和实际加工结果都表明(图4.21(b))细长切屑会发生形变较大，滚切过程中在高温和力的作用下进入刀刃与齿槽之间的位置，从而发生干涉，这种情况反复出现就可能导致刀齿在此位置崩刃。对比图4.21(a)的实际崩刃情况，仿真结果出现的切屑干涉区域正好位于刀齿左侧靠前位置。这也解释了右旋滚刀在左侧出现刀具崩刃的现象较多的原因。

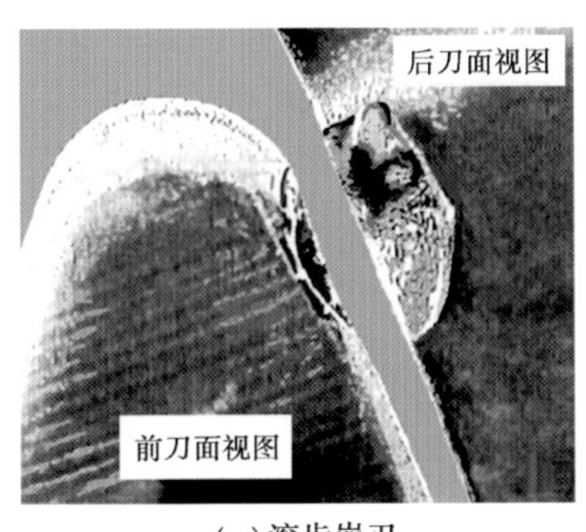

(a)滚齿崩刃

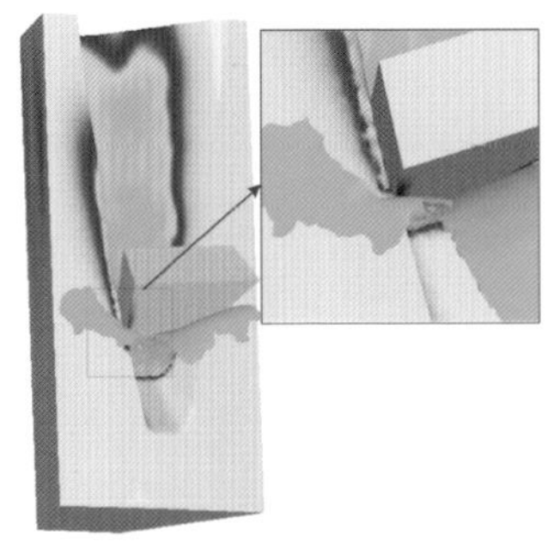

(b)仿真分析结果切屑干涉

$m=4$ mm, $\alpha=20°$, $\beta=0°$, $Z_k=9$, $z_0/z=1/36$, $f=1.667$ mm/r, $v=150$ m/min, M35/TiCN, 25CrMo4, No. -3

图4.21 刀齿崩刃现象

而在干湿切对比实验中，仅仅改变切削液的使用情况，其他参数保持不变，得到的切屑形状发生了变化。如图4.22(a)所示，图中红圈内切屑的左侧细长部分的形变明显不同，在干切滚齿条件下此处的切屑与刀刃和齿槽发生了干涉(刀齿后刀面与切屑发生接触，切屑温度急剧升高)，从而就可能引起刀齿崩刃，而在湿切条件下切屑的形状并不能与其发生干涉。而在即将加工完成时，不加切削液的状态下细长的切屑已经掉落(图4.22(b))，而加切削液的状况下切屑依然存在。

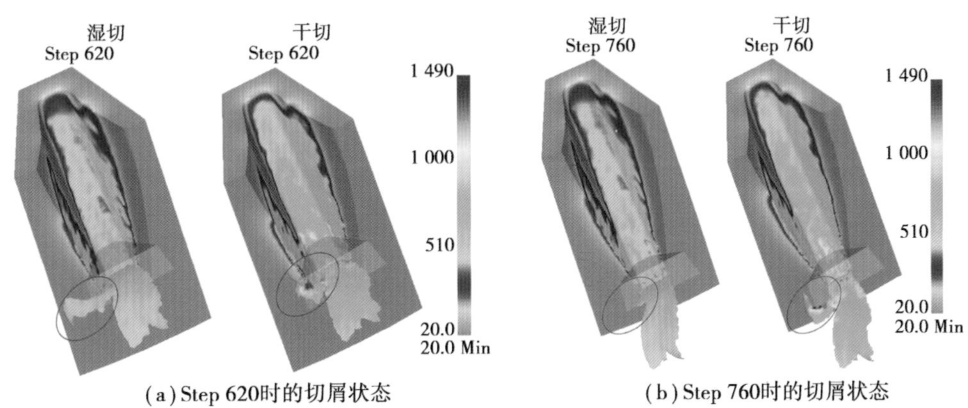

(a) Step 620时的切屑状态 (b) Step 760时的切屑状态

干切：$m=4$ mm, $\alpha=20°$, $\beta=0°$, $Z_k=9$, $z_0/z=1/36$, $f=1.667$ mm/r, $v=225$ m/min, M35/TiCN, 25CrMo4, No. -3

湿切：$m=4$ mm, $\alpha=20°$, $\beta=0°$, $Z_k=9$, $z_0/z=1/36$, $f=1.667$ mm/r, $v=225$ m/min, M35/TiCN, 25CrMo4, No. -3

图4.22 干/湿切的切屑变形

以上结果表明切削液的使用会在一定程度上影响切屑形变状态，通过分析可知，切削液改变了滚刀和工件之间的摩擦系数以及切削环境的散热系数等因素，摩擦系数不同影响刀齿和切屑之间的相互作用力以及因摩擦而产生的热量，散热系数的改变使切屑在不同温度下表现不同的强度。因此，在干切滚齿状态下，切屑更易发生更大的形变，加之缺少切削液对切屑的冲洗作用，切屑就更容易进入刀齿和齿槽之间，发生切屑冲击，也就更容易发生滚齿崩刃现象。同时，切削液条件的改变也说明不同切削参数或条件能够对切屑的成形产生较大的影响，而仿真实验能够得到与实际车间加工实验相同形状的切屑，进一步提高了仿真实验对实际加工还原的可靠度。

综上所述，通过对比基于 Mathematica 建立的几何切屑模型、DEFORM-3D 仿真实验得到的仿真模型以及车间加工实验得到的实际切屑，发现切屑在成型过程中遵循一定的规律，表明齿轮滚切是一个遵循一定规律的重复切削过程，这为研究齿轮高速干切滚齿过程中的切削力、切削应力以及切削温度场规律奠定了基础。仿真实验所得切屑与实际加工所得切屑的形状吻合，从侧面证明了仿真实验的可靠性。同时，对于高速干切滚齿刀齿崩刃现象的仿真研究，从实验的角度为避免刀具出现崩刃损坏等问题提供了参考。

4.3.2 高速干切滚齿切削力及切削应力分析

DEFORM-3D 工艺仿真实验结果可以获得齿轮高速干切滚齿过程的载荷曲线。图 4.23 所示为不同刀齿切削工件 Z 方向的切削力载荷曲线，在开始切削后滚刀单齿的切削力急剧增加，这表现为滚切过程中的切削力冲击。此外，滚切过程中切削力曲线并不是一条光滑的曲线，而是在一定振幅范围内高频波动的曲线，这是由于高速滚切过程中材料软化不均匀和变形不均匀性导致的。

Z 向切削力一般趋势是先上升到一定的峰值之后在后半段出现下降，切屑厚度变薄或切削刃与工件的接触线变短是其中最重要的原因，而另一个主要原因是切向切削力方向与 Z 轴的夹角随着刀刃绕滚刀轴心的旋转逐渐增大。随着切向切削力方向与 Z 轴的夹角增大，其与 X 轴的夹角逐渐减小，从图 4.24 可以看出，X 向的切削力会逐渐增大。

从 -7 号、-3 号和 0 号刀齿的 Z 向切削力载荷曲线还可以看出其切削力的大小相差可达一倍以上，在数值上随着刀齿号的增大而依次减小。根据图 4.16 所示的未变形切屑体积变化情况和 4.3.1 节得到的切屑形成规律可知，一个齿槽在齿轮转动一圈时，从开始切削到完成切削有确定数量的刀齿参与切削，且每个刀齿去除切屑的最大厚度会随着参与切削的刀齿齿号的增大而逐渐增加，一般到 0 号刀齿之前的某一刀齿达到最大值，之后切屑的最大厚度会逐渐减小。去除材料的形状、厚度发生改变，则切削力的大小就会产生变化，从图4.25(a)可以看出不同形状的切屑对应的切削力曲线的差异，表明滚齿切削力会随着切屑的形状的变化在数值和变化规律上发生了较大改变，且与车削等切削加工存在差异，这种切削力的不恒定性加之滚切加工的断续切削特性就使滚齿机床产生了振动。但是，由于滚切去除材料的形状重复出现的规律性，切削力产生也会遵循一定规律重复出现，因此，通过实验监测到的机床振动也表现出一定的规律性，如图4.25(b)所示。

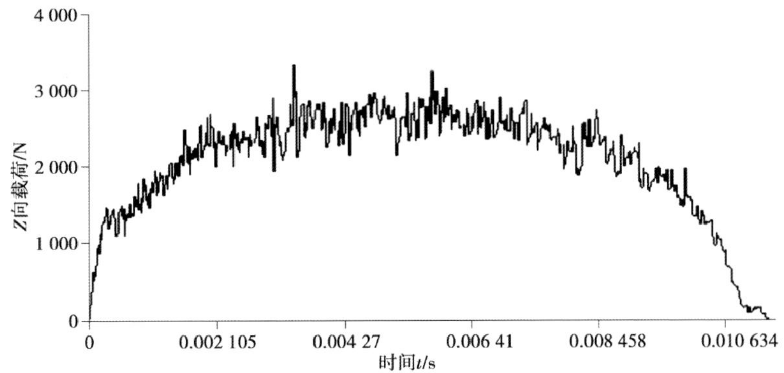

(a) $m=4$ mm, $\alpha=20°$, $\beta=0°$, $Z_k=9$, $z_0/z=1/36$, $f=1.667$ mm/r, $v=150$ m/min, M35/TiCN, 25CrMo4, No. -3

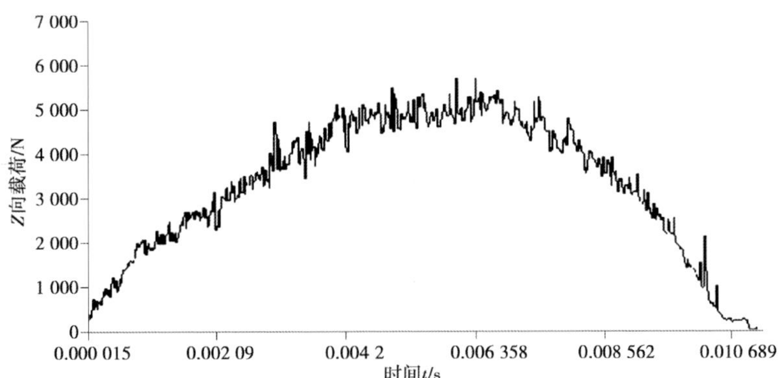

(b) $m=4$ mm, $\alpha=20°$, $\beta=0°$, $Z_k=9$, $z_0/z=1/36$, $f=1.667$ mm/r, $v=150$ m/min, M35/TiCN, 25CrMo4, No. -7

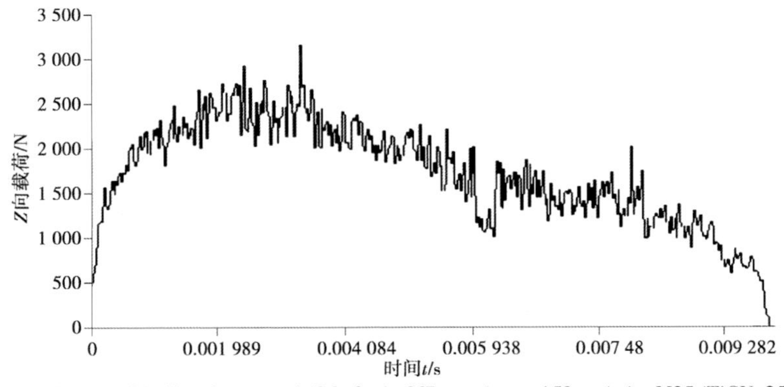

(c) $m=4$ mm, $\alpha=20°$, $\beta=0°$, $Z_k=9$, $z_0/z=1/36$, $f=1.667$ mm/r, $v=150$ m/min, M35/TiCN, 25CrMo4, No.0

图4.23　Z 方向的切削力载荷

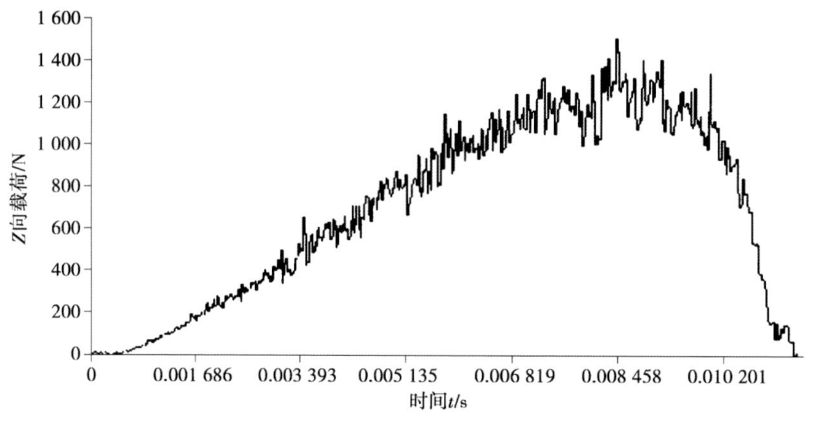

$m=4$ mm, $\alpha=20°$, $\beta=0°$, $Z_k=9$, $z_0/z=1/36$, $f=1.667$ mm/r, $v=150$m/min, M35/TiCN, 25CrMo4, No. −3

图 4.24　X 方向的切削力载荷

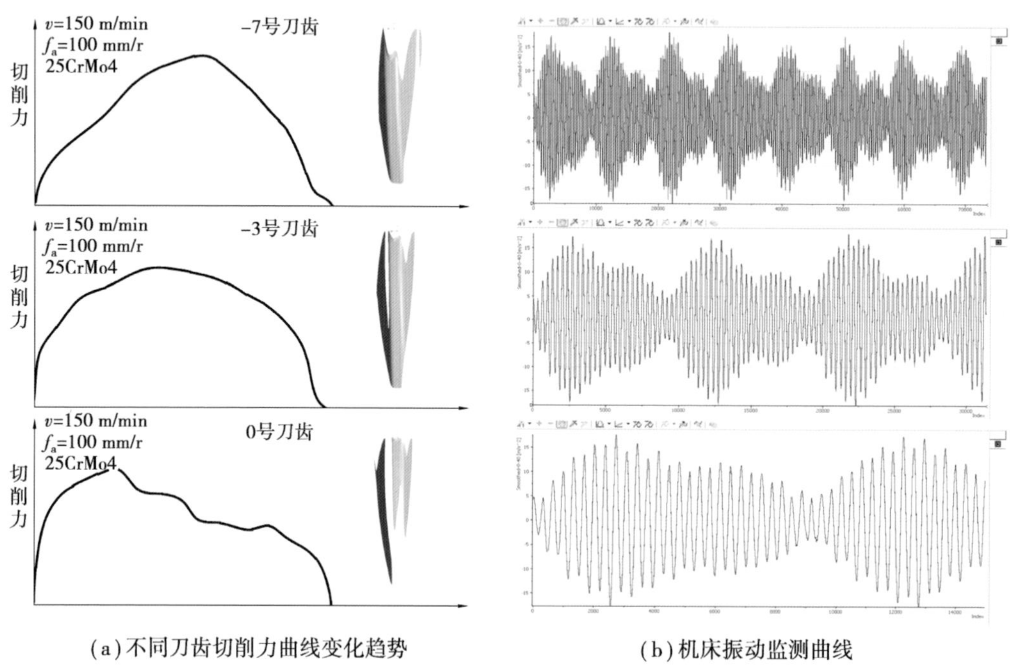

(a)不同刀齿切削力曲线变化趋势　　(b)机床振动监测曲线

图 4.25　切削力与机床振动

由于不同刀齿在滚切过程中的切削力不同,因此刀齿的磨损和损坏情况不同,先进入切削的刀齿和最后切削的刀齿的切削力最小,其产生磨损的程度最小,损坏的概率也最小,长时间加工就会导致滚刀某些刀齿最容易损坏。因此,在加工过程中就需要通过串刀来使整个滚刀刀齿受到的磨损或破坏程度均匀。

切削应力是在齿轮滚切过程中,刀齿切削刃和前后刀面对工件材料挤压产生的,通过切削应力的分布可以看到刀齿和工件的接触受力区域,从而对工件材料的变形情况以及受力集中区域有更清晰的认识。

如图 4.26 所示是仿真所得的滚切过程应力分布云图，从图中可以看出，在整个滚切加工过程中，应力集中区域随着刀齿的运动而转移。而从图 4.27 切削区域局部剖视放大图中可以看出，由于刀刃轮廓与工件的接触线是切屑与工件分离的区域，材料被挤压、拉伸破坏最严重，则应力主要集中于此，此处为应力值最大的区域之一；而前刀面和切屑的接触区域是对切屑施加挤压力使其变形的主要区域，此处也是应力最大的区域之一；前刀面与切屑不接触的区域由于切屑随着滚切的进行持续变形，切屑自身内部会产生挤压，也有应力产生（切屑上绿色和蓝色应力相对较小的区域）；在刀齿后刀面与齿槽的接触区域由于二者相互挤压作用，其应力大小仅次于前刀面接触区域和刀刃接触线，而在后刀面与齿槽不接触区域，由于齿槽材料正在被拉伸破坏，受到拉伸应力的作用，也表现出较大的应力值。

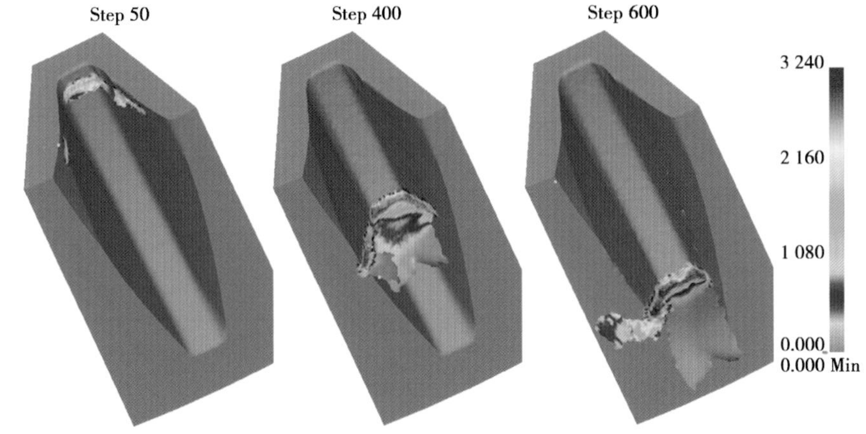

$m=4$ mm, $\alpha=20°$, $\beta=0°$, $Z_k=9$, $z_0/z=1/36$, $f=1.667$ mm/r, $v=150$ m/min, M35/TiCN, 25CrMo4, No. -3

图 4.26 切削过程中等效应力变化情况

通过对不同滚切速度、不同进给量、不同工件材料及不同刀齿下的高速干切滚齿过程进行仿真实验，得到其对应的 5 组应力曲线，如图 4.28 所示，从图中可以看出所有的应力曲线与切削力曲线一样都因切削过程中材料软化不均匀和变形不均匀性呈现出同样的高频振动规律。

通过图 4.28(a) 和图 4.28(b) 对比可知，在同一刀齿的滚切过程中，减小进给量，其等效应力值大小基本没有变化，整个过程中应力的变化趋势非常一致，在减小进给量的情况下，刀齿去除材料的量会变少，即切屑厚度变薄，仿真实验结果就说明在切削过程中切屑的厚度不能影响等效应力值。图 4.28(c) 改变滚切速度后，等效应力值和趋势依旧基本保持不变，说明切削速度也不是影响等效应力的因素。然而在将工件齿轮材料从 25CrMo4 改为 45 钢之后，其等效应力值几乎减少为原来的一半，如图 4.28(d) 所示，说明工件材料是影响滚切等效应力值的关键因素。将滚切加工的刀齿由 -3 号刀齿变为 -7 号刀齿，切削刃和工件的接触条件发生变化，去除材料的形状和厚度因此改变，在被切材料不变的情况下，得到的等效应力值曲线依旧基本一致。

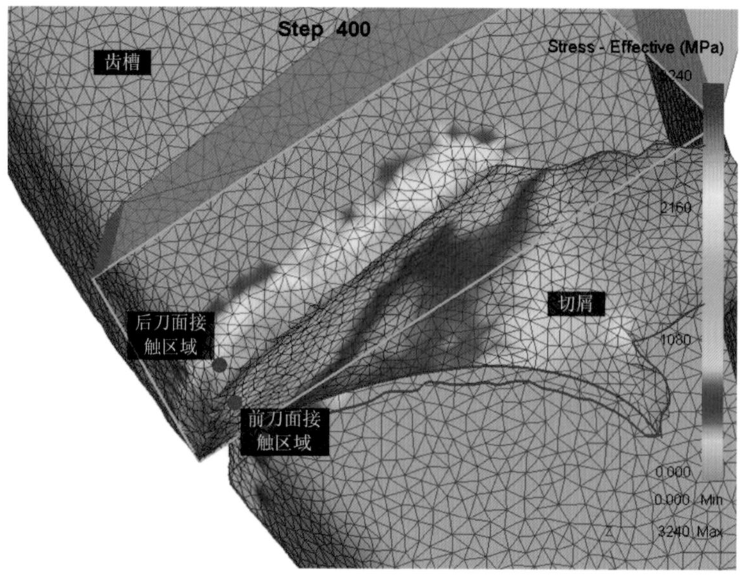

$m=4$ mm，$\alpha=20°$，$\beta=0°$，$Z_k=9$，$z_0/z=1/36$，$f=1.667$ mm/r，$v=150$ m/min，M35/TiCN，25CrMo4，No. －3

图 4.27　等效应力分布云图

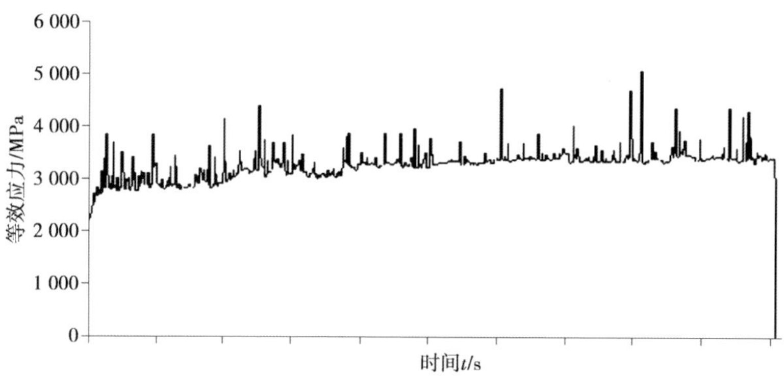

(a)$m=4$ mm，$\alpha=20°$，$\beta=0°$，$Z_k=9$，$z_0/z=1/36$，$f=1.667$ mm/r，$v=150$ m/min，M35/TiCN，25CrMo4，No. －3

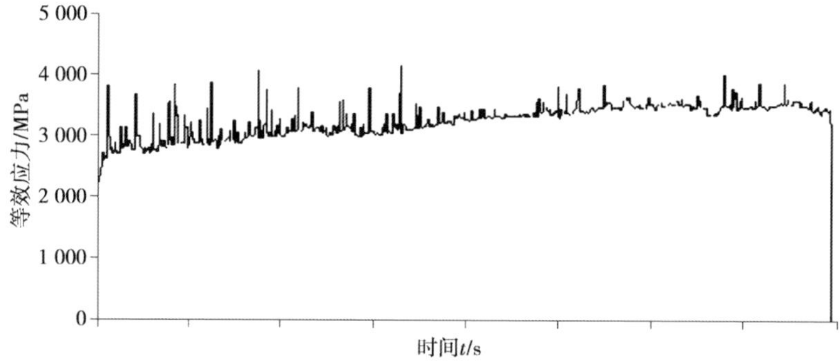

(b)$m=4$ mm，$\alpha=20°$，$\beta=0°$，$Z_k=9$，$z_0/z=1/36$，$f=1.25$ mm/r，$v=150$ m/min，M35/TiCN，25CrMo4，No. －3

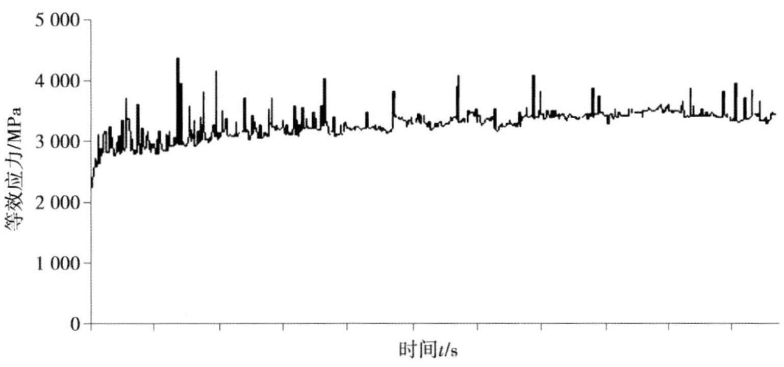

(c) $m=4$ mm, $\alpha=20°$, $\beta=0°$, $Z_k=9$, $z_0/z=1/36$, $f=1.667$ mm/r, $v=225$ m/min, M35/TiCN, 25CrMo4, No. −3

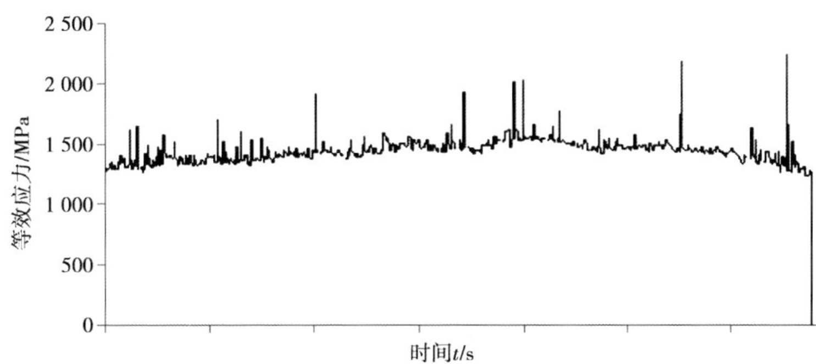

(d) $m=4$ mm, $\alpha=20°$, $\beta=0°$, $Z_k=9$, $z_0/z=1/36$, $f=1.667$ mm/r, $v=225$ m/min, M35/TiCN, 45, No. −3

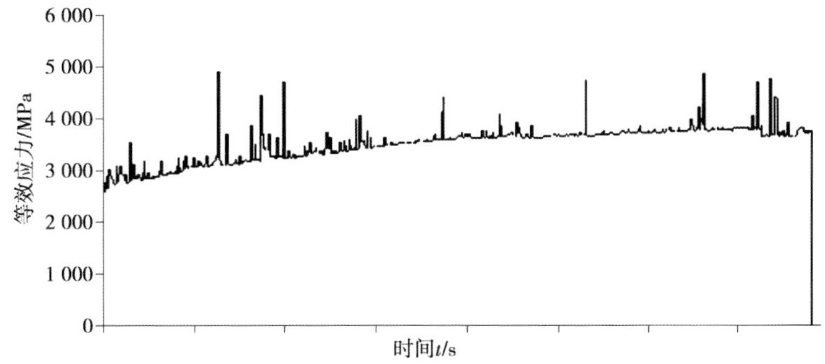

(e) $m=4$ mm, $\alpha=20°$, $\beta=0°$, $Z_k=9$, $z_0/z=1/36$, $f=1.667$ mm/r, $v=150$ m/min, M35/TiCN, 25CrMo4, No. −7

图 4.28 不同滚切参数下的等效应力曲线

对此不同参数下的齿轮滚切过程仿真所得的应力曲线变化发现，所有的曲线都保持平缓的趋势，如图 4.29 所示，应力值在进入切削时瞬间达到一定值，之后其值基本保持不变直到完成切削过程。体现了随着切削过程的进行而引起的切削条件的变化对切削应力的影响较小，结合不同参数下的滚切实验，进一步排除了高速干切滚齿过程中其他因素对切削应力的影响。同时，在进行相同材料的干/湿式滚切对比仿真实验中，两者的应力值曲线基本保持一致，说明切削液的作用也不是影响滚切应力的主要因素。因此，各种不同条件的对比试验说明被加工材料的物理性能是高速干切滚齿等效应力的最大影响因素。

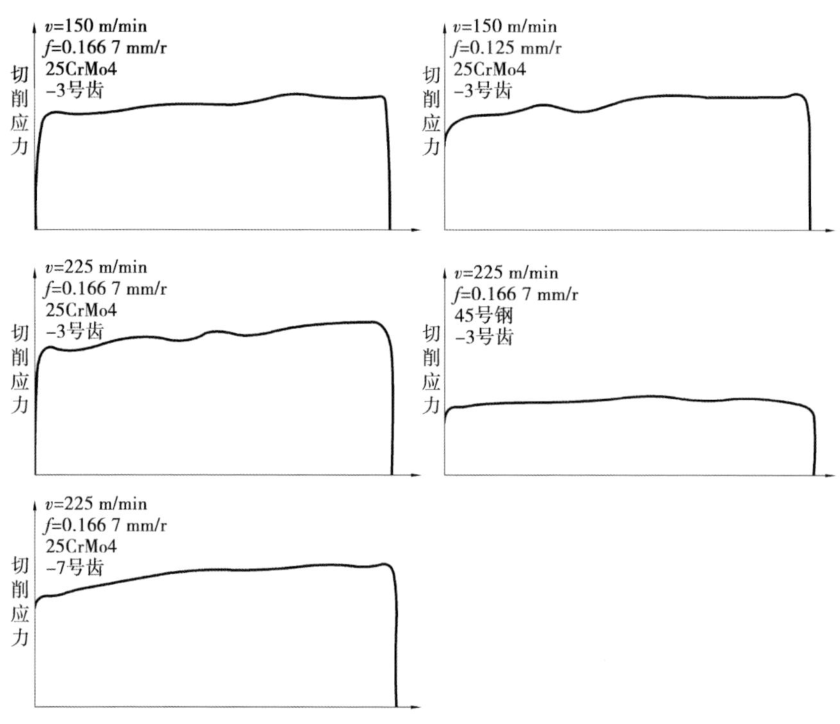

图 4.29　不同滚切参数下等效应力曲线变化趋势

由于在高速干切滚齿过程中材料的性能是影响切削过程中切削应力的最重要因素，因此在理想情况下切向切削力的大小就可以表示为：

$$F = \int \sigma \cdot \mathrm{d}S + F' \tag{4.16}$$

式中　F——切向切削力；

σ——切向接触点的等效应力；

S——切削力方向接触区域的等效面积；

F'——其他摩擦力等作用在切向的切削力的总和。

因此，在材料一定，即应力一定的情况下，切削力的大小主要与刀具与工件在切削力方向的接触面积相关。

根据以上结论，在理想情况下，切削相同材料、相同形状的切屑时，切削力的值就是一条确定的曲线，切削力做功的瞬时功率就可以表示为：

$$P = Fv \tag{4.17}$$

式中　P——切削力瞬时做功的功率；

F——切削力；

v——切削力方向的切削速度。

由于滚切过程的切削速度是一定的,则切削力做功就可以表示为:

$$W = \int Fv\mathrm{d}t \tag{4.18}$$

式中 W——切削力做功;

t——时间。

根据式(4.18)可以得到:切削力做功的瞬时功率与切削的速度成正比,在同一齿槽的滚切过程中,高速干切滚齿的瞬时功率就会大于传统齿轮滚切的瞬时功率,相同的切削时间内,高速干切滚齿做功大于传统滚切做功,这就使得高速干切滚齿过程中切削区产热量更大,同时,总的切削时间变短会使通过热传递和热辐射散失的热量减少,进一步影响高速滚切切削区的温度场。

4.3.3 滚切温度场仿真与实验结果分析

通过仿真实验可以得到整个切削过程中任意时刻的温度场分布情况,从图4.14中可以看出正在被切削区域的温度最高呈红色,已经被切削的区域发生热传递或热散失,温度下降呈蓝色或绿色,时间越长越明显。而从剖视图中可以看出随着时间的增加,切削温度在工件内部的热传递越来越深,温度值也急剧减小。

从温度场线图(图4.31)可以看到滚切过程中各个区域的温度值,刀齿切削完成的区域内部发生热传递,热量从齿廓表面传递到齿轮内部,切削过程中大部分区域温度在200~400 ℃,特别是在切削完成区域,其温度下降明显,如图4.30所示最开始切削的部位随着切削过程的进行,其温度会因热传递和热辐射降低到了100 ℃以下的水平。在整个滚切加工过程中,一个齿槽与刀齿接触的时间不到全齿切削时间的20%,其余80%的时间是自由散热时间,这就保证了齿槽在加工完成之后有足够的时间散热,从而使整个齿轮的平均温度保持在较低的水平,保证其不会因温度过高而产生不可控热变形误差。

从滚切仿真切削区的温度分布云图(图4.32)可以发现,切屑的平均温度明显高于工件被切削区的平均温度,尤其是在切屑的第二变形区域(图4.32(b)),出现了整个切削区的温度最高点,远高于工件和切屑上其他位置的温度,这是由于第二变形区域是材料拉伸断裂区和切屑变形最集中区域,并且是刀齿-切屑接触摩擦力最大的区域之一,因此,第二变形区是整个切削区域发热最大区域。在动态滚切仿真过程中,第二变形区会随着刀齿的滚切运动而运动，整个切屑在生成的一瞬间都是当时的第二变形区，因此切屑从生成开始温度就远远高于工件上几乎所有位置的温度，是滚切过程切削热的主要载体。

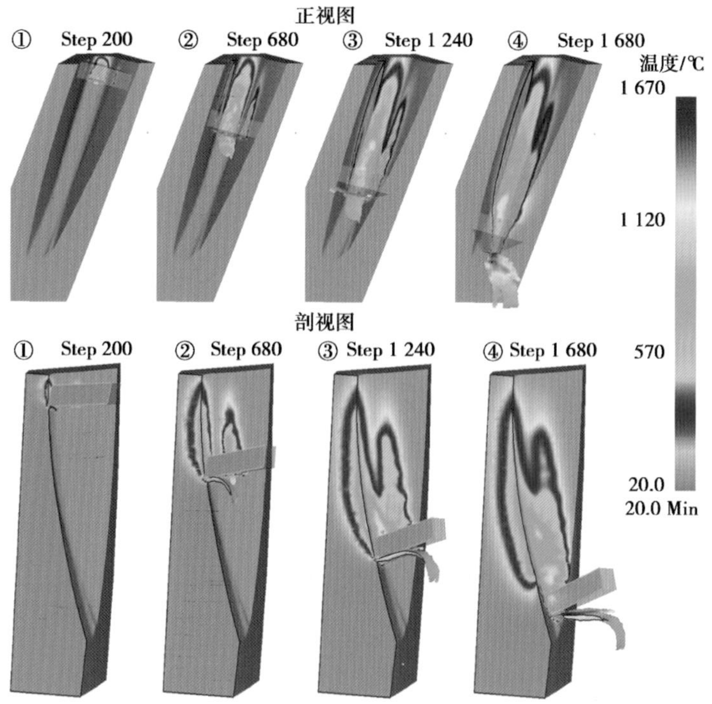

$m=2$ mm, $\alpha=20°$, $\beta=20°$, $Z_k=17$, $z_0/z=3/35$, $f=2$ mm/r, $v=226$ m/min, M35/TiCN, 25CrMo4, No. −2

图 4.30 滚切过程切削区温度场

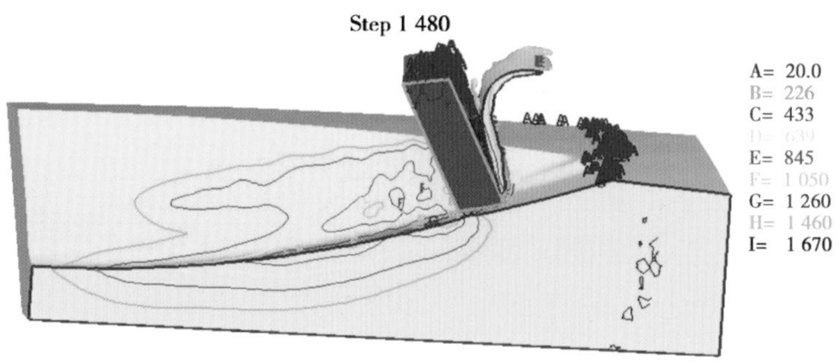

$m=2$ mm, $\alpha=20°$, $\beta=20°$, $Z_k=17$, $z_0/z==3/35$, $f=2$ mm/r, $v=226$ m/min, M35/TiCN, 25CrMo4, No. −2

图 4.31 切削区温度场等温线图

在高速干切滚齿过程中，由于其滚切速度是传统湿切滚切速度的 3 ~ 5 倍以上，切屑能够更快地产生并更快地掉落，整个切削区域所产生的大部分切削热会随着切屑的掉落而脱离，同时切屑与刀具的接触时间、切屑与工件的接触时间远少于传统滚切工艺，加上涂层滚刀的低传热和低摩擦系数的特性，刀具的温度上升也不明显，齿轮工件和刀具的整体温度并不会因为没有切削液而变得非常高，在合理的滚切参数和滚切条件下甚至能够低于传统湿切滚齿的温度，这就保证了高速干切滚齿不会因为温度过高而难以实现。Mike Rother 建立的高速干切滚齿理想能量分配表，见表4.8，对切屑、滚刀、工件载热理想状态的分布作了限定，也进一步说明了切屑载热的重要性，表明切屑的高载热量和迅速掉落特性是高速干切滚齿能够实现的重要条件。

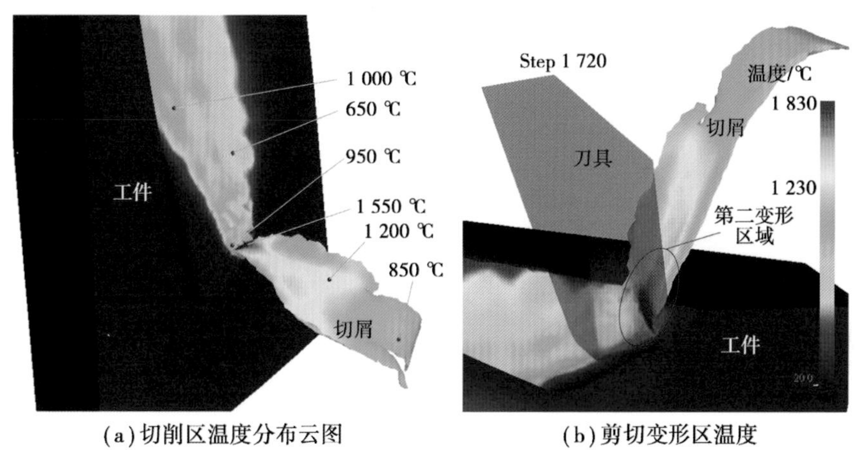

(a)切削区温度分布云图　　(b)剪切变形区温度

$m=2$ mm，$\alpha=20°$，$\beta=20°$，$Z_k=17$，$z_0/z=3/35$，$f=2$ mm/r，$v=226$ m/min，M35/TiCN，25CrMo4，No. −2

图4.32　温度分布云图

表4.8　高速干切滚齿理想能量分配表

变量 \ 热量载体	滚　刀	切　屑	工　件
热量占比	5%	大于等于80%	小于等于15%
温度	60～90 ℃	480～870 ℃	比室温高12～15 ℃
影响	加大磨损量	机床温升	工件出现热变形误差
预防措施	* 周期性串刀 * 高性能涂层 * 改变刀具前角	* 切削参数优化 * 机床床身设计 * 合理的排屑系统	* 通过实验实现误差补偿

高载热的切屑在切削力和重力作用下脱离切削区域并由排屑系统带至机床，将直接影响机床床身的温升，以及机床的热变形误差，这就对高速干切滚齿机床床身的设计和排屑系统的设计提出了新的要求。

刀齿在滚切过程中的温度场变化，如图4.33所示，随着滚切过程的进行，温度逐渐升高并沿着齿廓边缘延伸。

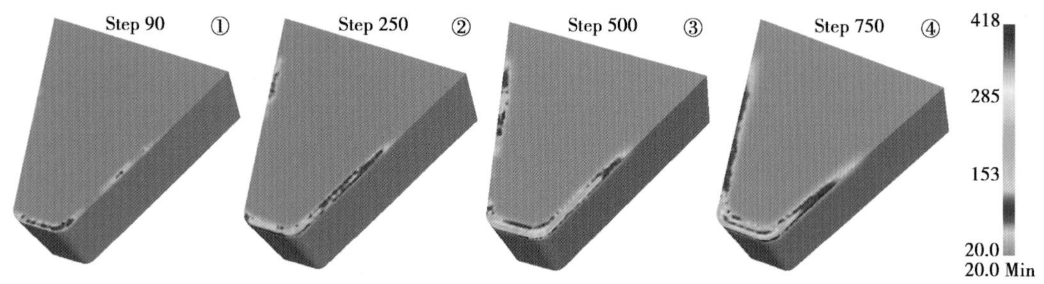

$m=2$ mm, $\alpha=20°$, $\beta=20°$, $Z_k=17$, $z_0/z=3/35$, $f=2$ mm/r, $v=226$ m/min, M35/TiCN, 25CrMo4, No. -2

图 4.33　滚切过程刀齿温度场变化

在一个齿槽的滚切周期完成时，其温度场温度最高区域正是切屑的最厚区域，从图 4.34(c)剖视图可以看出，刀齿表面的温度相对切削区温度较低，热量向刀齿内部扩散，但扩散深度较浅，热量依旧集中。这是因为刀齿表面 TiCN 涂层的传热率较低导致温度难以从高温切屑传到刀齿上，且涂层摩擦系数较小，因摩擦产生的热量也较少，使得涂层刀齿温度较低，能够保持其红硬性，从而在高速干切滚齿过程中拥有优秀的切削性能。同时，刀齿的最高温度区域在刀齿的刀尖离前端一定距离的位置，在长时间的高温作用下，此处最容易发生黏着磨损，使刀齿表面材料发生损耗，从而形成月牙洼，与实际加工中刀齿磨损情况(图 4.34(b))一致。

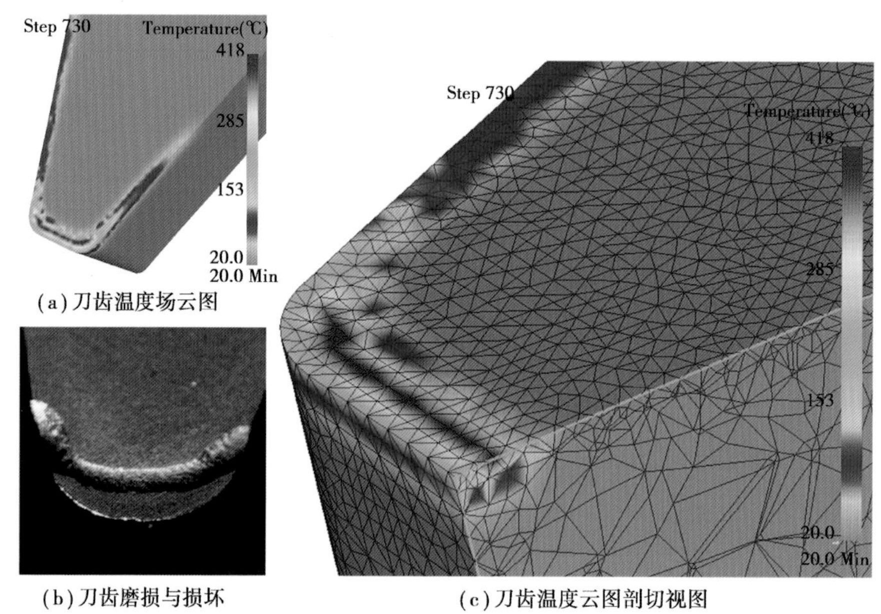

(a)刀齿温度场云图

(b)刀齿磨损与损坏

(c)刀齿温度云图剖切视图

$m=2$ mm, $\alpha=20°$, $\beta=20°$, $Z_k=17$, $z_0/z=3/35$, $f=2$ mm/r, $v=226$ m/min, M35/TiCN, 25CrMo4, No. -2

图 4.34　刀齿温度场

在高速干切滚齿仿真结果中能够得到滚齿切削区的最高温度曲线(图 4.35(a))和滚刀刀刃上的最高温度曲线(图 4.35(b))。

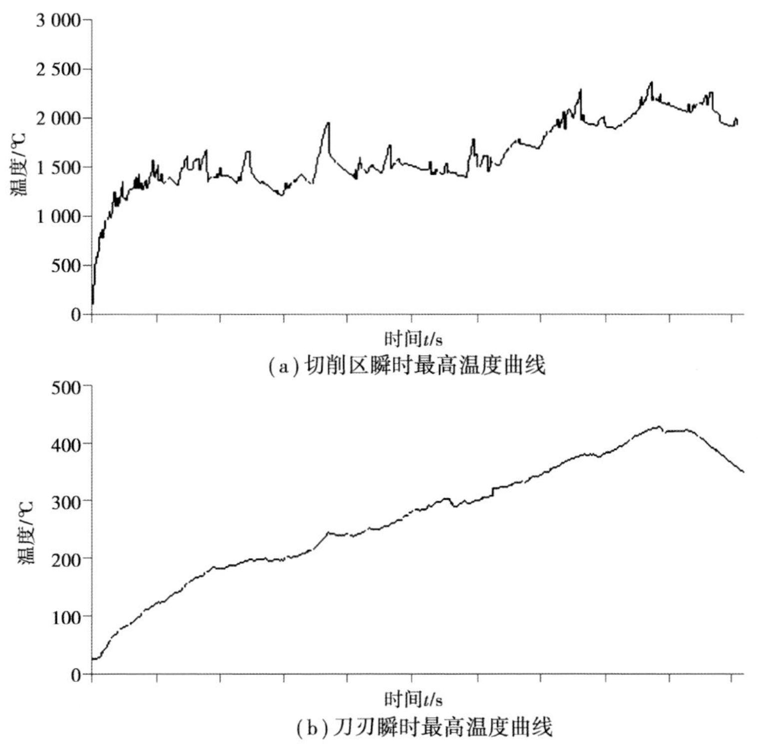

(a)切削区瞬时最高温度曲线

(b)刀刃瞬时最高温度曲线

$m=4$ mm, $\alpha=20°$, $\beta=0°$, $Z_k=9$, $z_0/z=1/36$, $f=1.667$ mm/r, $v=132$ m/min, M35/TiCN, 25CrMo4, No. -3

图4.35　温度曲线

由于刀齿本身不发生塑性变形，只会通过热传递和摩擦获得热量，因此其温度曲线的上升趋势不同于切削区的温度曲线迅速上升至某一温度值然后保持基本不变的趋势，而是缓慢升高至最高温然后逐渐下降。又由于滚刀刀齿 TiCN 涂层材料的低热传导率、低摩擦系数的特性，切屑第二变形区塑性变形产生的热量和刀齿前刀面、后刀面与齿槽和切屑摩擦产生的热量在一个滚切周期内没能及时传递到滚刀刀齿上就已经脱离切削区开始散热，从而使滚刀刀刃上能达到的最高温度远低于切削区的最高温度。

切削区刀刃接触线附近最高温度接近工件材料的熔点，使工件材料在切削过程中不能保持红硬性，更容易被切掉。而滚刀刀刃由于其涂层良好的绝热性，温度上升缓慢，依旧能够保证刀齿红硬性而具备良好的切削性能，也是齿轮高速干切滚齿能够实现的一个重要条件。

从图4.35(b)的刀齿瞬时最高温度曲线可以看出，刀齿将要完成一个周期的切削时，刀齿与工件的切削接触线逐渐变短，其温度已开始下降，说明高速干切滚刀具有良好的散热性。而由于在整个滚切过程中刀齿接触工件的时间小于刀齿与工件不接触的自由散热时间，使刀齿在下次进入切削之前有足够的时间将其降温，进一步保证了滚刀的切削性能。

图4.36(a)、图4.36(b)所示分别为高速干切滚齿和湿切滚齿条件下工件和切屑在切削区域的温度分布云图，可以看出由于切削材料、滚切速度及切屑液等因素的影响，湿切滚齿的切削区温度场远远低于干切滚齿的切削区温度场。图4.37(a)所示的切削区最高温度曲线也进一步表明在切削过程中湿切滚齿能够达到的最高温度也远低于高速干切滚齿。表明高速干切滚齿温度场控制技术比传统湿切温度场控制技术要求更高。

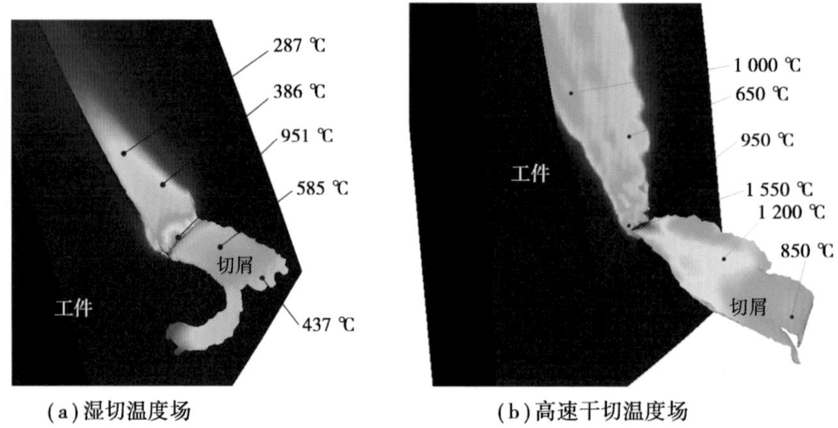

(a)湿切温度场　　(b)高速干切温度场

干切：$m=2$ mm，$\alpha=20°$，$\beta=20°$，$Z_k=17$，$z_0/z=3/35$，$f=2$ mm/r，$v=226$ m/min，M35/TiCN，25CrMo4，No. −2

湿切：$m=2$ mm，$\alpha=20°$，$\beta=20°$，$Z_k=17$，$z_0/z=3/35$，$f=3.6$ mm/r，$v=75$ m/min，M35/TiCN，25CrMo4，No. −1

图4.36　干、湿切温度场对比

如图4.37(b)所示，高速干切滚刀和传统湿切滚刀的刀齿(同为涂层刀具的仿真实验)最高温度曲线的相差更加明显。这是因为在切削液的作用下，湿切滚齿切削区散热加快，刀齿与工件和切屑的摩擦小，温度上升不明显，造成两者最高温度相差几倍。因此高速干切滚齿相比于传统的湿切滚齿对刀具的性能要求更加严格。

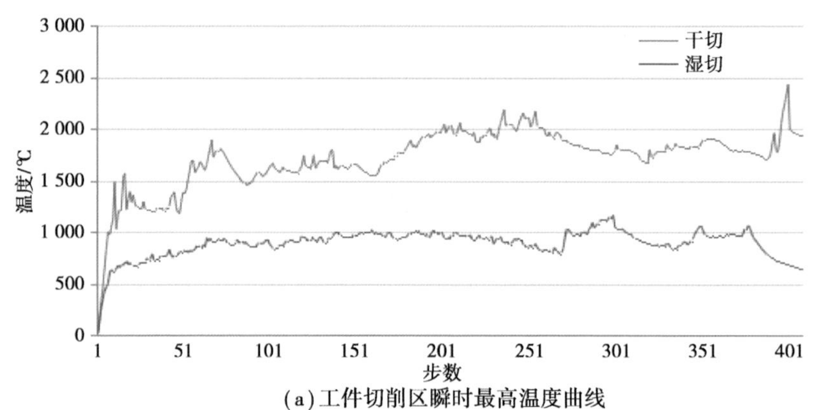

(a)工件切削区瞬时最高温度曲线

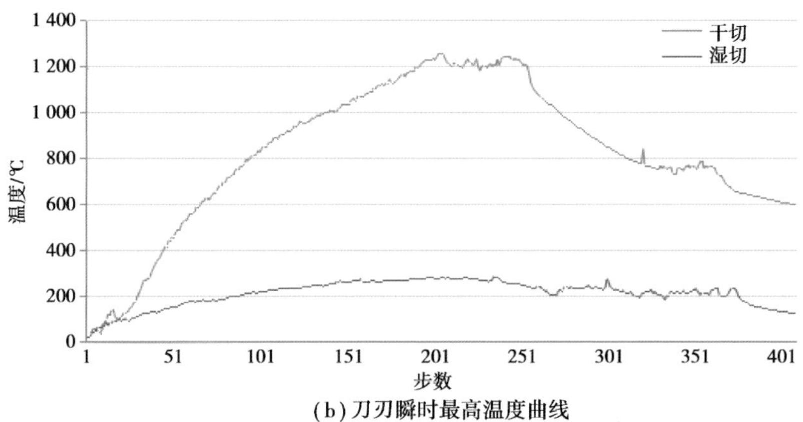

(b)刀刃瞬时最高温度曲线

干切：$m=2$ mm，$\alpha=20°$，$\beta=20°$，$Z_k=17$，$z_0/z=3/35$，$f=2$ mm/r，$v=226$ m/min，M35/TiCN，25CrMo4，No. -2

湿切：$m=2$ mm，$\alpha=20°$，$\beta=20°$，$Z_k=17$，$z_0/z=3/35$，$f=3.6$ mm/r，$v=75$ m/min，M35/TiCN，25CrMo4，No. -1

图4.37　干、湿式滚切温度曲线对比

通过对高速干切滚齿和湿切滚齿的切削性能对比，并结合前面对切削力的研究，表明齿轮高速干切滚齿工艺对床身稳定性、排屑性能和刀具涂层性能的要求都远远超过了传统湿切滚齿，确认了其优化研究方向。

为了对齿轮高速干切滚齿过程温度场进一步研究，搭建了高速干切滚齿机床温度场/热变形实验平台，如图4.38(a)所示；对实验参数下加工过程中及加工完成后的机床主轴和工作台区域的温度以及齿轮工件的温度进行热成像仪采样实验，如图4.38(b)所示，得到其温度场数据。由于滚刀的断续切削和高速旋转特性，且受环境透光度及实验设备的采样频率限制，难以对滚刀或齿轮工件上的某一点、某一瞬时的温度场进行测量，但可以对整个滚切通过加工区域热像图对齿轮高速干切滚齿过程中机床切削区和齿轮工件的温度分布情况有更加直观的认识。

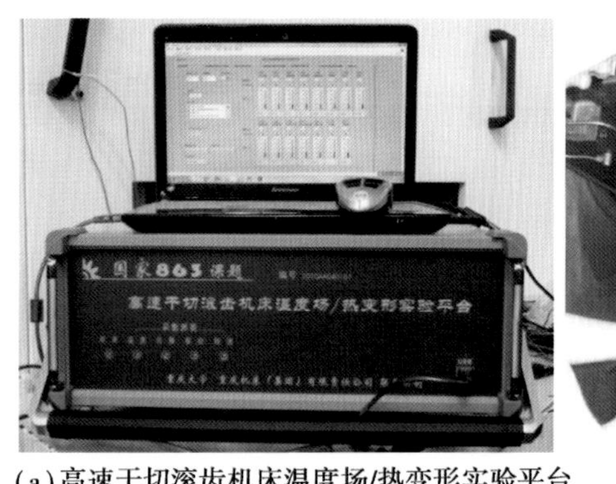

(a)高速干切滚齿机床温度场/热变形实验平台

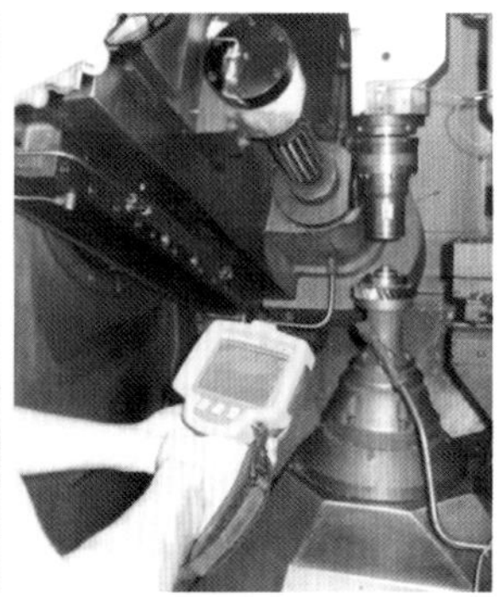
(b)热成像仪采样

图4.38　热成像实验

从图 4.39(a)中可以看出,滚刀和工件的接触点以及切屑刚刚脱离工件飞出的轨迹区域是整个工作台和切削区的最高温度区,这与仿真结果的最高温度区和切屑大载热量特性的结论相符;同时切削区的高温辐射使机床本身出现了温升,而与高温切屑接触机床床身部位温度明显更高,这从实验的角度说明了高温切屑对机床的影响,可以对床身的优化设计提供参考。从图 4.39(b)中可以看出在完成滚切过程之后,滚刀参与切削部位的温度迅速降低,这与仿真实验得到涂层刀具在加工完成后热量快速散失的结果吻合。

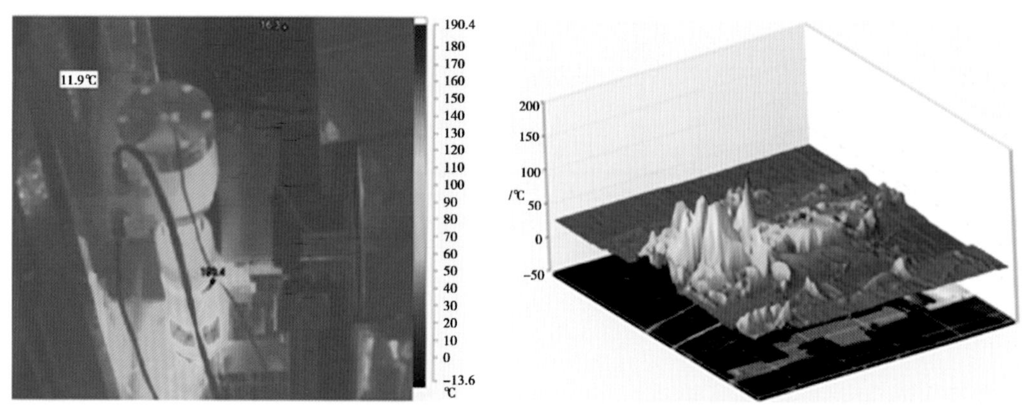

(a)滚切时切削区热成像图和3D-IR图

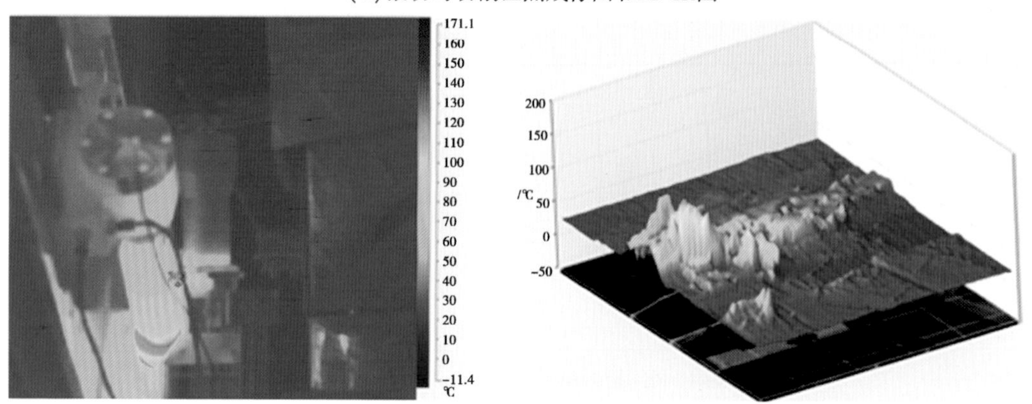

(b)滚切完成切削区热成像图和3D-IR图

图 4.39　切削区温度场

加工完成后的工件(被自动下料机带离机床)高温区域主要分布于齿轮外圈的齿槽周围,温度最高处平均比室温高 20 ~ 30 ℃如图 4.40 所示,这是因为高温切屑带走了切削过程中产生的大部分热量,从而使工件本身的温升较小。

4.3.4　影响高速干切滚齿性能的参数分析

对不同参数下高速干切滚齿仿真结果进行对比,可得到各参数对其切削性能的影响,进

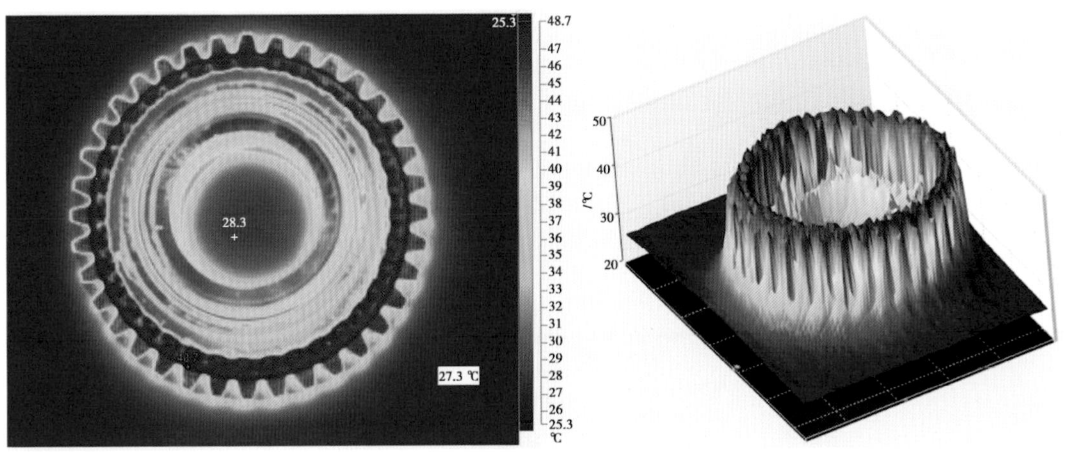

图4.40　加工完成后齿轮热成像图

一步结合实验数据制订出适合的齿轮高速干切滚齿工艺参数。

在4.2.2节中45号钢和齿轮钢25CrMo4滚切仿真实验得到的切削应力值相差较大,说明齿轮材料会影响齿轮滚切性能。而在实际的高速干切滚齿加工过程中,工件材料改变后,往往需要重新设定加工工艺参数,使其满足加工效率和经济效益的要求,因此不同齿轮材料的滚切加工仿真研究对高速干切滚齿工艺参数的优化的研究具有重要意义。

45号钢和25CrMo4力学性能见表4.9,为了研究材料对高速干切滚齿性能的影响,在相同的运动参数条件下分别对两种材料进行高速干切滚齿实验,得到其切削力、切削应力和切削区温度场数据。

表4.9　45号钢和25CrMo4的力学性能参数

	45	25CrMo4
抗拉强度/MPa	≥600	≥885
屈服强度/MPa	≥355	≥685

(1)不同材料高速干切滚齿的切削力

从图4.41可以看出,不同材料的高速干切滚齿仿真得到的Z向切削力曲线整体变化趋势一致,因为同一刀齿的滚切实验,切屑的形状和厚度一致。而任意步数的45号钢的切削力值与对应的25CrMo4的切削力值相差接近一倍,说明齿轮材料的改变对高速干切滚齿切削力的大小产生了巨大的影响,并且材料力学性能存在一定的数值关系。

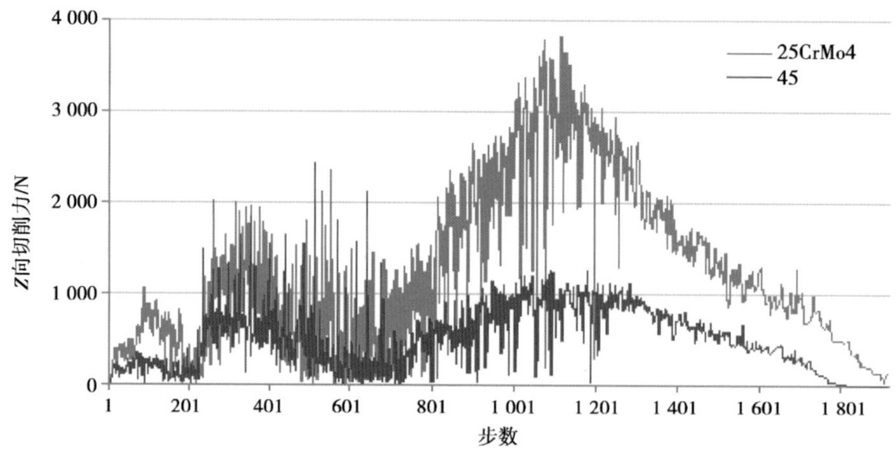

$m=2$ mm, $\alpha=20°$, $\beta=20°$, $Z_k=17$, $z_0/z=3/35$, $f=2$ mm/r, $v=226$ m/min, M35/TiCN, 25CrMo4/45, No. −2

图 4.41　不同材料滚切的 Z 向切削力曲线

(2)不同材料高速干切滚齿的切削应力

从图 4.42 可以看出 45 钢和 25CrMo4 的滚切等效应力曲线的变化趋势平缓，而二者任意步数对应的数值大小相差接近一倍，与切削力的趋势一致，再一次说明切削力与切削应力的相互影响关系。对比材料力学性能表中的参数，发现最大应力值与材料的屈服强度呈正比关系，也再一次证实了 4.2.2 节关于应力值的结论。

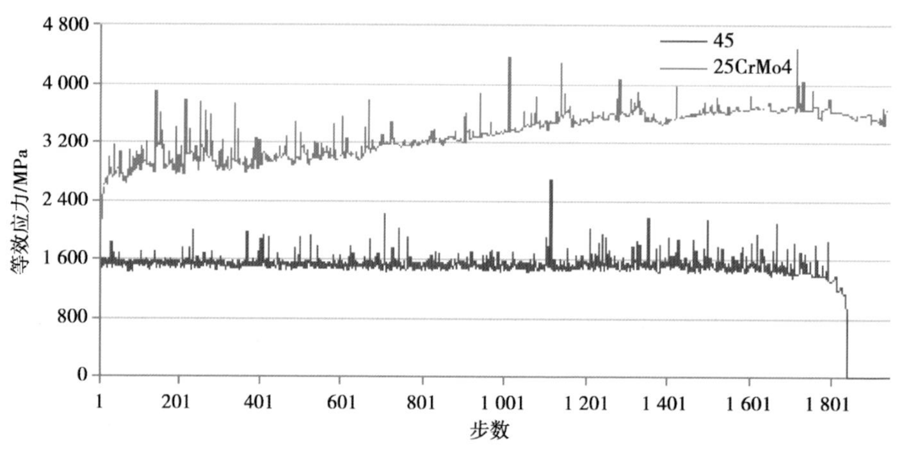

$m=2$ mm, $\alpha=20°$, $\beta=20°$, $Z_k=17$, $z_0/z=3/35$, $f=2$ mm/r, $v=226$ m/min, M35/TiCN, 25CrMo4/45, No. −2

图 4.42　不同材料的切削区的等效应力

(3)不同材料高速干切滚齿的切削区最高温度

由于切削力和切削应力的变化，切削区域最高温度也随之变化，其变化趋势与切削应力变化的趋势相同，说明齿轮材料是影响切削区温度场的重要因素，其影响趋势与对切削力和切削应力的影响趋势相同,不同材料下切削区最高温度如图4.43所示。

综上所述,改变齿轮材料引起的滚切切削力、切削应力和切削温度变化,说明在进行不同工件材料的高速干切滚齿过程中必须使用足够性能的刀具并制订合理的切削工艺参数。

通过6组不同滚切速度下的干切滚齿仿真实验,对其切削力、切削应力、切削区域的温度等情况进行对比分析,得到滚切速度对齿轮高速干切滚齿性能的影响。

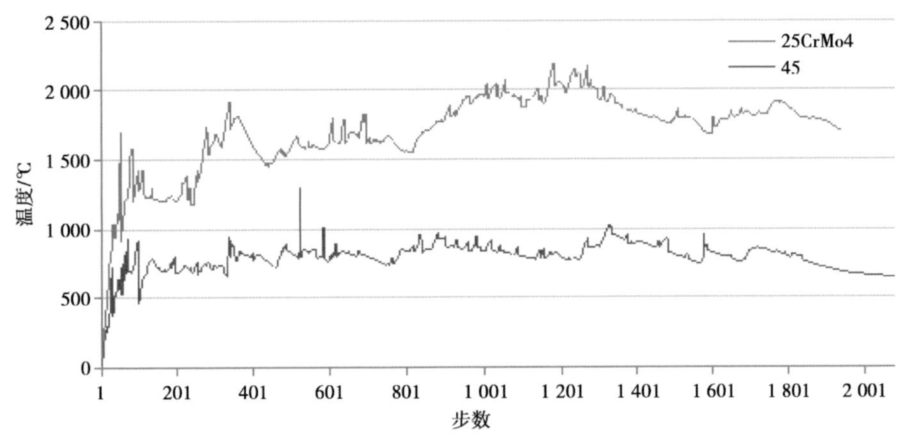

$m=2$ mm, $\alpha=20°$, $\beta=20°$, $Z_k=17$, $z_0/z=3/35$, $f=2$ mm/r, $v=226$ m/min, M35/TiCN, 25CrMo4/45, No. -2

图4.43　不同材料下切削区的最高温度

①不同切削速度下的切削力

切削力的产生基础是使材料从工件分离的力、切屑产生塑性变形的力和刀齿与工件的摩擦力,而切削力直接影响切削热的产生,并进一步影响切屑变形、切屑分离、加工表面质量以及刀具磨损等。

在进行6组不同滚切速度下的干切滚齿仿真试验中,选定同一刀齿和相同的工件材料,并且切削用量中背吃刀量和滚刀每转进给量相同,仅对滚刀转速作一定量的改变。得到6组Z向载荷曲线图,如图4.44所示,不同滚切速度下的切削力的变化趋势相似,其值也相近。

根据6组切削力曲线得到不同滚切速度下Z向切削力变化趋势曲线图,如图4.45所示。在滚切转速较低时,Z向切削分力会随转速的增加呈上升趋势,转速到达一定值之后,随着转速的增加,Z向切削力下降。仿真过程中滚切不同工件材料出现切削力转变的临界切削速度各不相同,说明切削力的变化受材料性能的影响。同时,切削力增加和减小的趋势并不明显,说明在实验设定的滚切速度区间内,滚刀的切削速度对切削力的影响不明显。

②不同切削速度下的切削应力

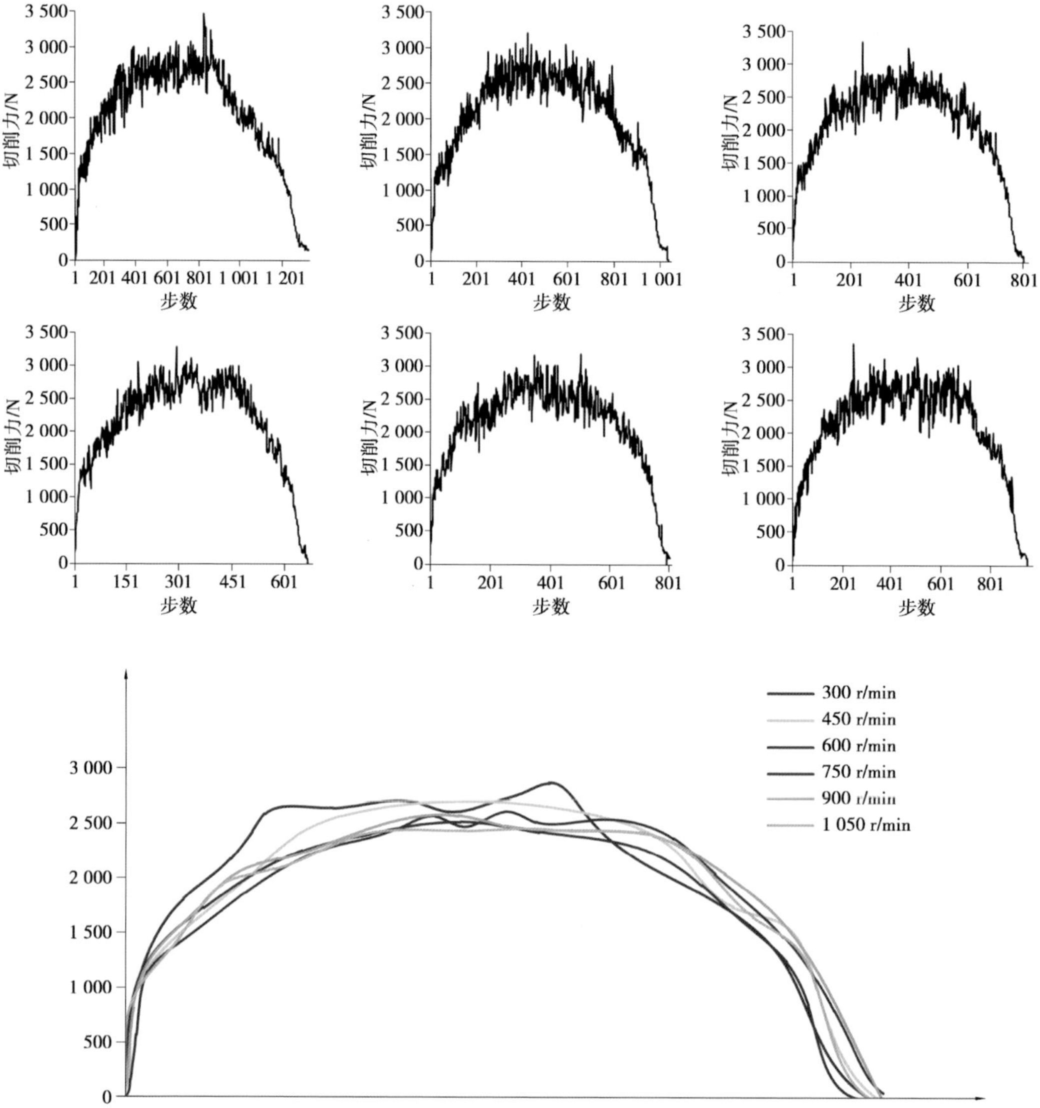

$m=4$ mm, $\alpha=20°$, $\beta=0°$, $Z_k=9$, $z_0/z=1/36$, $f=1.667$ mm/r, M35/TiCN, 25CrMo4

图 4.44　Z 方向上切削力的变化情况

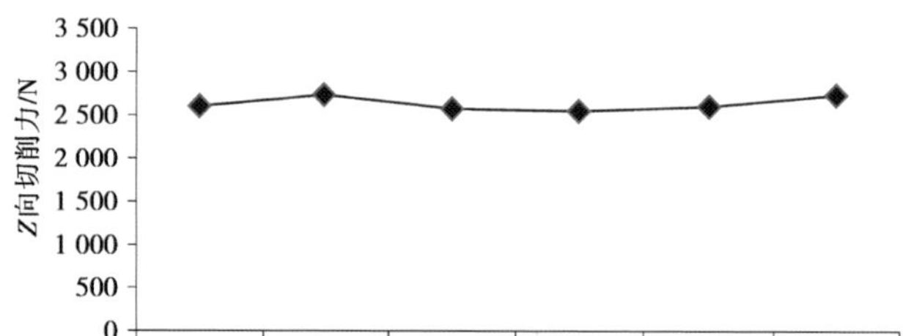

图 4.45　不同滚切速度下 Z 向切削力的变化趋势

在4.2.1小节中已对影响切削应力的因素作了初步研究，为进一步确定不同速度下的滚切应力产生及变化规律，对6组不同切削速度下的滚切过程进行仿真实验，得到6组不同滚切速度下的等效应力曲线，如图4.46所示。

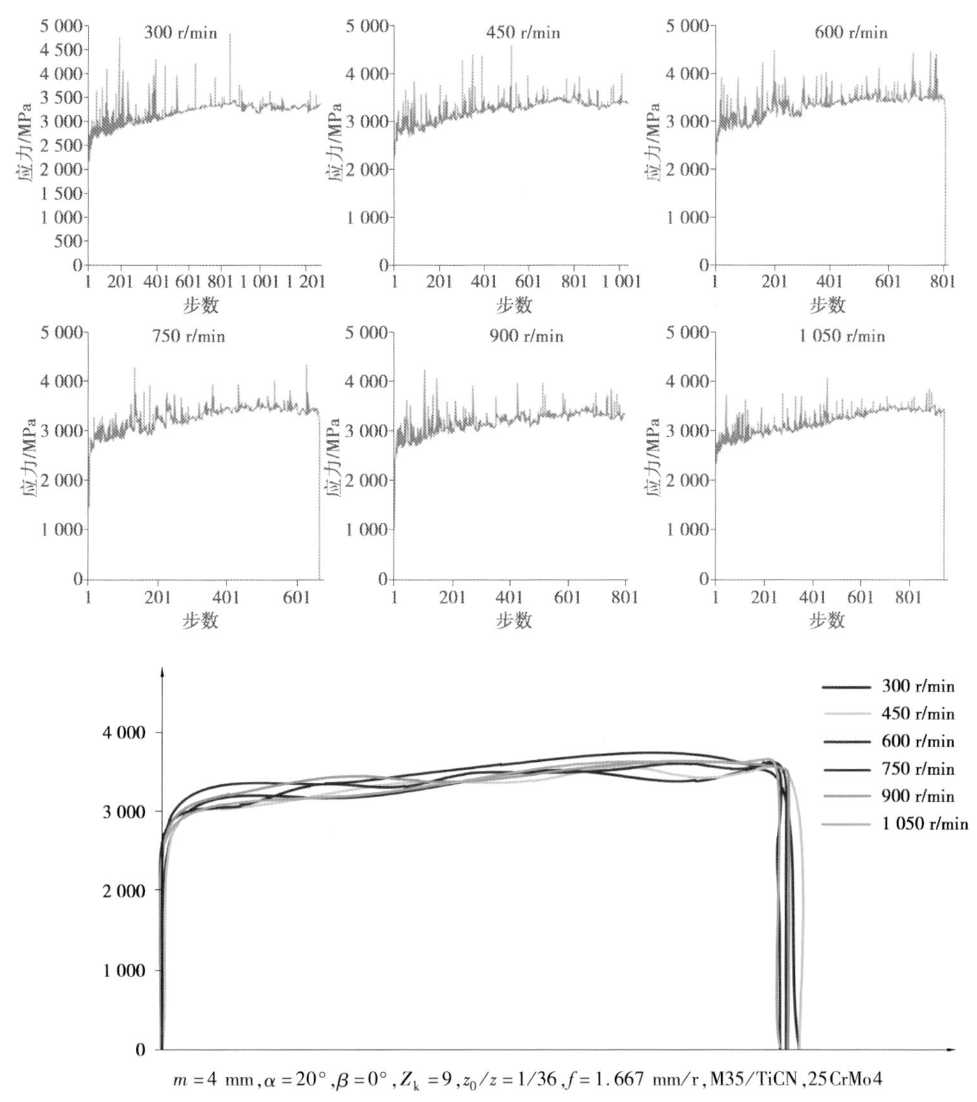

图4.46　不同滚切速度下的应力曲线

对不同滚切速度下的切削应力取均值得到等效应力变化趋势曲线，如图4.47所示。其变化趋势平缓，进一步说明滚切速度的改变对切削应力影响很小。结合不同滚切速度下的切削力趋势曲线图可以得到：高速干切滚齿过程中，滚切速度对切削力和切削应力都影响较小，切削力曲线表现为类似抛物线形状的主要原因是由于：在切削过程中，刀齿和切削区域的接触面积是由小到大再逐渐减小，而切削应力值一直不变，相当于一个常量，切削区切向接触与切削应力的乘积即切削力也就变现为由小到大再变小的趋势；6组切削力值相同是由于切削的是同一个模型,因此切屑形状相似,从而在切削过程中切削接触区域的大小相似,使得切削力变化不明显。

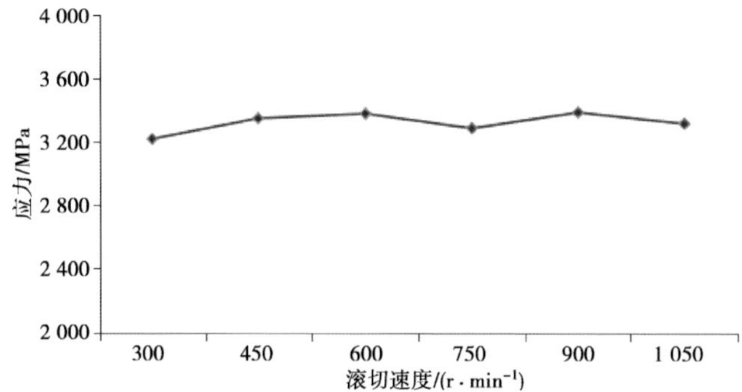

图 4.47　不同滚切速度下等效应力的变化趋势

③不同切削速度下的切削温度

根据 4.2.2 节的结论,随着滚切速度增加,切削功率会逐渐升高,滚切温度也会产生变化,为了能够得到合理滚切速度参数,对不同速度下的干切滚齿温度场进行分析。

在进行的 6 组不同滚切速度下的加工过程中,每组温度曲线的趋势(图 4.48)相近,都是快速升高到某一值之后趋于平缓然后再有微弱的上升,这与应力曲线变化趋势相近。切削力能够瞬时作用,而温度需要一定的上升的时间,表现为前半段的迅速上升,而后随着应力的略微增加和切屑变形量的增大,温度继续出现上升趋势。

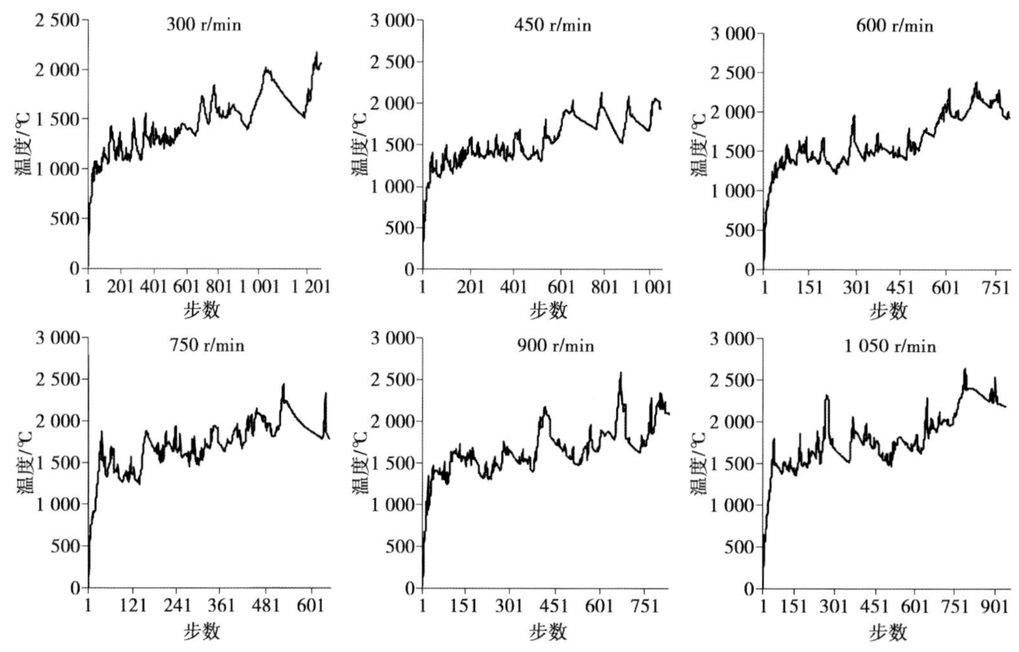

$m=4$ mm, $\alpha=20°$, $\beta=0°$, $Z_k=9$, $z_0/z=1/36$, $f=1.667$ mm/r, M35/TiCN, 25CrMo4

图 4.48　不同滚切速度下切削区的最高温度曲线图

在6组切削区瞬时最高温度曲线中，其值随着滚切速度的增加逐渐升高，如图4.49所示，且在速度较低时上升趋势明显，达到高速切削后温度上升趋势变缓。说明随着速度的增加，切削温度并不是一直线性增加，在低速区域温度上升受速度影响较大，到了高速滚切区速度对切削区域温度的影响越来越小。通过研究发现其中一个原因是在一般塑性材料切削过程中，随着速度增大，切削温度升高，摩擦因数减小且材料的力学性能变差，从而使切削力减小，切削温度上升趋势变缓。这也是车削和铣削等高速切削能够实现的原因，而高速滚切速度相对高速车削要低得多，因此处于温度变化较明显的区域，在速度控制上就要比高速车削等更加复杂。

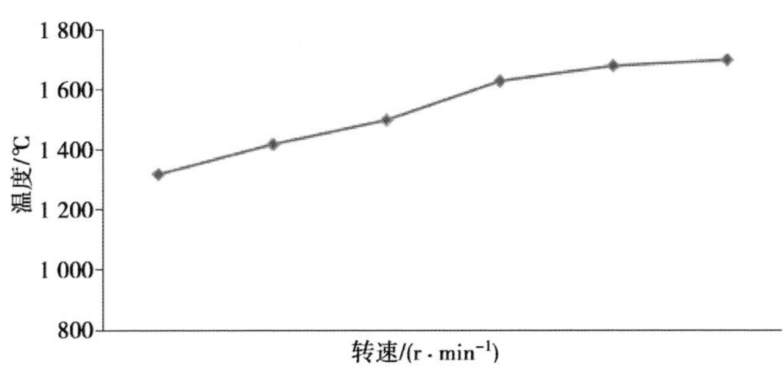

图4.49 不同滚切速度下切削区的最高温度变化趋势

在滚齿过程中，改变进给量会改变切屑的厚度，通过Hoffmeister公式可以计算出不同进给量滚切过程中得到的切屑的最大厚度，见表4.10。对同一齿槽的同一刀齿改变进给量进行切削仿真，对仿真所得切屑进行测量发现其最大厚度差距比表中所示的差距更小。

表4.10 进给量与最大切屑厚度表

进给量$f/(\mathrm{mm}\cdot\mathrm{r}^{-1})$	2	1	0.5
最大切屑厚度/mm	0.249 1	0.174 8	0.122 9

A. 不同进给量下的切削力

通过DEFORM3D仿真实验得到的不同进给量下的高速干切滚齿切削力的变化趋势在前半段基本保持一致，且出现的波动较大。而在切削力曲线的后半段，1/2和1/4的进给量的滚切切削力明显变小，但变化趋势基本一致。这主要是由于进给量改变导致切屑厚度发生了变化，而根据滚切模型建立的特点和所取刀齿去除材料的形状特点，得到的不同进给量的切屑在后半段变化比较明显，因此切削力在后半段变化比较明显。而1/2和1/4进给量下的切削力差距较小的原因是在高速干切滚齿过程中，切屑厚度一般小于0.3 mm，进给量减小切屑厚度就更小，而当切屑厚度小于一定值之后，其变化对切削力的影响就越不明显。主要是由于高速干切滚齿切削力产生主要源于切屑与工件的分离和刀具与后刀面的摩擦，切屑厚度的改变对二者切削力的产生都几乎无影响，而其他因素的改变对整体切削力的大小影响随着切屑厚度的减小而变小，总体切削力变化趋势就表现不明显，如图 4.50 所示。

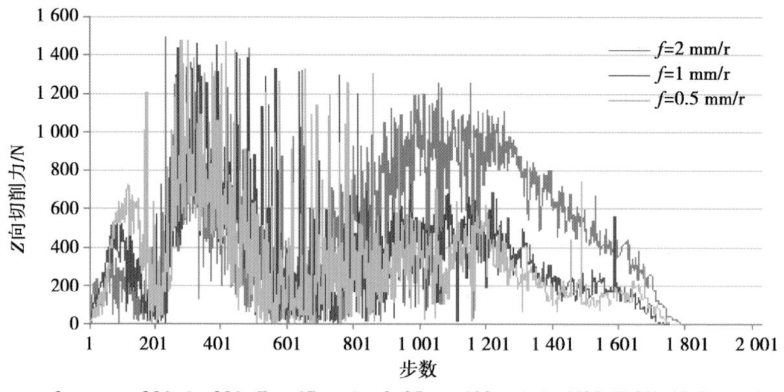

$m=2$ mm, $\alpha=20°$, $\beta=20°$, $Z_k=17$, $z_1/z=3/35$, $v=198$ m/min, M35/TiCN, 45, No. −2

图 4.50　不同进给量的切削力曲线

B. 不同进给量下的切削应力

改变进给量，切削应力值保持不变，其结果与前面章节得出的结论一致，应力值的大小主要与滚切的材料有关，如图 4.51 所示。

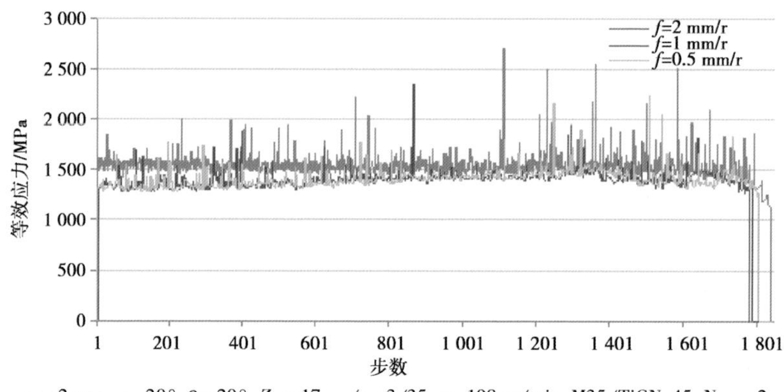

$m=2$ mm, $\alpha=20°$, $\beta=20°$, $Z_k=17$, $z_0/z=3/35$, $v=198$ m/min, M35/TiCN, 45, No. −2

图 4.51　不同进给量的切削应力曲线

C. 不同进给量下的切削温度

从最高温度曲线可以看出，切削温度的差异与切削力差异相似，进给量减小。滚切的前半段温度因切削力变化不明显而变化较小，而后半段温度随着切削力的减小也出现明显的减小趋势，其程度不如切削力减小明显。说明进给量改变引起切屑厚度的变化会导致切削温度随之改变，如图 4.52 所示。

综上可知，改变滚切进给量影响切屑的厚度，对切削力影响较大，对切削温度有影响但相对较小，而对切削应力没有影响。因此，改变进给量需要考虑其对刀具材料的强度和刀具涂层性能的影响。

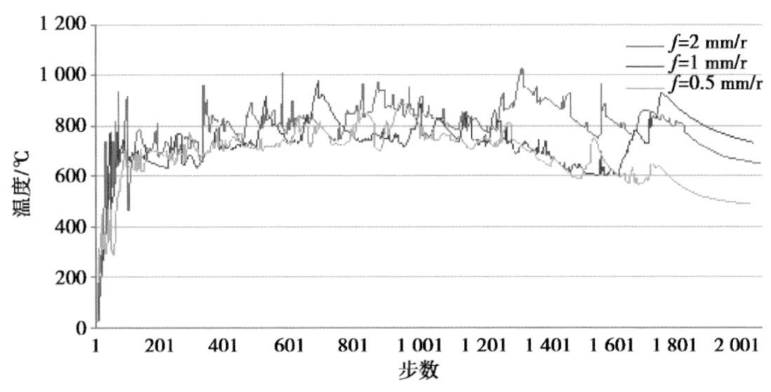

$m=2$ mm, $\alpha=20°$, $\beta=20°$, $Z_k=17$, $z_0/z=3/35$, $v=198$ m/min, M35/TiCN, 45, No. −2

图 4.52 不同进给量的切削区最高温度曲线

通过实际加工实验数据，可以确定相应滚刀和齿轮材料的滚切过程的切削力、切削应力和切削温度等切削性能参数。结合仿真实验方法，可以对更多不同性能的滚刀和不同滚切工艺参数条件下的滚切过程进行仿真实验，以此确定合理的滚切加工参数。即改变设定参数进行仿真实验，使其满足实际加工实验获得的合理的切削性能条件，从而确定不同滚切参数条件下合理的切削参数。以此为基础，能够建立起一套基于有限元仿真的齿轮高速干切滚齿工艺参数优化方法，如图 4.53 所示。

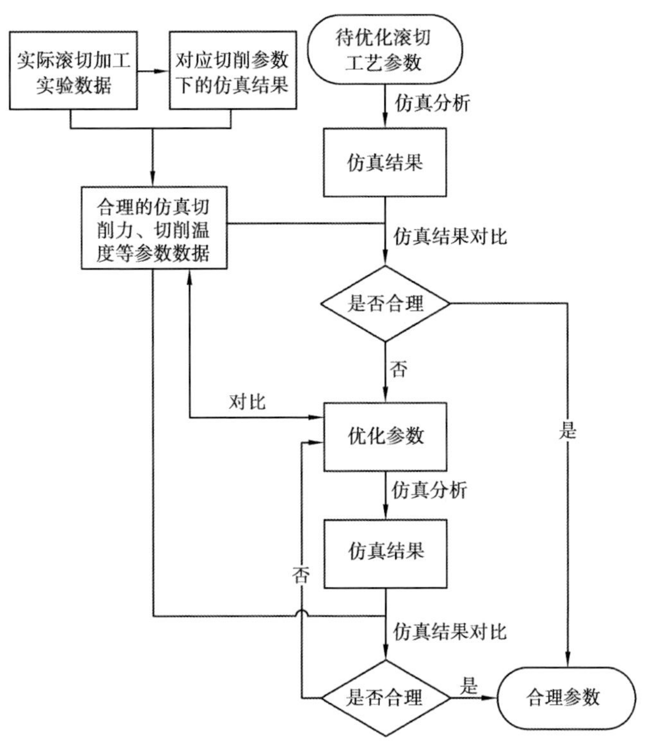

图 4.53 高速干切滚齿工艺参数优化流程图

第5章

高速干切滚齿机床开发的关键技术

本章要点

◎ 高速干切滚齿机床总体设计

◎ 高速、重载荷滚刀主轴及工作台设计与制造

◎ 高速干切滚齿机床新型结构床身

◎ 高速干切滚齿机床辅助系统

为开发出满足绿色制造要求的高速干切滚齿装备，在集成现有高速加工理论、高速切削刀具磨损机理、工艺系统切削热影响规律、干切削加工技术、工程材料技术、结构优化设计方法、先进材料成型技术、精密数控技术、数字样机技术、硬质与超硬质涂层技术等现有相关基础理论及技术的基础上，突破工艺系统切削区温度控制技术、新型结构床身设计与制造技术、高速重载荷滚刀主轴与工作台技术、长寿命高耐磨滚刀设计与制造技术等关键技术，并且完善高速干切滚齿工艺参数体系及参数优化方法，运用数字样机技术构建高速干切滚齿机床虚拟样机，进行系统仿真分析与优化。通过试制试验样机，形成了完善的工艺体系。

5.1 高速干切滚齿机床总体设计

机床总体布局的目的是按照简单、合理、经济的原则，制定一种实现加工要求的的方案。它基本上是由工艺方法、运动分配、工件尺寸、重量、精度、表面光洁度及生产效率等因素共同决定的。

5.1.1 高速干切滚齿机床动力学计算

设计机床时，在确定机床传动方案的同时，必须确定机床各电动机的功率，以满足机床工作时所需要的转速和扭矩。

(1)主电机功率计算

①类比法

类比法是根据所设计机床的用途、技术要求、工件材料、加工精度、使用刀具及批量等工艺方案，与国内外同类型(同样或相似)的机床动力参数进行分析比较来确定的。这种方法虽然比较实际可靠，但有时很难找到可类比的机床。

②实验确定法

如果条件可以实现，可在同类或相似的机床上，按所设计机床服务的工序条件(切削用量、刀具、工件材料及辅具等)进行切削加工，并测出电动机的输入功率$N_{入}$。

由电工原理可知，电动机的输入功率为：

$$N_{主} = N_{入} \cdot \eta_{电} \tag{5.1}$$

式中 $\eta_{电}$——电动机本身的效率(具体数值可查电动机标牌)。

由于不同机床的传动效率有差别，故实验结果通常不能直接应用(如果该实验用的机床与所设计的机床传动链相似，其实验结果可直接应用），需要考虑被测定的机床与设计机床在传动总效率上的差异。

③计算法

机床主电动机功率 $N_{主}$ 消耗于 3 个部分：切削时的有效切削功率 $N_{切}$；传动链中各种摩擦损失的空载功率 $N_{空}$；在切削载荷作用下增加的摩擦损失附加功率 $N_{附}$。即可得式(5.2)。

$$N_{主} = N_{切} + N_{空} + N_{附} \tag{5.2}$$

切削功率 $N_{切}$ 可根据机床所服务的工序条件，取长时间工作最大载荷时的切削用量求出主切削力或切削扭矩后按式(5.3)计算：

$$N_{切} = \frac{Pz \cdot V}{6\ 120} \tag{5.3}$$

或

$$N_{切} = \frac{M_{K} \cdot n}{974} \tag{5.4}$$

式中 Pz——主切削力；

V——切削速度；

M_{K}——主轴上的最大扭矩；

n——主轴转速。

空载功率 $N_{空}$ 是在无切削载荷时，主传动空转所消耗的功率，包括主传动中所有运转零件的机械摩擦消耗和搅油、克服空气中阻力消耗的功率。

附加摩擦损失功率 $N_{附}$，对于一定结构的机床，切削载荷增大就引起各摩擦表面之间作用力增大，因而摩擦损失功率也相应增大。所以，可认为附加摩擦损失功率 $N_{附}$ 近似的与切削功率 $N_{切}$ 成正比。根据实验结果，可用 $\eta_{机}$ 来考虑，即

$$N_{主} - N_{空} = \frac{N_{切}}{\eta_{机}} \tag{5.5}$$

所以主电机功率的计算公式为：

$$N_{主} = \frac{N_{切}}{\eta_{机}} + N_{空} \tag{5.6}$$

式中 $\eta_{机}$——主传动链中各传动件的平均机械效率的乘积。

5.1.2　高速干切滚齿机床结构布局设计

机床的布局一般须满足以下几个要求：

①保证机床的刚度、精度、抗震性和稳定性的同时，力求减轻机床重量；

②保证机床结构简单，且尽量采用较短的传动链，以提高传动精度和传动效率；

③保证良好的加工工艺，以便机床的加工和装配；

④保证生产安全，便于操作、调整和维修；

⑤对于生产效率和自动化程度较高的机床或专用机床，应力求便于自动上、下料或纳入自动线便于排除铁屑；

⑥尽量减小机床的占地面积；

⑦机床外观美观、大方。

传统滚齿机的机床主体结构包括：床身、大立柱、工作台和后立柱，其布局方式为：大立柱、工作台和后立柱依次并列布置在床身，大立柱、工作台和后立柱的中心位于床身中轴线上。高速干切滚齿机床布局结构中，大立柱和后立柱使独立的床身连接，大立柱和后立柱之间无连接关系，因此大立柱和后立柱的体积必须制造的较大，以保障其刚性。同时大立柱和后立柱之间间隔较宽，布局较松散。并且大立柱和后立柱分离布置，其工作区间较大，不易封闭，快速排屑结构设计难度很大，布局结构不适合干式切削加工。

高速干切滚齿机床为适应干式切削，又提出了新的要求。为适应干式切削，高速干切滚齿机床可采用紧凑型高刚性干式切削滚齿机布局结构，如图5.1所示。该结构具体包括：床身、大立柱、工作台和后立柱。大立柱布置于床身的纵向边部上，后立柱布置于床身的横向边部上，床身中部还设置有隔离挡板，工作台设置于隔离挡板和后立柱之间的床身上。大立柱和后立柱之间固定连接，刚性好，有利于减小大立柱和后立柱的体积，且大立柱和后立柱成L形布置，结构紧凑，切削区空间占用较小。切削区设置有切屑防护罩，可防止高温切屑与机床主体接触，并可将切屑快速排出切削区，从而使切屑传递给机床主体的热能减少，可降低机床温度，保证机床精度。

如图5.1、图5.2、图5.3所示，是一种高速干切滚齿机床外形示意图。

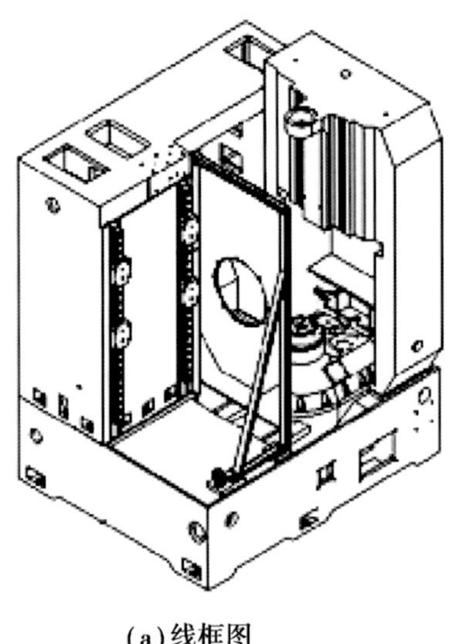

(a)线框图

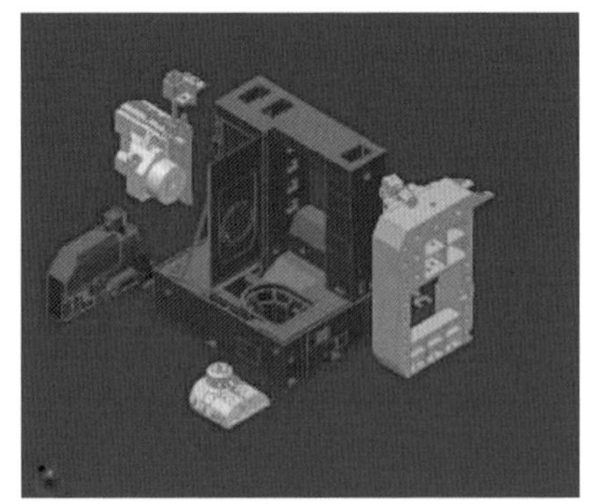

(b)三维实体图

图 5.1　偏置式布局高速干切滚齿机床外观图

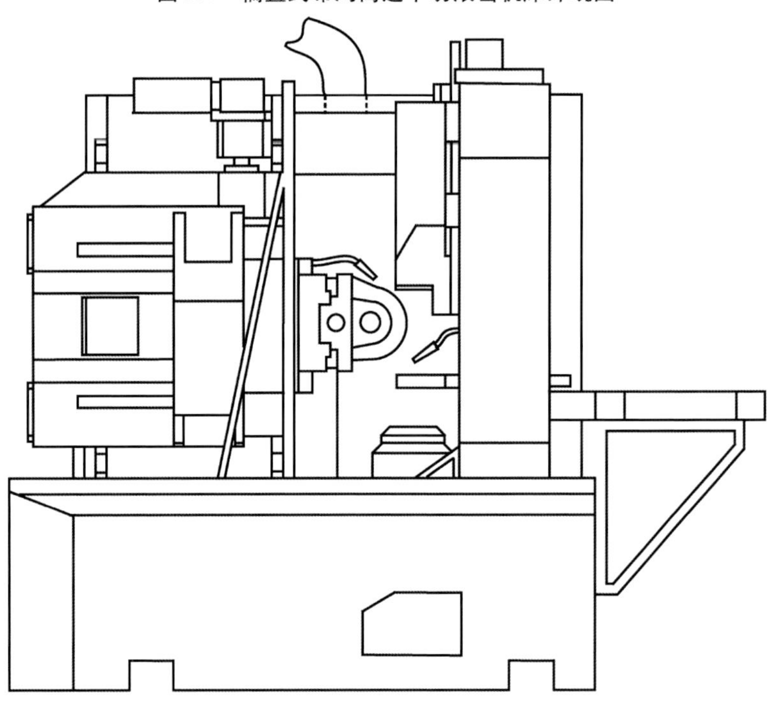

图 5.2　高速干切滚齿机床总体示意图(正视图)

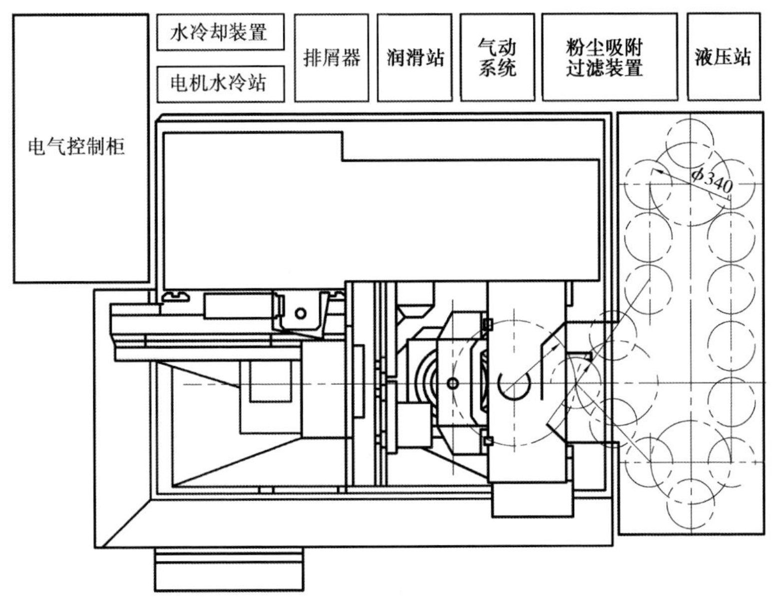

图5.3 高速干切滚齿机床示意图(俯视图)

上述高速干切滚齿机床各单元的结构如下:

(1)机床护罩

全封闭的机床护罩能有效地防止机床加工时产生的粉尘对工作场地的污染和工作者安全的危害,机床在加工时不能打开防护门。

(2)床身

床身是滚齿机的基础部件,其上安装有大立柱、工作台等多种部件,床身采用高强度、高刚性和多层筋板结构,保证了机床加工精度的稳定。

(3)径向进给单元

径向进给单元在轴向进给单元上作径向移动,径向进给单元上装有控制滚刀箱转角的蜗杆、蜗轮和伺服电机。

(4)轴向进给单元

轴向进给单元在大立柱上作轴向移动。

(5)控制电箱

控制电箱内有数控系统及高电压元件,只有在调整机床的电气系统时才允许打开电箱。

(6)大立柱

大立柱偏置固定在床身上,其上承载着轴向进给单元和径向进给单元,并且与后立柱连接。

(7)滚刀箱

滚刀箱上装有驱动滚刀的主电机、传动齿轮和切向窜刀电机,具有高刚性的导轨结构,能承受滚齿切削时的大负荷。主轴与刀杆连接采用锥度和端面均贴死的过定位安装方式,并由碟簧组拉紧,提高了切削时主轴刚性。小滑座采用液压油缸推进,油缸压力可调,实现了快速换刀功能。

(8)后立柱

后立柱上装有外支架滑板、伺服电机、直角减速机,直线导轨和搬运机械手。伺服电机控制外支架滑板移动,可以由数控编程控制外支架滑板行程极限,并可以有效防止误操作和机械故障时造成的零件损坏和安全事故。外支架采用锥度碟簧压缩压紧,以保证压紧力的值,使夹具适合以工作台油缸拉紧为主的定心夹紧方式。

(9)工作台

工作台位于床身上,工作台面是安装滚齿夹具和工件的基准;工作台主轴由高精度滚动轴承支承,采用伺服电机驱动高精度分度齿轮副,实现工作台的回转运动,保证工作台的高转速、高精度、高刚性。

(10)双工位搬运机械手

双工位搬运机械手固定在后立柱上,负责把工件从料仓上抓取放到夹具上,并将已经加工好的工件放回到料仓中。机械手靠回转液压缸带动进行回转,料爪由一个双向油缸带动齿条和齿轮运动实现张开和闭合,并由一升降油缸带动整个机械手上升下降。

(11)送进料仓

送进料仓固定在床身侧面,该机构负责存储和传送工件到特定位置供机械手搬运,并将已加工的工件送出。料仓可存放工件数视工件直径大小而定。

(12)变压器

独立于控制电箱外的变压器有利于电箱的散热,保证电压的稳定,提高了机床电器系统的稳定性和可靠性。

(13)干式除尘器

干式除尘器用于吸收机床加工时产生的微小金属粉尘,有着净化空的作用。

(14)磁性刮板排屑器及切屑小车

磁性刮板排屑器及切屑小车位于床身后侧中间位置,磁性刮板排屑器能快速将加工时产生的切屑从加工区域运送。

(15)空气冷干机

空气冷干机对用于冷却切削区域(包括滚刀和工件接触区域,去毛刺机构与工件的接触区域)的压缩空气进行干燥和制冷。该装置能提高刀具寿命,减少机床热变形。

(16)液压站

液压站包含液压油箱、润滑油箱、空气和液压油过滤器、液压泵、润滑脂泵、电磁阀和电机,为机床的液压、冷却和润滑提供各种介质。

5.1.3　高速干切滚齿机床电气、液压、润滑及排屑等系统总体设计

高速干切滚齿机床采用的数控系统都要满足直线坐标分辨率以及回转坐标回转率的精度要求,以确保加工精度。故高速干切滚齿机床采用了机械、液压、电气系统的联合应用,实现了较多的自动化动作,从而使机床具有工序集中、生产效率高、自动化程度高、占地面积小等优点。

高速干切滚齿机床具有独立的液压系统,电磁阀配备抗干扰装置,带 LED 显示。驱动运动部件的电磁阀要保证急停后部件立即停止运动;液压油箱设有液位显示及液位报警。

独立的循环润滑系统及定量润滑系统。滚刀主轴传动箱、工作台传动箱采用循环润滑,从而保证了加工精度及精度稳定性;直线滚动导轨及滚珠丝杆采用定量润滑装置,润滑时间间隔可调,润滑充分可靠,并具有故障检测报警功能。自动润滑、流体回路应有必要的信号(如压力、流量检测)反馈至 PLC 以免因功能故障(如泵/阀失效或管路堵塞/断裂)引起机件损坏。

每台设备具备独立的排屑系统。该系统具有气体喷嘴清理刀具、工件和内罩切屑,以利将炙热的切屑冲入切屑;配置粉尘吸附回收装置,将加工中的切屑颗粒吸收;配置有自动排屑单元,气体喷嘴将切屑吹入切屑输送器,排屑单元快速将切屑排出机床。

整个电气系统符合 GB/T5226.1—1996 国家标准要求。电气系统具有故障诊断功能,发生故障时,可在显示屏上显示故障号;为了便于快速识别故障的身份,故障的标记或说明需合乎以下规定:故障源(如传感器、急停、压力、流量)、相关系统(如动力头、工作台、夹具)、问题

元件的标号、自动化控制器上面的编号(如PLC输入/输出点、内部位、功能块)以及与之相联系的故障状态、故障元件所在的位置。系统具有排除故障的帮助信息和恢复循环的帮助信息。系统还具有保护功能,能够在断电或发生故障时自动让刀避免碰撞;

对于竖直轴类,需要有自锁或锁紧装置(断开能源锁紧)。如果锁紧装置没有锁紧,防护门的锁闭装置应不允许打开。

高速干切滚齿机床采用"电控安全门锁+安全行程开关"形式,如果不用电控安全门锁,则有双安全开关检测门是否关闭。应用双手按钮关门以确保安全。门关闭后"门关闭"指示灯亮;操作区有提示操作者是否可以进行操作,配备红绿双色灯指示(绿灯亮:可以操作;红灯亮:禁止操作)。

所有执行器、预执行器和部件的动作情况都应有检测。接触器、空气开关应有辅助触点反馈至PLC输入。链条和皮带传动应在从动轮处用传感器检测是否运转。

对于有限行程的数控轴,需要设置适当的软件极限,同时还要具备带缓冲的机械式超程撞块,而对于增量位置反馈,则需要超程行程开关(常闭行程开关)。应保证在出现异常情况甚至误操作时很好地保护设备的功能:如电气的(程序中的动作安全条件;超程行程开关;紧急回退等),机械的(超程撞块;缓冲撞块等),互锁装置等。机床上的电气元件应有必要的机械防护。同时,为了提高使用机床过程中的安全性,还应注意以下几点:

①为了进行维修和调整工作,需要定义安全等级以及使用条件,禁止某些人员使用。

②自动加注场合需要有高液位和最高液位双重监控防止溢出;

③自动加温场合需要有高温和最高温双重监控防止过热;

④液压电机泵部件配置有缓冲垫块安装,排屑电机配有过扭机构防止堵转。

⑤密封式电箱,配有空调器及柜内照明灯,维修用电源插座;

⑥标准接口,可外接微机编程输入,自带微机编程程序;

⑦英制、公制转换,LCD显示器,中文、英文可任意切换;

⑧机床参数设定与编辑功能,操作面板上实现加工程序编辑功能(配有人机界面,直接输入参数的方式编程功能);

⑨加工程序存储或调用,存贮加工工件程序;

⑩机床上配置有机床正常运行、故障、停止显示的三色灯;

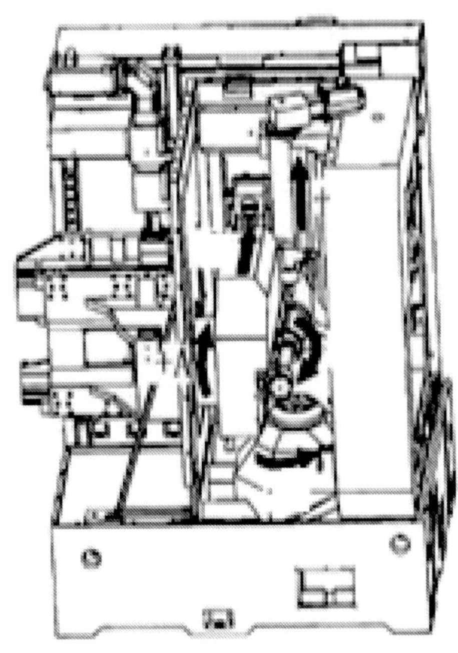

图 5.4　轴四联动数控滚齿机

⑪网络诊断,现场网络和总线的诊断必须由自动化装置处理并且清楚地显示在人机界面的一页或多页上。在自动化装置里安装诊断功能模块。

机床能源要求由控制电路实现:包括电源总功率、频率、动力电压、控制电压等要达到要求,气源为经初级过滤的压缩空气等。

齿轮滚切加工过程复杂,基于展成原理所开发的高速干切滚齿机床加工运动由刀架旋转运动(A 轴)、滚刀主轴回转运动(B 轴)、工作台回转运动(C 轴)、径向进给运动(X 轴)、切向进给运动(Y 轴)、轴向进给运动(Z 轴)、后立柱支架轴向进给运动(Z_2 轴)构成,其中联动轴为 B、C、X、Z 轴,如图 5.4 所示。通过数控系统电子齿轮箱,实现了滚齿加工的展成同步运动,可实现对圆柱直齿轮、斜齿轮、小锥度齿、鼓形齿、花键、蜗轮、链轮等齿部的加工。

5.2　高速、重载荷滚刀主轴及工作台设计与制造

主轴及工作台是机床中的重要部件。主轴不仅要完成主运动、传递动力和承受负荷,而且还要保证装在主轴上的工件或刀具具有一定的旋转精度,因此,主轴的制造质量将直接影响整台机床的加工精度和使用寿命。工作台是用来直接或通过夹具装夹工件,并能按照工艺过程的要求改变工件工位或实现进给或快速移动的工作部件,它对机床的应用范围、生产效

率、加工精度和使用的方便性都有直接的影响。

5.2.1 高速、重载荷滚刀主轴传动系统设计方案

根据主轴不同的工作特点,规定相应的技术条件,如尺寸精度、几何形精度、相互的位置精度、表面光洁度、接触精度及热处理要求等,以保证主轴具有较高的旋转精度,足够的刚性、耐磨性和抗震性。

(1)滚刀主轴技术方案

传统滚刀架中主要为齿轮传动,在滚刀架中经过几级齿轮传动,将动力从电机传动到刀架主轴上,然后带动刀架主轴上的滚刀来切齿。这种传动的缺点是:主轴转速相对来说较低,对于小模数的小齿轮加工,往往要求高效率切削和一个高转速主轴;经过几级齿轮传动后,传动链较长,传动的间隙增大,切削精度相对来说低一些;另外滚刀架的结构也较复杂。

针对于传动滚刀架的上述缺点,设计出了一种电主轴直驱式滚齿刀架,其示意图如图 5.5 所示,三维实体模型如图 5.6 所示。它可以提高滚刀架主轴的转速,实现高效率加工;缩短滚刀架中传动箱传动链的长度,减小传动间隙,从而提高加工精度;并且可以简化滚刀架结构,实现简易布局。

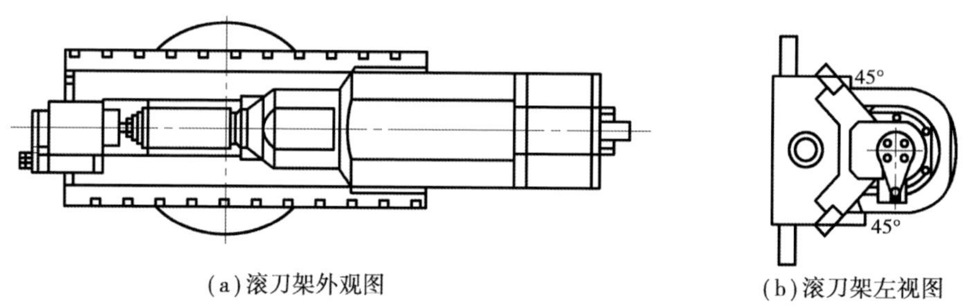

(a)滚刀架外观图　　(b)滚刀架左视图

图 5.5　电主轴直驱滚齿刀架示意图

电主轴直驱式滚齿刀架(图 5.5)包括窜刀装置、刀架刀壳、刀杆、压紧装置以及主轴。上述中主轴和刀杆均设置在刀架壳体上。通过电主轴转子带动主轴旋转而带动滚刀转动,缩短了滚刀架中传动箱传动链长度,减小了传动间隙,提高了滚刀架主轴转速,实现了高效率加工,提高了加工精度。此外刀杆远离拉杆的另一端还设置有夹紧装置,它包括可沿轴向滑动的小轴和用于带动小轴移动的驱动机构等。

窜刀装置包括拖板和丝杆机构以及用于驱动丝杆转动的电机,丝杆机构的丝母座与刀架

壳体固定连接，刀架壳体与托板之间设置有 V 形导轨，窜刀装置带动刀架壳体做机床的切向（Y 轴）运动以实现滚刀架的窜刀运动。

压紧装置包括小压板和压板，小压板与刀架壳体之间的接触面是经过贴塑处理的。

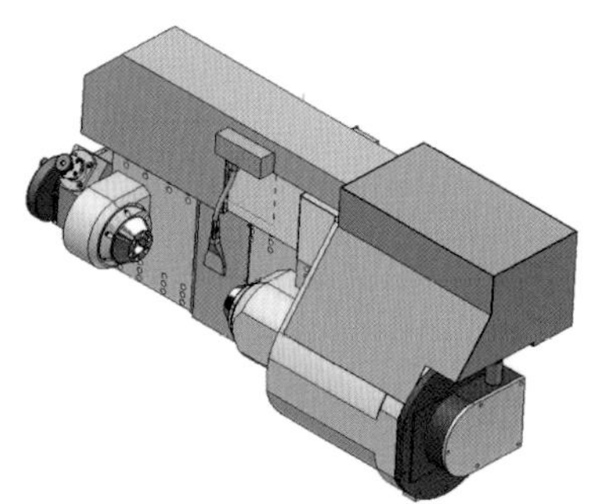
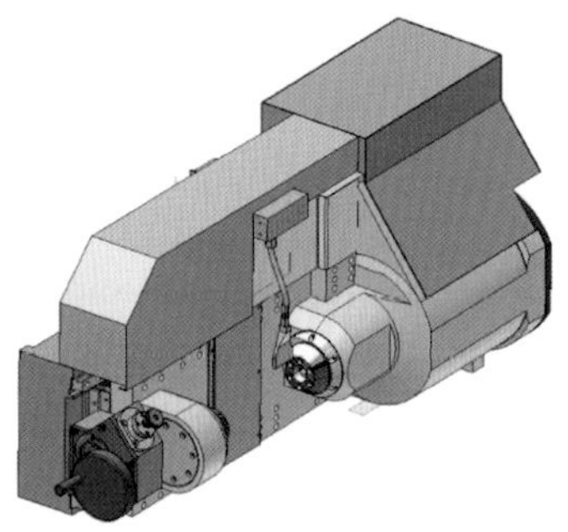

图5.6 电主轴刀架三维实体模型

某机床滚刀主轴针对自身技术特点做了以下技术方案，该方案更为经济适用，针对目前干切滚刀线速度，该方案能够满足该速度范围下的使用要求。

刀架主轴（图5.7）采用大功率主轴伺服电机通过两级高精度斜齿轮副传动，末端采用一齿差齿轮副消除间隙。为了实现高速化采用了两级传动，并且在有限的空间内布置下了大扭矩主轴电机，实现了主轴高速高精度传动，同时保证加工所需的扭矩输出。

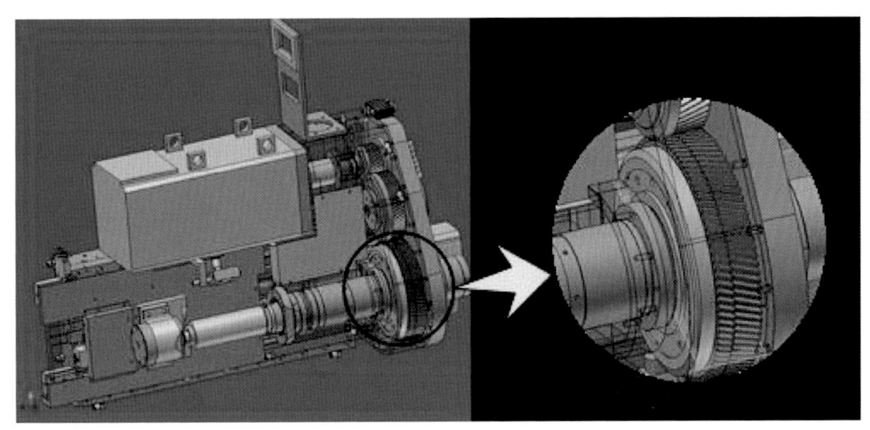

图5.7 滚刀主轴部组三维模型

5.2.2 高速、重载荷工作台传动系统设计方案

一般对工作台部件的设计有如下要求：能够满足工艺过程中所提出的要求；有足够的刚度，避免出现振动现象；有足够高的运动精度和定位精度；操作方便安全可靠。

传统的带阻尼的滚齿机工作台一般采用由4件两两啮合的齿轮结构形成阻尼机构，4件两两啮合的齿轮成环形分布，其中1件齿轮是输入齿轮，1件齿轮是与工作台连接的大齿轮，另外2件齿轮是中间传动齿轮。在其中1件中间传动齿轮上设置有可调弹簧摩擦片，通过可调弹簧摩擦片与基座的摩擦来增加转动阻力，从而实现工作台阻尼调节，这种结构比较复杂，可调弹簧摩擦片调整位置不方便，由于操作者凭经验调整摩擦片位置，对摩擦阻力无法做到精确调整。

带阻尼的滚齿机工作台可以很好的解决上述问题，该高速齿轮副工作台（图5.8、图5.9）以液压马达代替可调弹簧摩擦片，结构更为简单，传动阻尼来源于液压马达，可通过液压系统对阻尼进行准确的大小调节，同时还能调整阻尼施加的方向，使带阻尼的滚齿机工作台平稳性好、定位精度精确，滚齿机加工精度更高。该工作台结构设计最高转速为、输出最大扭矩等完全满足干切滚齿加工需要。虽然采用力矩电机和电主轴成本较高，但是容易实现高速化加工。

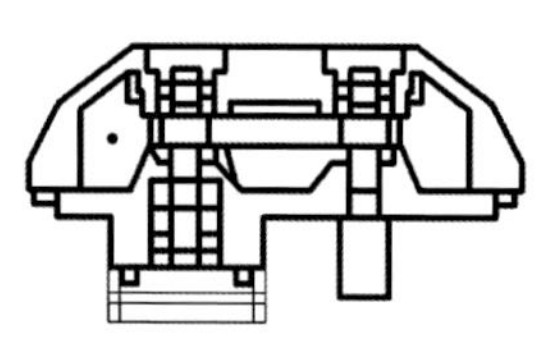
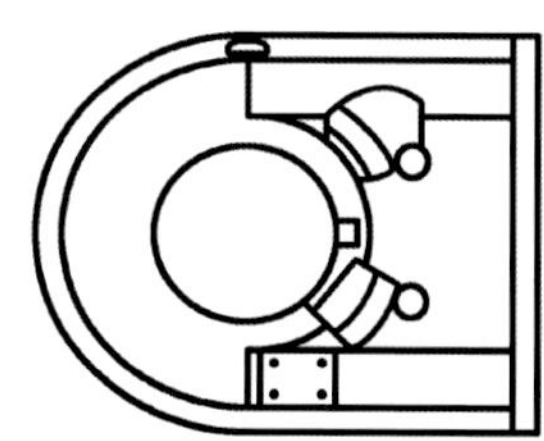

图5.8　工作台阻尼装置

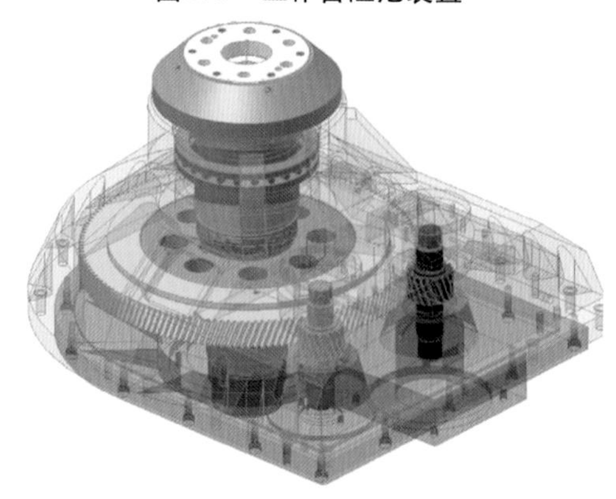

图5.9　工作台三维模型

工作台主要包括基座、工作台、回转机构和阻尼机构。工作台支承于回转机构中大齿轮的上端面，大齿轮支承于基座上。其中阻尼机构包括：支承于基座上的阻尼小齿轮、驱动阻尼小齿轮与大齿轮反方向转动的液压马达和传动轴。液压马达固定设置在基座的底部，阻尼小齿轮与大齿轮相啮合。阻尼小齿轮与传动轴设置为一体成型结构，基座上设置有支承阻尼小齿轮的轴承，传动轴的端部开设有与液压马达传动轴端部配合的安装孔，安装孔孔壁上设置有用于传动的键槽。回转机构还包括固定设置在基座底部的电机、与电机连接且被支承于基座上的输入小齿轮和传动轴，输入小齿轮与大齿轮相啮合，此外输入小齿轮与传动轴设置为一体成型结构，基座上设置有支承输入小齿轮的轴承，基座上固定有安装架，安装架上设置有用于支承阻尼小齿轮的一对轴承和支承输入小齿轮的一对轴承。

高速齿轮副工作台设计原理为：将工件通过夹具固定在工作台平面上，通过回转机构带动大齿轮转动，大齿轮带动工作台和工作台平面上的工件进行转动，通过液压系统给液压马达提供一定的压力，使与液压马达连接的阻尼小齿轮给与阻尼小齿轮相啮合的大齿轮一定的阻力，通过调整液压马达的压力的大小，精确控制阻尼小齿轮给大齿轮阻力的大小，使带阻尼的滚齿机工作台平稳性好、定位精度精确，滚齿机加工精度更高。上述工作台和刀架采用传统齿轮箱传动结构，整体布局结构依然采用偏置式布局。

5.3 高速干切滚齿机床新型结构床身

床身是机床的基础，同时也是机床制造的关键零件之一。机床上很多有关部件之间的相对位置和相对运动精度都要由机床来保证。

5.3.1 床身结构设计

在加工过程中，受到各种因素的影响，若想保证机床的精度并长期保持机床的原有精度，就要求机床具有足够的刚性、抗震性和耐磨性，这些性能要求大都与机床的结构设计和加工精度有关。以下将会重点介绍机床的结构设计。

传统滚齿机的机床主体结构包括床身、大立柱、工作台和后立柱。其布局方式为：大立柱、工作台和后立柱依次并列布置在床身，大立柱、工作台和后立柱的中心位于床身中轴线上。该布局结构，由于大立柱和后立柱分别独立地和床身连接，大立柱和后立柱之间无连接关系，因此大立柱和后立柱的体积必须制造得较大，以保证其刚性。同时大立柱和后立柱之间间隔较宽，整机占用空间较大，布局较松散，并且大立柱和后立柱分离布置，其工作区间较大，不易封闭，快速排屑结构设计难度很大，布局结构不适合干式切屑加工。

高速干切滚齿机床（图5.10(b)）可以有效地解决上述问题，床身、立柱等大件采用双层壁、高筋板对称结构设计（图5.10(a)），极大提高了机床的刚性，满足高速、高效切削对机床的要求。床身采用大倾斜面设计，保证切屑快速下落至排屑区由自动快速排屑系统带离床身，最大程度减少切削热导致的机床热变形，床身和立柱总体安装结构采用全新的偏置式布局结构，在保证刚性的同时，有利于排屑和机床热平衡。该结构具有刚性高、结构紧凑的优点，机床占用空间小，且布局结构适用于干式切屑滚齿机。

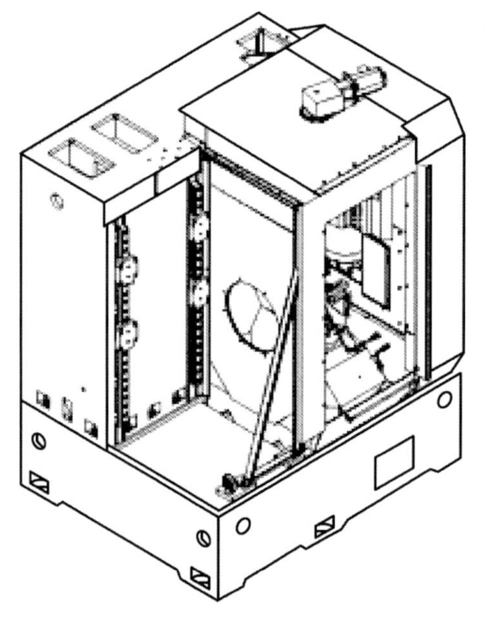

(a)滚齿机布局结构三维线框图

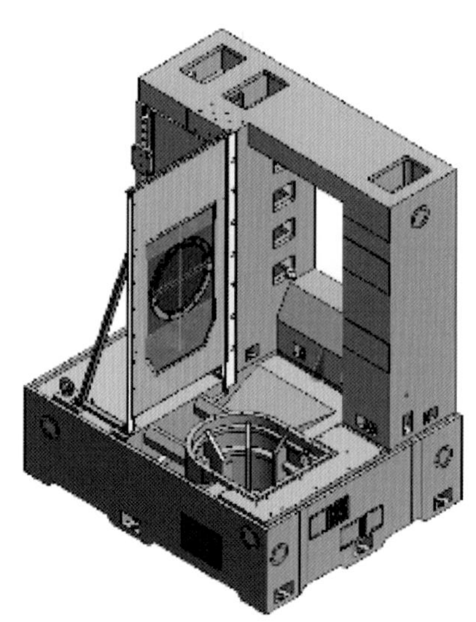

(b)床身大立柱三维模型

图 5.10　高速干切滚齿机床布局结构立体视图

该结构包括床身、大立柱、工作台和后立柱，大立柱布置于床身的纵向边部上，后立柱布置于床身的横向边部上，大立柱和后立柱的端部相接形成 L 形结构，床身中部还设置有和后立柱平行布置的隔离挡板，隔离挡板和大立柱相接形成 T 形结构，大立柱、后立柱和隔离挡板围成的区域为切削区，工作台设置于切削区内的床身上。其中大立柱和后立柱之间固定连接，刚性好，有利于减小大立柱和后立柱的体积，且大立柱和后立柱成 L 形布置，结构紧凑，切削区空间占用较小，采用本布局结构的滚齿机整体体积较小同时由于切削区占据空间小，便于密封，也便于设计快速排屑结构，因此本布局结构适用于干切式滚齿机。

此外该机床还有其他几部分布局结构：

①大立柱与切削区相对的部位上设置有检修窗口，其中切削区由大立柱、后立柱和隔离挡板围成，设置检修窗口方便对机床进行检修；

②后立柱与切削区相对的部位上设置有进出料窗口，进出料方便；

③切削防护罩，如图5.11所示，位于切削区内并固定在工作台、大立柱、后立柱和隔离挡板上，组成切屑防护罩的斜板的倾斜角度在45°～90°，斜板在此角度范围内倾斜可保证切屑不能停留于斜切屑防护罩上；此外切屑防护罩上还设置有压缩空气喷头，通过压缩空气喷头吹出压缩气体，可加快排出切屑防护罩上的切屑。基于以上结构切削防护罩可防止高温切屑与机床主体接触，并可将切屑快速排出切削区，从而使切屑传递给机床主体的热能减少，可降低机床温度，保证机床精度。

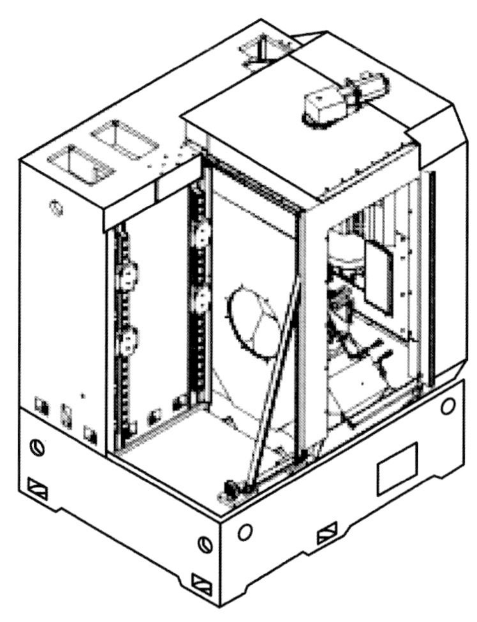

图5.11　高速干切滚齿机床布局结构立体视图(含防护罩)

防护布局采用全封闭的不锈钢内罩，布局成漏斗形，方便快速排屑，迅速带走加工时产生的热量，如图5.12所示。

在设计高速干切滚齿的新型结构床身时，考虑了大立柱偏置进而减少切削热和床身热变形对大立柱的直接影响。工作台附近采用大倾斜面设计，保证高温切屑快速下落致底部磁性排屑器并迅速排出切削区，降低由于切削热导致机床的床身热变形。床身内部采用了网格型肋板结构，通过纵横布置加强肋板在保证机床刚度的同时减轻机床质量并提升铸造性。床身三维模型如图5.13所示。

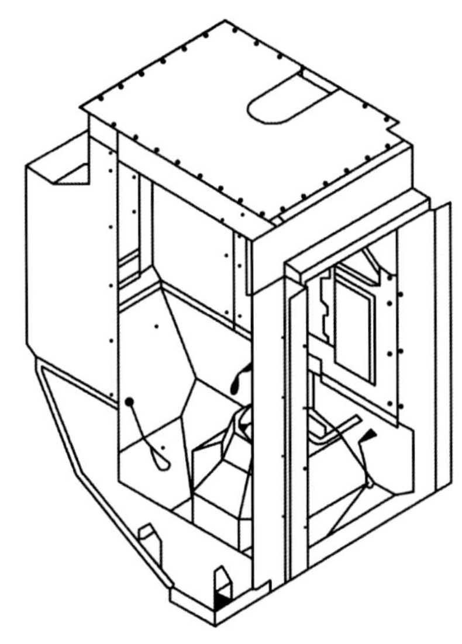

图 5.12　不锈钢内罩

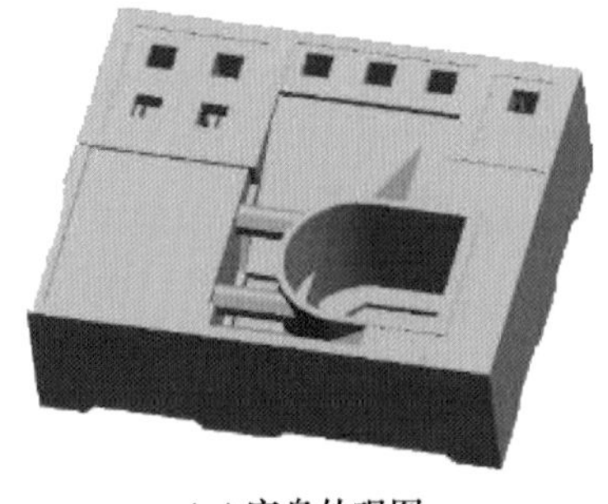

(a)床身外观图

(b)床身剖面图

图 5.13　机床新型结构床身三维模型

5.3.2　适应高速干切滚齿工艺的新型床身材料

床身材料对机床床身性能有很重要的影响,新型结构机床床身对材料有如下要求:

①耐磨性和耐腐蚀性良好;

②热稳定性和尺寸稳定性良好;

③材料成型等工艺性能良好,可根据结构需要制造成一定形状;

④满足床身结构的刚度、强度等综合力学性能及阻尼特性较好。

目前能满足以上性能要求且实用的床身材料包括灰铸铁、钢材焊接件、矿物铸件等。铸铁是目前应用于机床床身制造最为广泛的材料,具有耐磨抗震、工艺性能好的特点,适用于铸造结构复杂及薄壁的结构。钢材焊接结构弹性模量大,相同载荷条件下几何尺寸可以设计得更小，固有频率较高，可根据结构需要灵活布置肋板，材料本身阻尼特性较好。此外，由于焊缝本身具有阻尼作用，因此采用焊接蜂窝状夹层结构及封闭式箱型结构，可有效地提高抗振能力，并保证结构所需的扭转刚度和弯曲刚度。矿物铸件具有非常好的动态特性，吸振性能好，稳定性高；该材料环保、制造能耗低，在常温下经一次浇制即可成型，生产工序少，具有工艺性能好的特点，且形状工整、表面光滑、尺寸精确；此外，矿物铸件还具有整合性强的特点，可通过高精度的模具和工装，使零部件和矿物铸件浇铸在一起。

5.4　高速干切滚齿机床辅助系统

5.4.1　排屑系统

床身采用大倾斜面设计，保证切屑快速下落至排屑区，并由自动快速排屑系统带离床身，最大限度地减少切削热导致的机床热变形。

传统滚齿机的机床主体结构包括：床身、大立柱、工作台和后立柱。其布局方式为：大立柱、工作台和后立柱依次并列布置在床身，大立柱、工作台和后立柱的中心位于床身中轴线上。高速干切滚齿机床布局结构中，大立柱和后立柱分别独立与床身连接。

切削防护罩（图5.11）可保证切屑不能停留于斜切屑防护罩上；此外切屑防护罩上还设置有压缩空气喷头，通过压缩空气喷头吹出压缩气体，可加快排出切屑防护罩上的切屑。基于以上结构切削防护罩可防止高温切屑与机床主体接触，并可将切屑快速排出切削区，从而使切屑传递给机床主体的热能减少，以降低机床温度，保证机床精度。

防护布局采用全封闭的不锈钢内罩，布局成漏斗形，方便快速排屑，迅速带走加工时产生的热量，如图5.12所示。

5.4.2　自动上下料机械手

传统的滚齿机与自动生产线连接一般采用一个简单的过渡平台存放工件，由自动线桁架机械手在该平台上抓料放料，再由机床自身的机械手进行工件交换。这种结构滚齿的机械手抓料位置和桁架机械手抓料位置重叠，造成换料必须在机床外部进行，机械手回转直径大，浪费空间。

为了使滚齿机上的自动送料装置结构紧凑，操作方便，能够自动将工件由析架机械手抓料位置送入机床内腔，缩小机床内机械手的回转空间，可以在送料过程中布置检查装置，提高工作效率。

采用这种解决方案的关键技术方案包括以下几个方面：

a. 驱动装置设为汽缸，汽缸设置在双导轨之间且汽缸活塞杆与送料台底部固定连接，在双导轨两端设置有限位缓冲装置。

b. 析架设置为由铝型材搭建的矩形框架，矩形框架上端设置为进料口，在矩形框架一侧设置为出料口，双导轨伸出该出料口进入机床内腔。矩形框架除出料口侧面外其他三侧面安装有透明玻璃或者透明塑料板，且析架内设置有用于检测送料台位置的接近开关和用于识别送料台上元件的检测单元。

c. 基座底部设置有用于调整基座升降的升降机构，基座侧部设置有将基座连接在滚齿机床身上的连接螺栓。

用于滚齿机上的自动送料装置的结构示意图如图 5. 13 所示，其装置俯视图如图 5. 14 所示。用于滚齿机上的自动送料装置包括基座和设置基座上的析架，析架内设置有双导轨和驱动装置，双导轨上设置有可沿该双导轨滑动的送料台，驱动装置驱动该送料台在双导轨两端之间滑动，双导轨伸出析架一端设置在机床内腔。控制驱动装置能够自动将工件由析架机械手抓料位置送入机床内腔，缩小机床内机械手的回转空间，可以在送料过程中布置检查装置，提高工作效率。

各部件的具体方案如下：

①驱动装置

驱动装置设为汽缸，汽缸设置在双导轨之间且汽缸活塞杆与送料台底部固定连接，驱动装置还可选择为油缸或者电机传动，环境污染少，操作方便。而在双导轨的两端设置有限位缓冲装置，该设置可减少送料台在运动过程中的惯性，提高送料台的使用寿命。

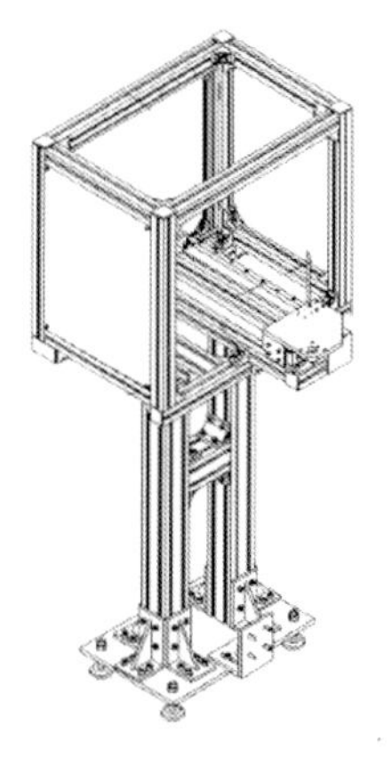

图5.14 用于滚齿机上的自动送料装置的结构示意图

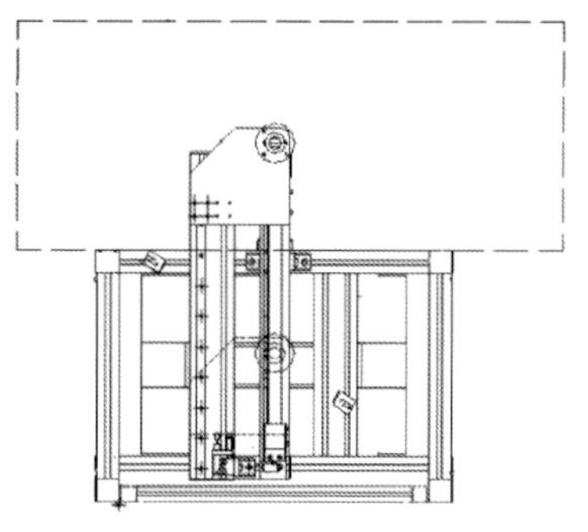

图5.15 自动送料装置俯视图

②桁架

桁架设置为由铝型材搭建的矩形框架,矩形框架上端设置为进料口,在矩形框架一侧设置为出料口,双导轨伸出该出料口进入机床内腔。矩形框架除出料口侧面外其他三侧面安装有透明玻璃或者透明塑料板,起到防护的作用。本实施例优选的桁架采用铝型材搭建矩形框架,质量轻便,便于搬运,同时外形更美观整洁。

桁架内设置有用于检测送料台位置的接近开关,通过设置有接近开关可以判断送料台在移动中的位置情况,避免机床内机械手出现误操作,提高工作效率。同时,桁架内设置有用于识别送料台上元件的检测单元,进而可以检测送料台上有无工件或者工件有无缺陷,提高工作效率。

③基座

基座底部设置有用于调整基座升降的升降机构,基座侧部设置有将基座连接在滚齿机床身上的连接螺栓。

综上所述,本方案用于滚齿机上的自动送料装置,结构紧凑,操作方便,能够自动将工件由桁架机械手抓料位置送入机床内腔,缩小机床内机械手的回转空间,可以在送料过程中布置检查装置,提高工作效率。

第 6 章

高速干切滚刀开发的关键技术

本章要点

◎ 高速干切齿轮滚刀几何结构设计

◎ 高速干切滚刀基体及涂层材料

◎ 高速干切滚刀制造的关键工艺

◎ 高速干切滚刀质量检测与评价

高速干切滚刀是实现齿轮高速干切的关键技术。一台高速干切滚齿机床能否顺利实现滚齿,以及干切能力能发挥到如何的程度,主要取决于高速干切滚刀的性能。优质的高速干切滚刀,不但能保证加工齿轮的精度,还能减少滚齿过程中产生的热量,以及减少机床震动。更为重要的是,目前国内众多滚齿机使用厂家采用的还是国外进口刀具,而国内自主生产的刀具的使用只占很小一部分,因此提高高速干切滚刀的设计效率与质量是解决目前问题的唯一途径。因此,高速干切滚刀的设计制造与质量评价就显得尤为重要。

6.1　高速干切滚刀几何结构设计

6.1.1　高速干切滚刀几何结构设计准则

(1)高速干切滚刀尽量采用柄式机构

普通滚刀所采用的整体结构为孔式滚刀,而高速干切滚齿采用的结构应尽量为柄式滚刀。柄式滚刀与安装于心轴上的孔式滚刀相比,由于无中心安装孔,消除了孔和心轴间跳动公差的累积,以及垫片和安装螺母引起的震动误差,动态刚性更优。

(2)高速干切滚刀与普通滚刀相比直径更小

滚刀的小直径化是现代滚刀的一个发展趋势,在旧标准滚刀的设计中,建议滚刀外径选择足够大,原因如下:

①外径足够大可以保证足够的内径尺寸,这样就可以提高刀杆的刚性,从而保证了切削时的刚性;

②外径增加之后可以增加圆周齿数,从而减少齿面的包络误差和降低滚刀每齿的切削负荷。

但随着机械工程材料及材料处理工艺的不断发展,小直径滚刀的以上问题也得以解决。即使高速干切滚刀使用孔式结构,刀杆的刚性以及与刀具内径的配合刚性依然可以满足使用要求,并且滚刀的圆周齿数在小直径滚刀中也可相对增加,滚刀每齿的强度仍可承受相应的切削负荷。

采用小直径滚刀能够提高滚齿的效率。一方面,小直径滚刀自身刚性的增加,当切削扭矩相同时,可以采用更大的切削用量,提高滚齿效率;另一方面,小直径滚刀能较好地适应高速滚齿的高转速,滚齿生产率主要依赖于轴向进给速度,因机床是联动的,在走刀量相同时,滚刀转速越快,轴向进给速度也越高,在切削速度相同的情况下,小直径滚刀具有较高的转速，因而生产效率得到了提高。

单件齿轮的加工时间是由齿宽 B 和进给速度 F 决定的：

$$T = \frac{B}{F} \tag{6.1}$$

$$F = f \times N_t = f \times N \times \frac{z_0}{z} = f \times \frac{1\,000 \times v}{\pi \times D} \times \frac{z_0}{z} \tag{6.2}$$

式中 T——加工时间，min；

B——齿宽，mm；

F——轴向进给速度，mm/min；

f——进给量，mm/r；

N_t——工作台转速，r/min；

N——滚刀转速，r/min；

D——滚刀直径，mm；

v——切削速度，m/min；

z_0——头数；

z——工件齿数。

由式(6.1)和式(6.2)可以看出，要提高加工效率则要提高进给速度 F；而由式(6.2)可以得出，在切削速度 v 一定、进给量 f 合理的情况下，减小滚刀直径 D 可以提高滚刀轴向进给速度 F。因为滚刀的直径 D 越小，滚刀的转速 N 越高，由于滚刀与齿轮的展成运动关系，使得滚刀轴向进给速度 F 提高，从而缩短加工时间，提高了生产效率。

另外，小直径滚刀加工时切屑形状短而厚，大直径滚刀加工时切屑形状长而薄，短而厚的切屑形状对延长滚刀的寿命有着积极的影响。

(3)高速干切滚刀采用更长的轴向尺寸

因为高速干切滚刀机均为数控机床，具有自动窜刀的功能，所以高速干切滚刀在轴向的设计尺寸更长以适应机床的窜刀功能。高速干切滚刀轴向长度的增大，使其相对于普通滚刀增加了每次刀具刃磨后加工工件的数目，滚刀寿命增加了数倍。滚刀加长后不仅延长了滚刀的使用寿命，而且大大缩短了拆装刀具的辅助时间，大幅度提高了生产效率。

(4)高速干切滚刀几何结构参数

高速干切滚刀在几何结构参数方面的设计，相对于普通滚刀的差异主要体现在滚刀的头数、容屑槽的数目以及容屑槽的槽形角的不同。高速干切滚刀一般采用多头，相对较多的容屑槽数目，以及较大的槽形角，普通滚刀和高速干切滚刀的示意图如图6.1所示。

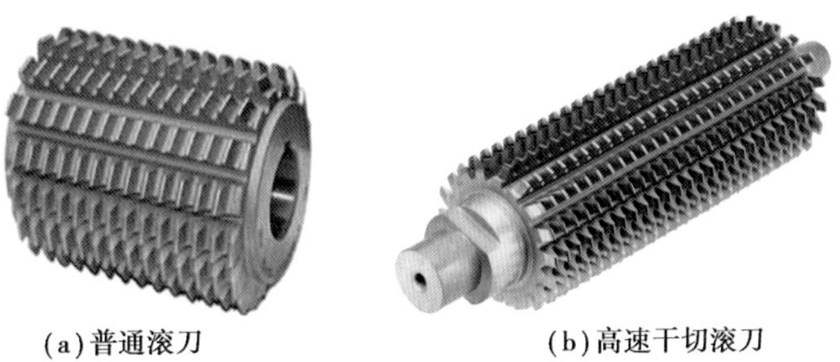

(a)普通滚刀　　(b)高速干切滚刀

图6.1　普通滚刀和高速干切滚刀

由式(6.1)、式(6.2)可以看出，增加滚刀的头数z_0，可以增大轴向进给速度，缩短滚切加工时间，提高生产效率。目前各刀具生产商设计的高速干切滚刀普遍采用2～3头，普通滚刀单头和双头的居多。但值得一提的是滚刀头数增加一倍，切削效率并不能增加一倍。如果滚刀的圆周齿数、齿形角等条件不变，则滚刀切削齿轮一个齿槽的刀刃数将成倍减少，就必然使每个刀齿的负荷大大增加，为减轻每个刀齿的负荷，保证滚刀的寿命，就要降低进给量。根据高速干切滚刀使用经验，如果采用z_0不同的高速干切滚刀，滚齿进给量的变化和所节省的时间的百分比见表6.1。

表6.1　多头高速干切滚刀进给量系数和切削时间百分比

滚刀头数	进给量系数	切削时间百分比/%
1	100	100
2	65	76.9
3	50	66.7

例如，加工某驱动齿轮时，齿轮参数、采用的刀具以及工艺参数如图6.2所示，图中明显表达了加工时间与滚刀头数、直径的关系。

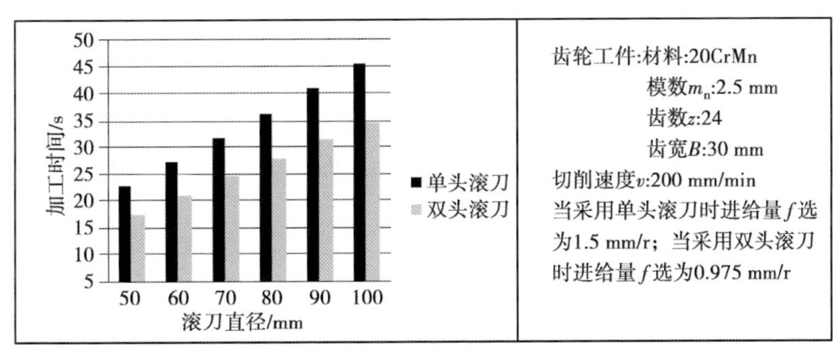

图6.2　单件齿轮加工时间与滚刀头数、直径的关系

增加头数的同时也会影响被加工齿轮的精度。因为被加工齿轮齿廓线由多条切削线段组成，齿廓是滚刀的刀齿在展成运动的切削过程中包络形成的，刀齿的包络痕迹之间会留下一个棱角，参加包络每条齿轮齿廓线的刀齿越多，齿形越精确，刀齿齿形精度和滚刀的包络情况紧密相关。

根据计算，滚齿时留在齿面上的包络刀刃之间的棱高 Δ 的大小为：

$$\Delta = \frac{\pi m_n^2 z_0^2 \sin \alpha}{4 z Z_k^2} \tag{6.3}$$

式中 m_n——滚刀法向模数；

z_0——滚刀头数；

α——滚刀法向齿形角；

z——被切齿轮齿数；

Z_k——滚刀圆周齿数（容屑槽槽数）。

包络刀刃之间的棱高如图 6.3 所示。根据啮合关系比，当滚刀头数增加一倍，被加工齿轮的齿廓包络线相对减少一倍，从式(6.3)中也可以看出，头数增加会使 Δ 增大，即导致齿轮的齿形精度降低。为了缓解这一问题，保证齿轮的齿形精度，在高速干切滚刀设计时应尽可能选择更多的容屑槽数目，从而改善由增加头数而造成的齿形精度低的问题。

图 6.4 中表达了棱高值与滚刀容屑槽数目之间的关系，从图中能看出，当采用多头滚刀时（如 3 头），滚刀容屑槽的数目对棱高值的影响更加明显。

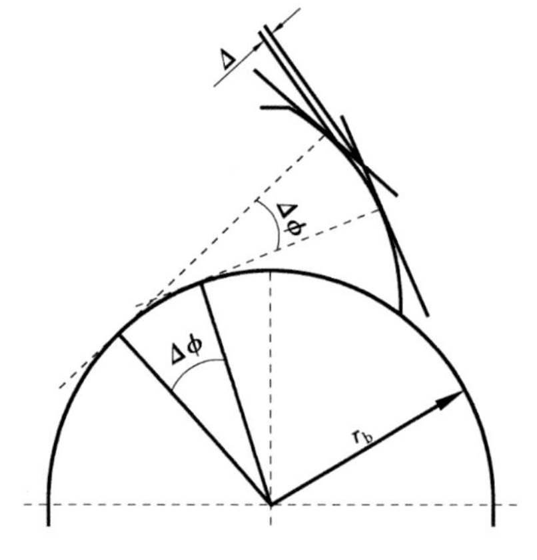

图 6.3 包络刀刃之间的棱高 Δ 示意图

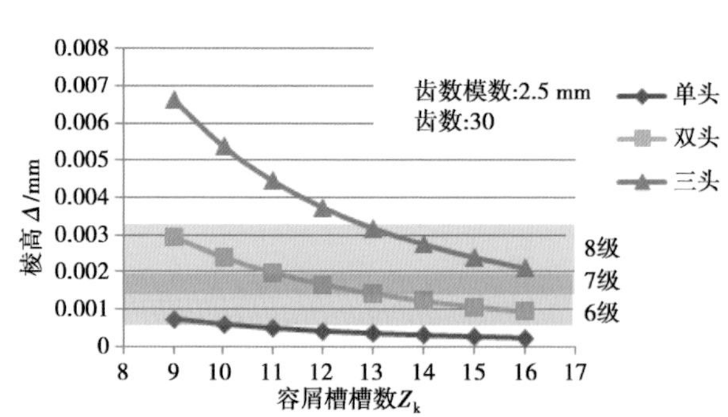

图 6.4 棱高 Δ 与容屑槽槽数 Z_k 的关系

当滚刀的圆周齿数增加之后，每个刀齿的平均切削厚度就会减小，在同样的切削速度下，每齿的平均切削力就会降低，滚刀前刀面上月牙洼的磨损将得到改善，滚刀的寿命得以延长。

在高速干切滚刀的设计中还要考虑排屑问题，即在消除了切削油的使用之后，切屑能否被快速排出。从理论上讲，如果容屑槽的槽形角足够大，减少切屑与容屑槽的接触面积与接触时间，切屑则不会长时间滞留在容屑槽内，使得切屑可以迅速排出，迅速带走切削热量，降低刀具的磨损。因此在高速干切滚刀的设计中应适当增大容屑槽的角度。普通滚刀的容屑槽的槽形角一般选择为25°，而高速干切滚刀容屑槽的槽形角则定为35°～40°。

6.1.2　高速干切滚刀几何结构主要参数的确定

高速干切滚刀的参数主要包括：法向模数 m_n，法向压力角 α_n，齿根高系数 h_f^*，齿顶高系数 h_a^*，齿全高 h，齿根宽 b_f，齿顶宽 b_a，滚刀齿顶圆角半径 r_a，直径 D_a，长度 L，头数 z_1，圆周齿数（槽数）Z_k，齿顶后角 α_e，铲背量 k，容屑槽深度 H，槽形角 θ，分度圆螺旋升角 λ，分度圆直径 D，轴向压力角 α_0 等。

滚刀的法向模数和法向压力角是两个标准值，分别与被加工齿轮的法向模数和法向压力角相等。但在变模数变压力角滚刀设计中，滚刀的模数和压力角可根据公式求得，转变为一般的滚刀设计。

齿根宽 b_f、齿顶宽 b_a、齿根高系数 h_f^*、齿顶高系数 h_a^* 和齿全高 h 是根据被加工齿轮的参数而选择或计算的，类似于齿轮的计算。

一般情况下，如果所设计的高速干切滚刀要作为通用刀具，则可选滚刀齿顶圆角半径 $r_a=(0.2\sim0.3)m_n$。

滚刀的外径是滚刀参数中的一个重要参数，它将影响其他结构参数选择的合理性，比如，中心轴或中心孔径、容屑槽的槽数等，《齿轮滚刀基本型式和尺寸》（GB/T 6083—2001）中对标准滚刀的直径做了相关的规定。高速干切滚刀的直径往往要小于标准滚刀，目前国内外均尚未制定高速干切滚刀相关标准，因此高速干切滚刀直径的选择可以根据《齿轮滚刀基本型式和尺寸》（GB/T 6083—2001）和一定的经验综合考虑进行选择。例如，对于中等模数3 mm和4 mm的滚刀在《齿轮滚刀基本型式和尺寸》（GB/T 6083—2001）中分别规定外径为100 mm和112 mm，而在高速干切滚刀的设计中外径一般选择80～90 mm。

高速干切滚刀的长度相对于普通滚刀设计得更长，《齿轮滚刀基本型式和尺寸》（GB/T 6083—2001）中规定滚刀的长度等于外径，而高速干切滚刀的外径一般在150 mm以上，至少为滚刀外径的两倍，以配合高速干切滚齿机的刀架来使用。

高速干切滚刀的头数一般选用多头，即2～3头。但在滚刀设计中也要综合考虑以下因素：多头滚刀在各头数螺纹之间存在分度圆误差，这种分度圆误差会累积到被加工齿轮的齿距误差和齿厚误差。如果滚刀头数与被加工齿轮的齿数互为质数，并且滚刀头数与滚刀圆周齿数也互为质数，则齿轮的每个齿将被滚刀各头上的各个刀齿轮流切削，这样就可以消除被加工齿轮的基节偏差。

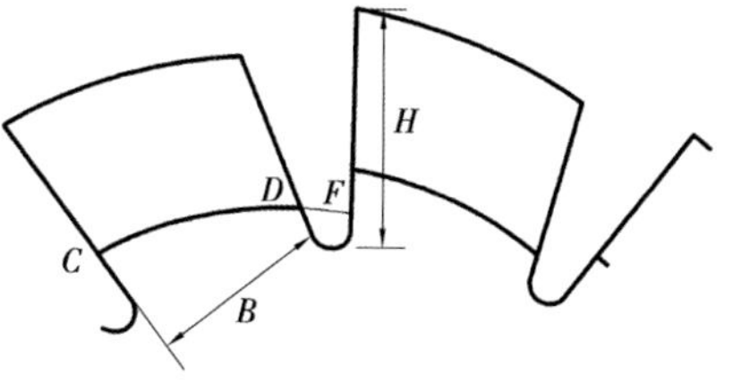

图6.5　滚刀端面示意图

滚刀端面示意图如图 6.5 所示，滚刀的圆周齿数 Z_k 应当在保证刀齿强度的条件（式(6.4)）下尽量选择较大的数值。

齿根强度校核关系式：

$$B > (0.5 \sim 0.7) \times H \tag{6.4}$$

高速干切滚刀的齿顶后角 α_e 与铲背量 k 是两个相互关联的参数，关系式如下：

$$k = \frac{\pi D_a}{Z_k}\tan \alpha_e \tag{6.5}$$

齿顶后角 α_e 一般选择 10°～12°，选定齿顶后角 α_e，通过计算求得 k 值，之后对侧刃后角 α_c 进行检验，如式(6.6)：

$$\alpha_c = \arctan\left(\frac{k \cdot Z_k \cdot \sin \alpha_n}{\pi D_a}\right) \tag{6.6}$$

齿顶后角的选择应该保证侧刃后角 α_c 不小于 3°。

容屑槽深度 H 的计算公式为：

$$H = h + k + (0.5 \sim 1.5) \tag{6.7}$$

容屑槽槽底半径 r 为：

$$r = \frac{\pi(D_a - 2h)}{10Z_k} \tag{6.8}$$

齿轮滚刀的分度圆直径 D 会随着刃磨次数的增加而减小，一把新滚刀的分度圆直径的计算公式为：

$$D = D_a - 2m_n \cdot h_a^* \tag{6.9}$$

刃磨之后的滚刀直径可根据刃磨尺寸进行计算。

分度圆螺旋升角 λ：

$$\lambda = \sin^{-1}\frac{M_n d_n}{D} \tag{6.10}$$

从而可得轴向压力角 α_0：

$$\tan \alpha_0 = \frac{\tan \alpha_n}{\cos \lambda} \tag{6.11}$$

以上为滚刀设计中所需参数的计算方法。

6.1.3　高速干切滚刀几何结构设计案例

以浙江双环传动机械股份有限公司所加工的行星齿轮为例，被加工齿轮参数：模数 m_{n1} = 3.25 mm，分度圆压力角 $\alpha_{n1}=22.5°$，分度圆螺旋角 $\beta_1=23°$，齿数 $Z=29$，分度圆直径 d_1 = 102.39 mm，齿顶圆直径 $d_{e1}=111.88$ mm，基圆直径 $d_{b1}=93.372$ mm，齿根高 $h_{f1}=3.9$ mm，剃后分度圆齿厚 $s_1=5.832$ mm，剃后齿顶宽 $s_a=1.37$ mm，倒角高度 $\Delta h=0.35$ mm，倒角宽度 $\delta=0.3$ mm，双面留剃 $\Delta=0.09$ mm，剃后渐开线起始圆直径 $d_b=98.75$ mm。

经过计算，由于齿轮齿顶较窄，全齿高较高，需减小压力角设计值。取滚刀法向齿形角 α_{n0} 为 19°，滚刀外圆直径为 80 mm，长度为 180 mm。

滚刀法向模数：

$$m_{n0} = m_{n1} \times \frac{\cos \alpha_{n1}}{\cos \alpha_{n0}} \tag{6.12}$$

滚刀分度圆柱上的法向齿距：

$$P_n = \pi \times m_n \tag{6.13}$$

齿轮节圆柱上的螺旋角：

$$\sin \beta'_1 = \frac{\sin \beta_{b_1}}{\cos \alpha_{n0}} \tag{6.14}$$

得 $\beta'_1=22.4445°$。

齿轮节圆直径：

$$d'_1 = \frac{Zm_{n1} \cos \alpha_{n1}}{\cos \alpha_{n0} \cos \beta'_1} \tag{6.15}$$

齿轮节圆柱上的端面压力角：

$$\sin \alpha'_{t1} = \frac{\sin \alpha_{n0}}{\cos \beta_{b1}} \tag{6.16}$$

从而计算得 $\alpha'_{t1}=20.4327°$。

齿轮节圆柱上的法向齿厚：

$$S'_{n1} = d'_1 \left(\frac{S_{n1}}{d_1 \cos \beta_1} + \mathrm{inv}\alpha_{t1} - \mathrm{inv}\alpha'_{t1} \right) \cos \beta'_1 \tag{6.17}$$

滚刀分度圆柱上的法向齿厚：

$$S_n = P_n - S'_{n1} - \Delta \tag{6.18}$$

滚刀的齿顶高：

$$h_{a0} = h_{f1} - \frac{d_1 - d'_1}{2} = \tag{6.19}$$

滚刀的齿根高：

$$h_{f0} = h_{a1} + \frac{d_1 - d'_1}{2} + C^* m_{n1} \tag{6.20}$$

滚刀的齿全高：

$$h = h_{a0} + h_{f0} \tag{6.21}$$

滚刀分度圆直径：

$$D = D_a - 2h_{a0} \tag{6.22}$$

滚刀头数选择 2 头，槽数 Z_k 为 15，槽形角为 35°，齿顶后角 α_e 为 10°，则铲背量 k：

$$k = \frac{\pi D_a}{Z_k} \tan \alpha_e \tag{6.23}$$

侧刃后角 α_c：

$$\alpha_c = \arctan\left(\frac{k}{\frac{\pi D_a}{Z_k}} \sin \alpha_n\right) \tag{6.24}$$

容屑槽深度 H：

$$H = h + k + 1 \tag{6.25}$$

容屑槽槽底半径 r 为：

$$r = \frac{\pi(D_a - 2h)}{10Z_k} \tag{6.26}$$

对滚刀进行刀齿强度校核，滚刀端面图如图 6.6 所示。

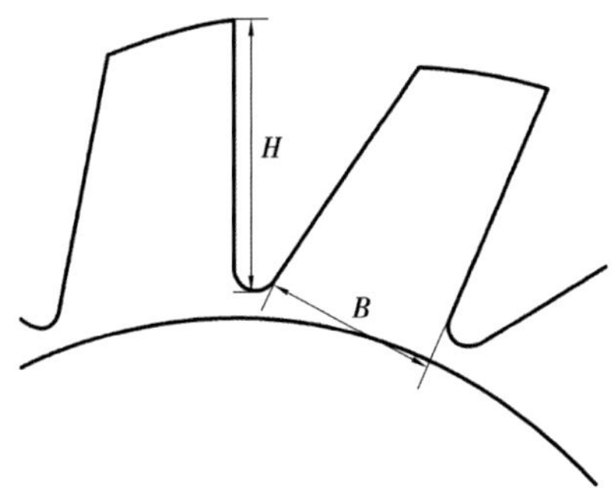

图 6.6　滚刀端面图

经过计算与测量，齿底宽度 $B = 9.31$ mm，根据式(6.4)判断是否满足强度要求。

6.2 高速干切滚刀基体及涂层材料

6.2.1 高速干切滚刀基体材料选择及性能分析

高速干切滚齿的滚齿速度普遍达到150 m/min及以上，并且完全消除了切削油的使用，所以高速干切滚刀要求刀具材料具有更好的硬度、韧性以及更高的红硬性，普通高速钢和高性能高速钢不能满足其要求，因此其刀具材料必须采用粉末冶金高速钢。

粉末冶金高速钢是将熔化之后的液态高速钢用高压惰性气体或高压水喷射雾化制成细化的粉末，然后将所得的粉末在高温下压制成钢坯，它具有晶粒小、炭化物细小、无偏析的特点，故磨削加工性能很好，热处理变形也小。现代粉末冶金新工艺增加了大型真空重熔净化装置，杂质比老工艺少，有较高的红硬性，保证了滚刀能适应高速切削，且具有稳定的寿命。同时，粉末冶金高速钢与铸锻高速钢比较，热加工性好，可磨削性好，在生产过程中更容易加工处理，普通高速钢和粉末冶金高速钢的金相图如图6.7所示。

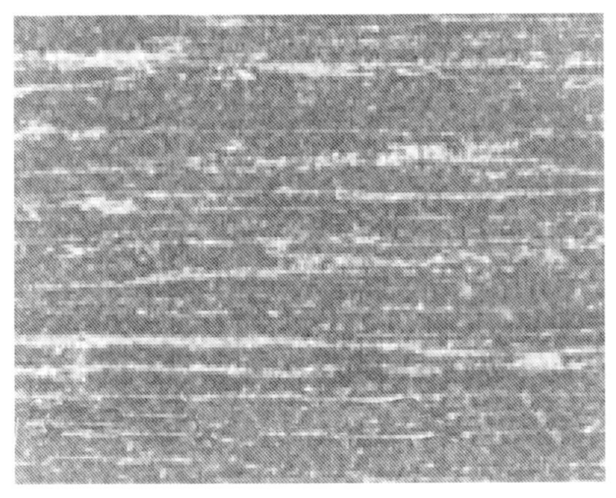

(a)普通高速钢金相图

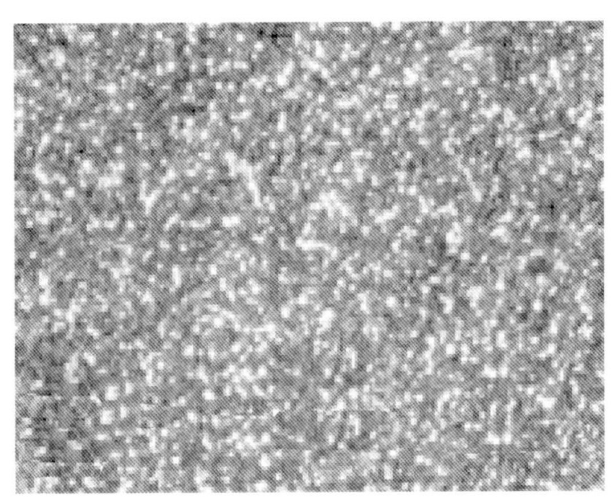

(b)粉末冶金高速钢金相图

图6.7 金相图

硬质合金是微米数量级的难熔高硬度金属碳化物的粉末，用钴、钼、镍等作黏结剂，在高温高压下烧制而成。硬质合金中高温碳化物含量超过高速钢，硬度高(75 ~80 HRC)，耐磨性好，红硬性可达到800 ~1 000 ℃，切削速度比高速钢高4 ~7倍，切削效率高。但硬质合金的缺点是抗弯强度低，冲击韧性差、脆性大，不能像高速钢那样能够承受大的冲击和切削震动，这就决定了硬质合金滚刀在齿轮加工过程中进给量不能太大，而决定齿轮加工效率的恰好是进给量，高速钢材料的滚刀就可以采用更大的进给量，硬质合金滚刀只能是高速钢滚刀的

50%，从这方面来讲，高速钢更适合作为滚刀的基体材料。

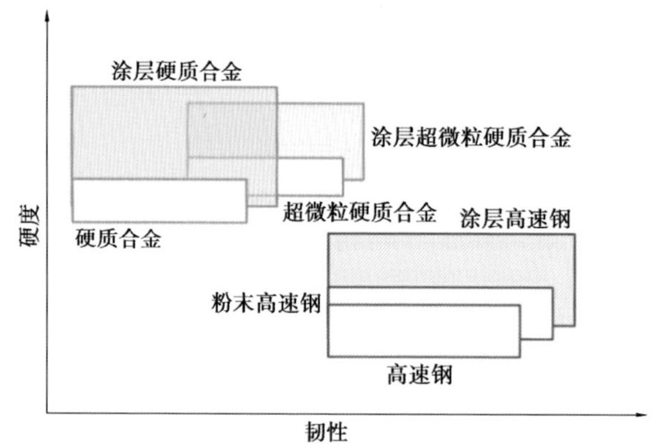

图 6.8　硬质合金与高速钢的材料属性

另外，从材料性能的可靠性，以及刀具用钝后的刃磨及滚刀的传送、装夹等方面考虑，高速钢滚刀比硬质合金滚刀更适用于高速干切。

国内众多高速干切滚刀生产厂家使用的粉末冶金高速钢均属于进口材料，目前世界上主要的粉末冶金高速钢有以下几类：

表 6.2　高速干切滚刀常用基体材料成分与性能

国　家	牌　号	成　分	硬度/HRC
瑞典	ASP2030	W6Mo5Cr4V3Co8	60 ~ 67
	ASP2052	W10Mo2Cr4V5Co8	60 ~ 67
	ASP2060	W6Mo7Cr4V6Co10	64 ~ 69
奥地利	S390	W10Mo2Cr5V5Co8	64 ~ 68
	S590	W6Mo5Cr4V3Co8	63 ~ 67
日本	HAP20	W2Mo7Cr4V4Co5	65 ~ 68
	HAP40	W6Mo5Cr4V3Co8	64 ~ 68
	HAP50	W8Mo6Cr4V4Co8	66 ~ 69

6.2.2　高速干切滚刀涂层工艺关键技术

刀具涂层是在具有高强度和韧性的刀具基体材料上涂的一层耐高温、耐磨损的材料。涂层作为一个化学屏障和热屏障，能够有效地减少刀具与工件间的元素扩散和化学反应，从而减缓了刀具磨损。同时刀具涂层表面具有较高的硬度、耐磨性、耐热氧化性，摩擦系数小，热导率低等特性，能够极大提高刀具的切削性能。刀具涂层技术在高速干切削技术发展之初就成为与其密不可分的一部分。近年来，业界对切削加工高速高效化、环保化的需求日益强烈，推动了涂层技术快速发展，先进涂层种类层出不穷并迅速应用于各类刀具。涂层的主要作用可总结为：

①提高刀具表面硬度和耐磨性；

②分隔刀具和切削材料，提高刀具表面抗氧化性及热化学稳定性，减少刀具与工件之间的扩散和化学反应；

③降低刀具接触区及排屑槽的摩擦，降低切削过程中的摩擦发热，有效地防止积屑瘤的产生；

④为刀具隔热，降低刀具温度，避免刀具红热软化及减小刀具热变形。

从图 6.9 中可以看出，刀具在未涂层的状态下，切削刃处形成了积屑瘤，积屑瘤的存在会给切削带来一定的负面影响。积屑瘤的大小在切削过程中是不稳定的，积屑瘤的产生、成长与脱落是一个带有周期性的动态过程，这个变化过程会引起振动，同时积屑瘤的这种周期性的变化会增加刀具表面粗糙度。积屑瘤黏附在刀具前刀面上，在脱落时会造成刀具颗粒剥落，加剧磨损。所以在切削过程中应尽量避免积屑瘤的产生，涂层刀具就很好地解决了这个问题。同时可以看出，涂层刀具的切屑卷曲的程度更大，这是由于切削产生的热量大部分存在于切屑中，只有少部分传递到刀具，切屑的高温使得切屑热变形更严重，与刀具的接触面积减小，减缓了刀具的月牙洼磨损。

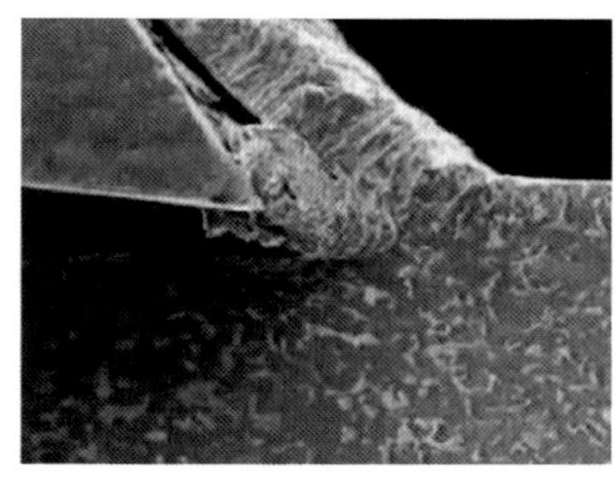

(a) 非涂层的刀具

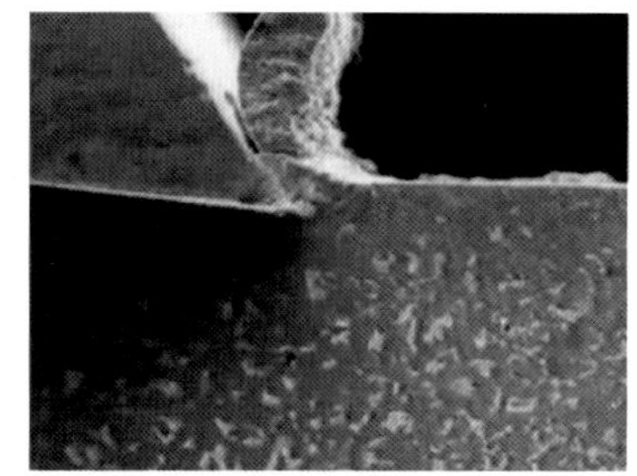

(b) 涂层的刀具

图 6.9　非涂层刀具与涂层刀具的切削状态对照图

气相沉积技术是刀具涂层最常用的技术之一，所谓气相沉积技术就是利用在气相中物理、化学反应过程，在工件表面形成具有特殊性能的金属或化合物涂层的方法。气相沉积技术主要包括化学气象沉积（CVD）、物理气相沉积（PVD）、等离子体增强化学气象沉积（PE-VD）。CVD 技术一般要在高温高压的设备中进行，而 PVD 技术对沉积条件要求较低，因此对于高速钢的刀具（回火温度低）来说，一般采用 PVD 技术对刀具进行涂层。

6.2.3 高速干切滚刀涂层材料选择及性能分析

常见的涂层材料主要有 TiC、TiN、TiCN、TiAlN、Al_2O_3、MOS_2、金刚石等，涂层的发展逐步由单一涂层、复合涂层，发展为多元复合纳米涂层。多元复合涂层能够根据不同的加工材料及工艺参数选择最优涂层成分，且纳米技术在涂层刀具中的应用极大地提高了涂层的组织力学性能及表面质量。滚刀涂层的厚度一般为 5 ~ 8 μm，因为比较薄的涂层在冲击载荷下，经受温度变化的性能较好，薄涂层的内部应力比较小，不易产生裂纹。

表 6.3 常见涂层性能

涂层材料	TiN	TiCN	TiCN + TiN	TiAlN 单层	TiAlN 多层
显微硬度/HV0.05	2 300	3 000	3 000	3 300	3 000
对钢的干摩擦系数	0.4	0.4	0.4	0.3 ~ 0.35	0.3 ~ 0.35
涂层内应力/GPa	-2.5	-4.0	-4.0	-4.0	-2.0
最高适应温度/℃	600	400	400	800	800
表面颜色	金黄色	青灰色	金黄色	青灰色	紫灰色
耐磨性能	+ +	+ + +	+ + +	+ + +	+ + +
耐氧化性	+ +	+ +	+ +	+ +	+ +

齿轮滚刀的涂层从 20 世纪 80 年代起经历了不同的时期，图 6.10 为滚刀涂层的发展过程，随着技术的发展，新的涂层还在不断出现。

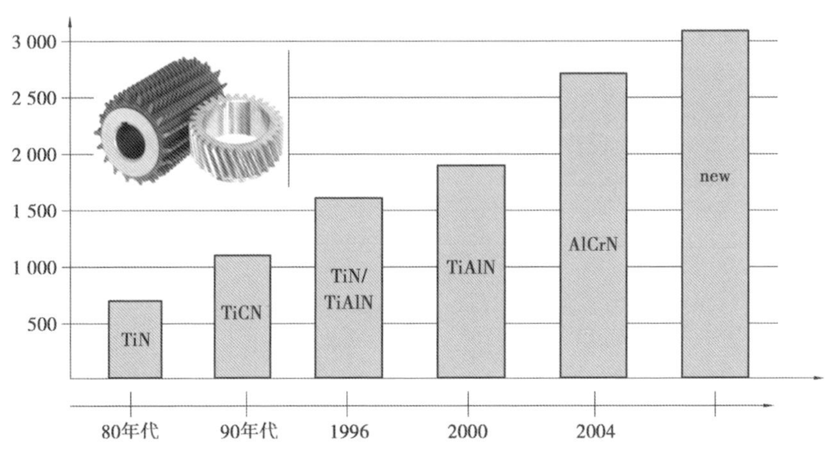

图 6.10 滚刀涂层的发展

目前 TiN 涂层主要用作普通滚刀的涂层，是最早出现的刀具涂层材料之一，最高应用温度为600 ℃,其硬度等方面的力学性能要求能够满足传统滚齿机床滚切加工的需要,涂层成本相对比较低。因此,从刀具的经济性等方面综合考虑,TiN 涂层最适合用于普通滚刀,因此常见的普通滚刀大多是金黄色,如图6.11 所示。

高速干切滚刀对滚刀材料的性能要求非常高,尤其在高温下,既要有高的硬度和耐磨性能,又要有高的强度和韧性。涂层之后的高速干切滚刀在保证其基体材料原本的硬度之外,刀具的韧性也有所提高。同时,涂层降低了切削材料与刀具之间的摩擦系数,避免了积屑瘤的产生,使排屑更流畅,有效地防止了后刀面的磨损,延缓了月牙洼的产生,从而成数倍地增加了刀具的寿命。图6.12 说明了涂层后的高速干切滚刀相对未涂层的滚刀使用寿命明显增加,有效地延缓了刀具的磨损。

图6.11　TiN 涂层的齿轮滚刀

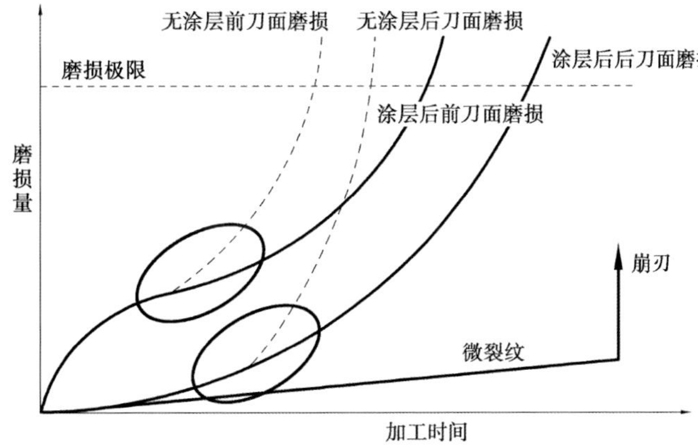

图6.12　高速干切滚刀磨损规律曲线

TiAlN 涂层材料是目前应用最广泛的干切刀具涂层之一,TiAlN 有很高的高温硬度和优良的抗氧化能力,涂层组成由原来的 Ti0.75Al0.25N 转化为优先使用的 Ti0.5Al0.5N。Ti0.5Al0.5N涂层又称为 AlTiN 涂层,抗氧化温度为800 ℃,抗氧化能力强,原因是在高速干切削加工中,由于滚刀在高温下并暴露于空气中,涂层中的 Al 会被氧化,在刀具表面产生一层非晶态 Al_2O_3 薄膜,Al_2O_3 化学性能稳定,硬度较高,对涂层起保护作用。目前人们将研究重点放在对 TiAlN 涂层的改进上,以满足应用领域对诸如抗氧化性能、热稳定性能及热硬度等需求的不断提高。而高速干切滚刀目前则采用 TiAlN 复合涂层(紫黑色),以满足滚刀在高速干切环境中的要求。

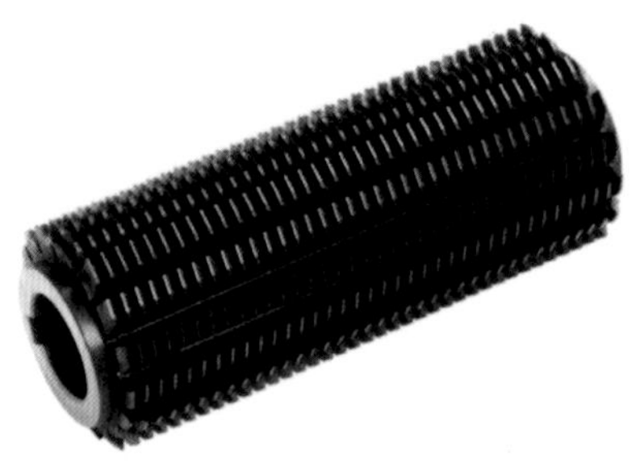

图 6.13　TiAlN 涂层的高速干切齿轮滚刀

6.3 高速干切滚刀制造的关键工艺

高速干切滚刀的制造工艺是能够保证设计的高速干切滚刀生产出并合格使用的关键步骤。高速干切滚刀与普通滚刀的机加工工艺相比，制造流程相似，主要区别在于高速干切滚刀对精度的要求更高，即要求更高的定位精度和几何精度，所以在加工的过程中合理的选择定位参照以及工艺参数就显得尤为重要。其次，高速干切滚刀的热处理工艺要求更加严格。

6.3.1 高速干切滚刀的粗加工

高速干切滚刀粗加工工艺流程如图 6.14 所示。

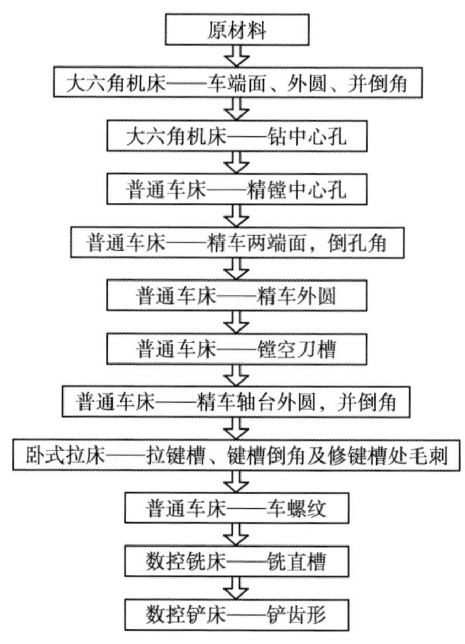

图 6.14　粗加工工艺流程图

高速干切滚刀的原材料采用国外进口材料 S390，针对原材料的规格选择提出以下选择标准，见表 6.4。

表 6.4　原材料选择标准/mm

原料 \ 产品	外径(de)≤70 长度(L)≤70	外径＞70～90 长度＞70～90	外径＞90 长度＞90
外　径	$(de+0.8)_{-0.5}^{0}$	$(de+1.0)_{-0.5}^{0}$	$(de+1.5)_{-0.5}^{0}$
长　度	$(L+1.5)_{-0.5}^{+0.5}$	$(L+2)_{-0.5}^{+0.5}$	$(L+2.5)_{-0.5}^{+0.5}$

本书中设计的滚刀外径为 $\phi80$ mm，原材料按照表 6.4 选择外径为 $\phi81_{-0.5}^{0}$ mm，长度为 $182.5_{-0.5}^{+0.5}$ mm，或者选择接近此标准的棒料。

根据加工总余量的计算公式：

$$Z_s = \sum_{i=1}^{n} Z_i \tag{6.28}$$

可以确定加工总余量，按照加工现场机床的精度等实际情况进行工序余量的分配。

滚刀的外圆是保证滚刀整体结构尺寸的基准，中心孔是滚刀最重要的定位基准与装夹定位基准，中心孔的加工精度将直接影响滚刀的回转中心的精度。

工序一：车外圆、钻中心孔。

在大六角车床，以外圆作为定位基准，车削毛坯的一段端面以及半段外圆，并倒角；将毛坯倒置，车另一端面和另半段外圆，并倒角。

同样保证同一工位，即工件的装夹不变，将钻头安装于转塔刀架，进行钻中心孔。在此按“基准统一”原则，保证滚刀外圆与中心孔的同轴度。目标尺寸工序示意图分别如图 6.15 和图 6.16 所示。

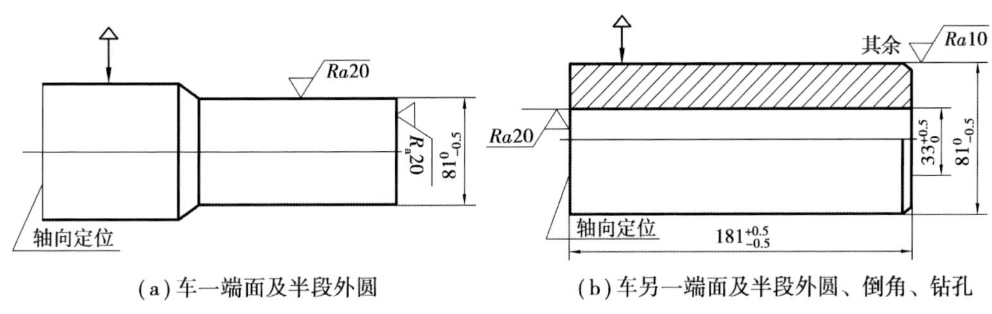

(a) 车一端面及半段外圆　　(b) 车另一端面及半段外圆、倒角、钻孔

图 6.15　工序一示意图

工序二：镗中心孔，车外圆、端面，车轴台。

在之后的工艺中都要以中心孔作为定位基准进行加工，所以要保证中心孔的精度，因此要先对中心孔进行精加工。工步一，在普通车床上，对中心孔进行精镗。工步二，精车两端面，并对中心孔倒角，保证端面圆跳动偏差。工步三，精车滚刀外圆，控制全轴长上的锥度。工步四，镗空刀槽，按照工程图尺寸加工即可。工步五，精车轴台外圆，并倒角。

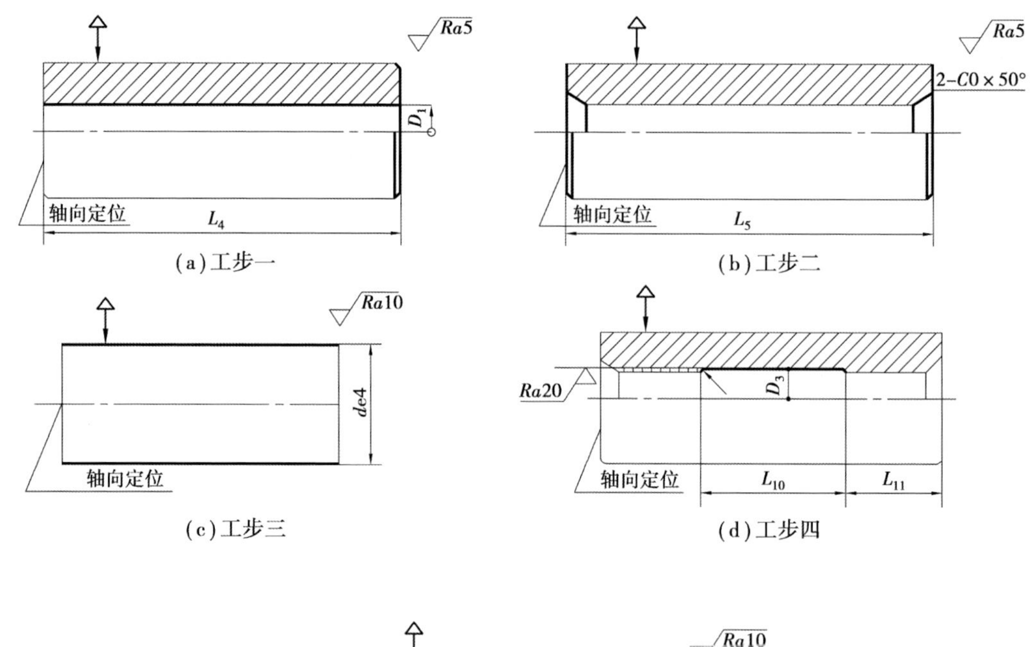

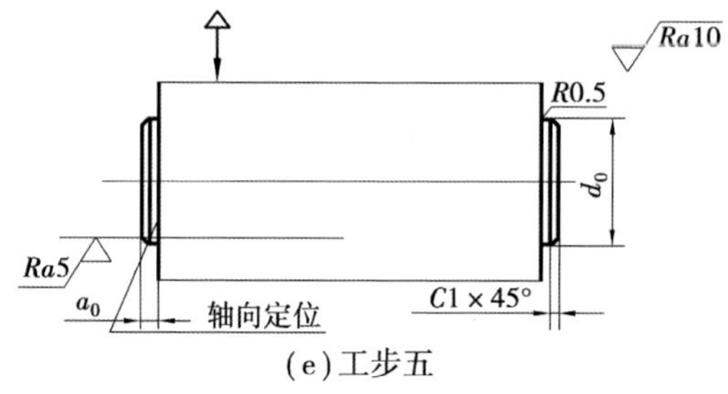

图 6.16　工序二示意图

工序三：拉键槽。

根据图纸的要求，在卧式拉床上，选择合适的平键拉刀拉出键槽，应对键槽进行倒角以及去毛刺。键槽口的倒角尺寸与已加工的中心孔倒角尺寸均匀一致。键槽两个凸锐角应修光，其他有毛刺的地方用方锉修磨。

工序四：车螺纹。

车螺纹时要保证机床与滚刀工件之间的刚性，采用带平键的芯轴进行定位，以保证在车螺纹过程中，不会因为切削力过大使工件滑移而导致出现螺旋线误差与导程误差。刀具采用成形车刀，刀具与机床主轴中心水平，保证造型精度，得到基本蜗杆。此蜗杆为阿基米德基本蜗杆,随后加工出的滚刀为阿基米德滚刀。工装方式与尺寸要求如图6.17所示,不同模数滚刀车螺纹的尺寸要求见表6.5。

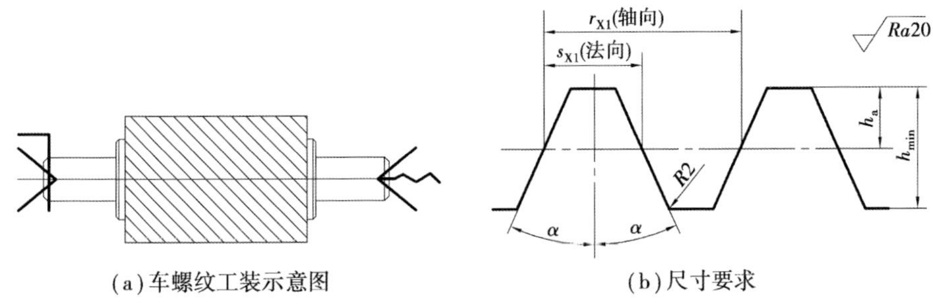

(a)车螺纹工装示意图　　(b)尺寸要求

图6.17　车螺纹工装示意图和尺寸要求

表6.5　不同模数滚刀车螺纹的尺寸要求

模数/mm	s_{X1}的值/mm
1~2.25	$(s_X+0.4)\pm0.05$
2.5~6	$(s_X+0.6)\pm0.08$
6.5~10	$(s_X+1.0)\pm0.10$
$p_{X1}=p_X*99.8\%$(s_X,p_X分别为成品齿厚与成品齿距)	

此工序中保证最大齿距偏差在要求范围内。同时要控制任意3个齿距长度内允许的最大齿距累积误差符合加工要求。此外,齿形角偏差、齿形中点离端面半个齿距内允许的齿厚偏差、全齿深的值都必须严格保证。

以上工序均以外圆或中心孔作为定位基准,同一工序中按“基准统一”原则保证加工一面组时的基准不变,各工序之间采用“互为基准”的原则,以确保外圆与中心孔之间同轴度误差满足设计要求。

在容屑槽与齿形的加工工艺中,根据“基准统一”原则,均以中心孔作为定位基准,以免因基准转换而导致误差的产生,从而保证各个面之间位置精度。

工序五:铣容屑槽。

铣容屑槽示意图如图6.18所示,这道工序具体为:在数控铣床上,使用刀齿形状与容屑槽形状相同的铣刀,进行成形铣削,完成一个槽的铣削之后工件旋转$360\div z_k$的角度,进行下一个齿槽的铣削。铣槽深度、槽底半径都要达到标准。

此工序完成后要对滚刀进行检测,保证刀齿前刃面的径向性偏差、容屑槽圆周节距最大累积误差、刀齿前面对中心孔轴心线的平行度都在标准范围内。

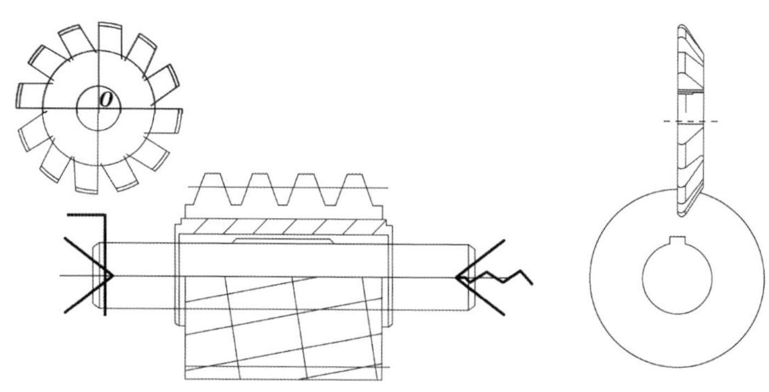

图 6.18　铣容屑槽示意图

工序六：铲齿形。

铲齿分为铲外圆与铲齿形两个工步进行，均在数控铲床上完成，如图 6.19 所示。加工完成后外径尺寸要达到要求。外径的偏摆、外径锥度控制在不可超出允许最大齿距偏差及任意 3 个齿距长度内的最大齿距累积误差。

图 6.19　数控铲齿

6.3.2　高速干切滚刀的热处理

粗加工完成之后，需对滚刀进行热处理。选择合理的热处理工艺才能使刀具达到要求的力学性能。由于高速干切滚刀的基体材料是粉末冶金高速钢，通常采用淬火——回火热处理工艺：

(1)淬火工艺

淬火是为了提高高速钢的强度、硬度、耐磨性、疲劳强度以及韧性。高速钢中含有多量的金属元素，导热性较差、塑性较低，淬火中为防止刀具变形和开裂，须经过一两次预热。对于不同的成分的粉末冶金高速钢，其淬火的最佳温度也是不同的，衡量淬火加热温度和刀具热处理质量的重要标志是淬火晶粒度。粉末冶金高速钢，在淬火状态下，一个显著的特点是晶粒非常细小，能达到11～12级。在对S390材料所做的淬火工艺实验中，从1 240 ℃淬火后，S390钢仍保持符合规定的晶粒度，但这时在一些富碳化物区域，已开始出现液相组织，这将会导致力学性能下降。S390粉末冶金高速钢在1 240 ℃已经处于过烧状态，合适的淬火温度为1 180～1 225 ℃，S390经不同温度淬火后的显微组织如图6.20所示。

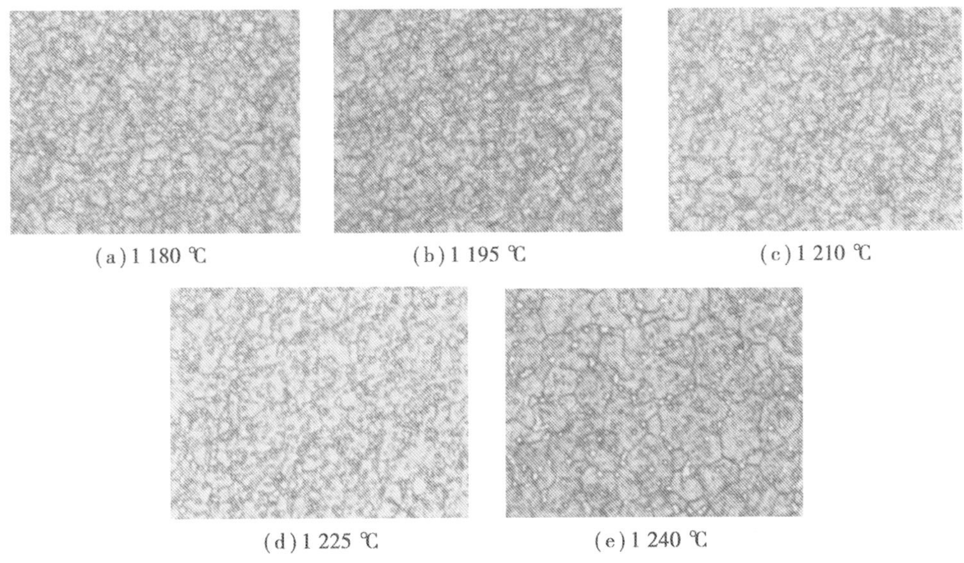

(a)1 180 ℃　(b)1 195 ℃　(c)1 210 ℃

(d)1 225 ℃　(e)1 240 ℃

图6.20　S390经不同温度淬火后的显微组织(放大位数为500)

根据以上研究作出的淬火方案其淬火在高温盐浴炉中进行，滚刀淬火前进行两次预热，高温加热之后进行冷却。工艺方案如图6.21所示。

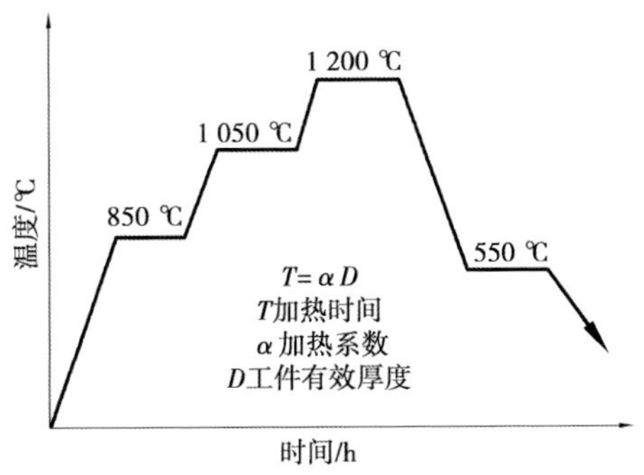

图6.21　淬火工艺示意图

(2)回火工艺

回火是淬火后必不可少的一道工序。如果高速钢刀具不经过回火,则切削时会发生崩刃、折断等现象,刀刃也容易磨损。回火是否充分,主要是指钢中残余奥氏体是否完全消除。粉末冶金高速钢要经过3次回火,才能充分消除残余奥氏体。S390高速钢3次回火温度均为540~560 ℃,回火之后要检测碳化物的析出情况,若析出均匀,则回火充分,回火工艺示意图与热处理后的金相组织如图6.22所示。

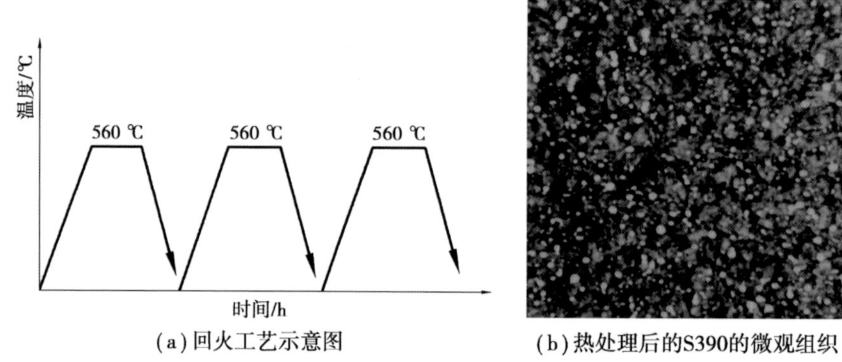

(a)回火工艺示意图　(b)热处理后的S390的微观组织

图6.22　S390回火工艺示意图及其处理后的微观组织

以上是针对S390粉末冶金高速钢而设计的热处理工艺,对于不同的粉末冶金高速钢最佳热处理温度是不同的。对回火处理之后的滚刀进行喷丸处理,清理表面的锈层的同时对表面的强化也起到了一定的效果。经检测热处理之后的S390硬度值为66.8~67.6 HRC。

6.3.3　高速干切滚刀的精加工

热处理之后的滚刀,需要进行精加工,得到最终尺寸和几何精度,精加工工艺流程图如图6.23所示。涂层的表面会完全复制基体的表面,所以涂层后的滚刀表面粗糙度等公差值与涂层之前的滚刀公差值是一致的。

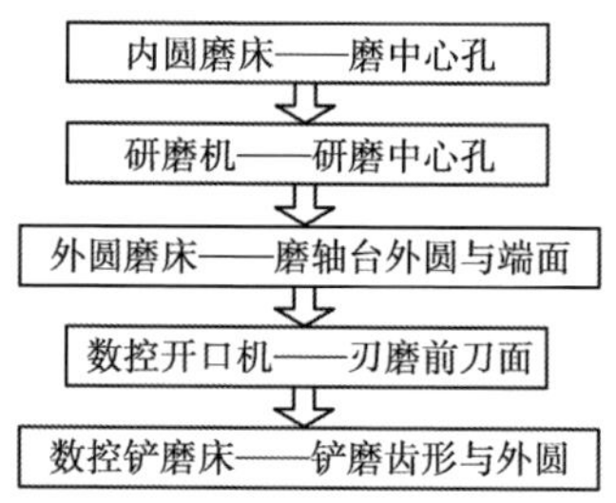

图6.23　精加工工艺流程图

(1)内孔与轴台的精加工工艺方案设计

工序一:磨中心孔。首先,对中心孔进行粗磨。然后在研磨机上对中心孔进行研磨,保证用全形塞规代替具有公称直径的基准心轴能通过中心孔,达到图底要求的粗糙度。

工序二:磨轴台的外圆和端面。按照图纸的要求对轴台的外圆以及端面进行磨削。磨削应在心轴大端进行,磨削表面不得有烧伤、黑斑和刻痕。

(2)刀齿面的精加工工艺方案设计

刃磨是高速干切滚刀机加工的最后工序也是最关键的工序,刃磨后的表面质量将影响滚刀基体与涂层之间的结合情况,刃磨后的刀刃质量将直接影响滚刀在使用过程中的耐用度等问题。在此工序中按照"基准统一"的原则,以加工好的中心孔作为精定位基准来进行前刀面、侧面以及外圆的刃磨。

工序一:刃磨前刀面。刃磨过程中使用切削油进行润滑降温,以便有效地杜绝退火现象的发生而导致的硬度降低。

图6.24　铲磨砂轮

工序二:铲磨齿形。使用数控铲磨床铲磨齿形与外圆在设备的数控系统中进行磨前的模拟切削,以控制齿形精度。刃磨的原理与铲齿原理类似,采用成形砂轮(图6.24)进行加工。

最后一道工序完成之后,需要对齿形误差、相邻切削刃的螺旋线误差、切削刃的螺旋线误差进行测量。

介于目前国内外均没有统一的高速干切滚刀设计(图6.25)与制造标准,在本书中涉及的公差等设计制造标准均根据重庆工具厂有限责任公司实际操作经验以及国际上目前统一认可的DIN3968标准而制定的,仅供参考。

图 6.25　高速干切滚刀(未涂层)

6.4　高速干切滚刀质量检测与评价

6.4.1　高速干切滚刀的表面形貌检测与评价

材料准备:高速干切滚刀(重庆工具厂有限责任公司生产的国产滚刀和美国格里森公司生产的进口滚刀)刀齿、橡皮泥、镊子、无水乙醇。

检测设备:Keyence 超景深三维数字显微镜 VHX-1000C/VW-6000、扫描电镜 VEGA 3 SBH,如图 6.26 所示。

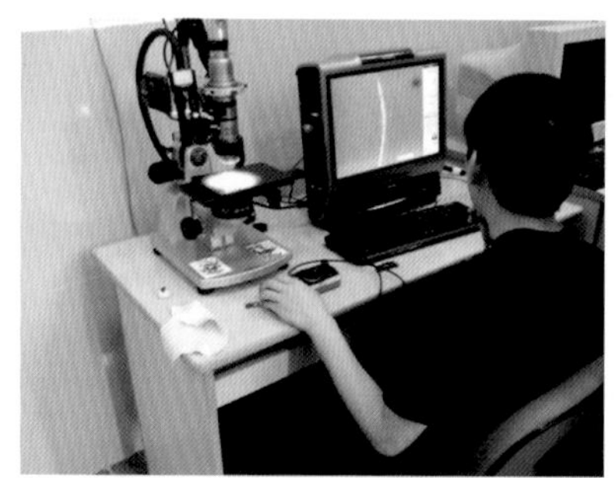

(a)数字显微镜VHX-1000C/VW-6000

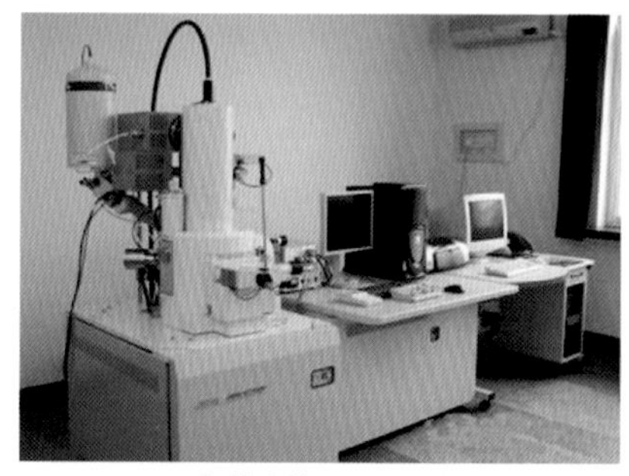

(b)扫描电镜VEGA 3 SBH

图 6.26　数字显微镜及扫描电镜

三维数字显微镜观察实验:用镊子夹取滚刀的刀齿试样,将刀齿黏于橡皮泥上(由于橡皮泥塑性好,可以很好的调整放置角度),使用无水乙醇对刀齿进行洗涤,除去表面杂质,分别将刀齿 3 个后刀面朝上放置于数字显微镜的载物台上,调整焦距直到拍到清晰的画面,保存图片,分别对国产滚刀与进口滚刀进行检测。检测结果如图 6.27 所示。

扫描电子显微镜观察实验:分别将国产滚刀刀齿和进口滚刀刀齿固定在托盘上,用无水乙醇清洗晾干之后放入观察室,观察滚刀表面形貌如图 6.28 所示。

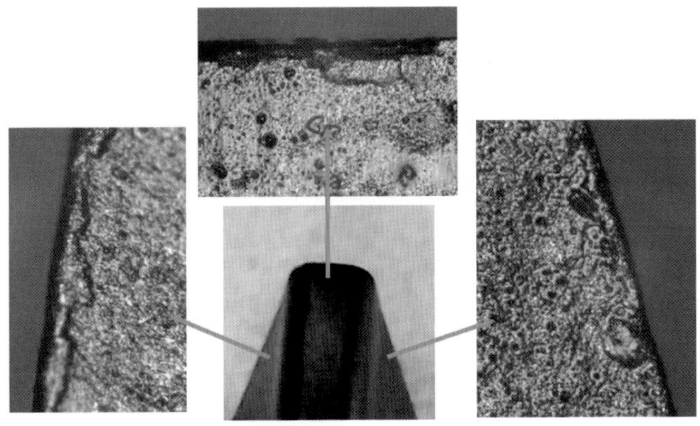

(a)重工高速干切滚刀

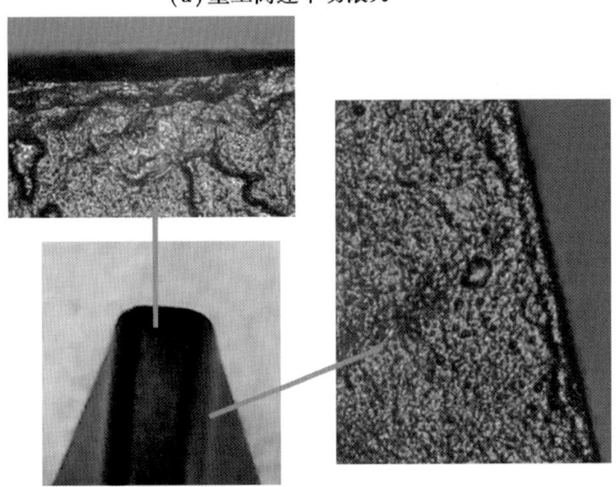

(b)格里森高速干切滚刀

图6.27　超景深三维数字显微镜下的涂层表面形貌

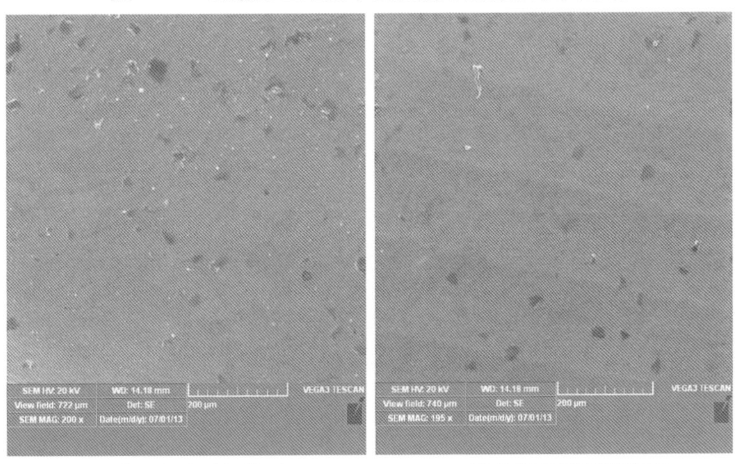

(a)重工高速干切滚刀　　　　(b)格里森高速干切滚刀

图6.28　扫描电子显微镜下的涂层表面形貌

根据图 6.27、图 6.28，国产高速干切滚刀与进口高速干切滚刀从总体上看，在涂层表面形貌方面基本没有差别，表面较为平整，涂层表面的熔池凹坑是由于涂层过程中的离子团撞击到涂层表面形成，属于正常现象。但是从细节上会发现，在图 6.27(a) 中，国产滚刀左侧齿面的边缘部分有一条裂痕，经过观察分析，这种裂痕在国产滚刀出现的情况比进口滚刀要多，造成这种情况的原因主要有：

①滚刀在生产中的圆角不合理，圆角半径太小造成涂层之后涂层结构的内应力集中，使用过程中逐渐产生裂纹；

②由于在涂层设备中，滚刀切削刃两个相连表面的倾斜角不同，造成涂层厚度不同，在涂层完毕冷却的过程中，两个表面的涂层收缩率不同，产生较大的内应力，同时，基体与涂层结构的不同使冷却过程中产生残余应力，导致裂纹的产生。

由于滚刀结构比较复杂，很难保证每个面的涂层厚度相等，所以通过磨钝获得合适的圆角是解决这一问题的最好方案。

高速干切滚刀涂层表面合格质量标准应当为：涂层表面平整、致密，无裂纹、孔隙等明显缺陷存在。

6.4.2 高速干切滚刀的切削刃型检测与评价

高速干切滚刀的切削刃形貌采用与涂层表面形貌相同的检测方式进行实验，所得检测结果如图 6.29、图 6.30 所示。

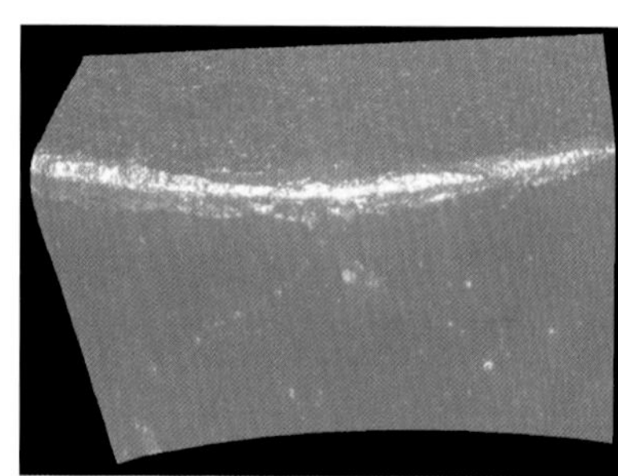

(a) 重工高速干切滚刀

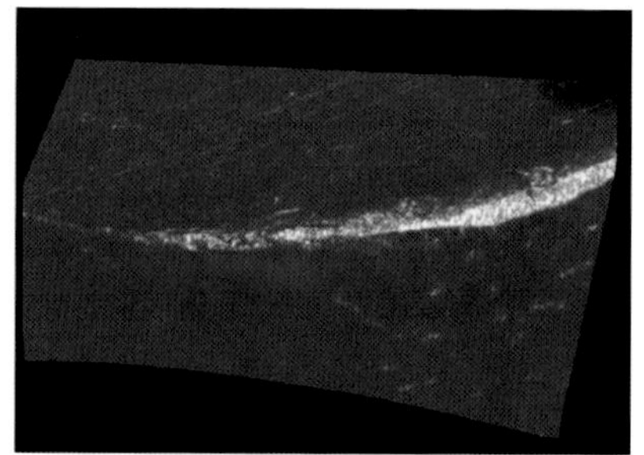

(b) 格里森高速干切滚刀

图 6.29 三维数字显微镜下的切削刃形态

从图 6.30 中能看出滚刀的刀刃均存在一定的缺陷，所检测的高速干切滚刀是采用 TiAlN + TiN 分层涂层，表层为紫黑色，内层为金黄色；从图 6.29 中可以看出切削刃表层涂层均存在一定的剥落，而且国产滚刀较为严重。滚刀在使用过程中切削刃圆角处的磨损最为严重，通过检测观察可以得出，切削刃在生产之后的表层涂层剥落也是造成滚刀容易磨损的原

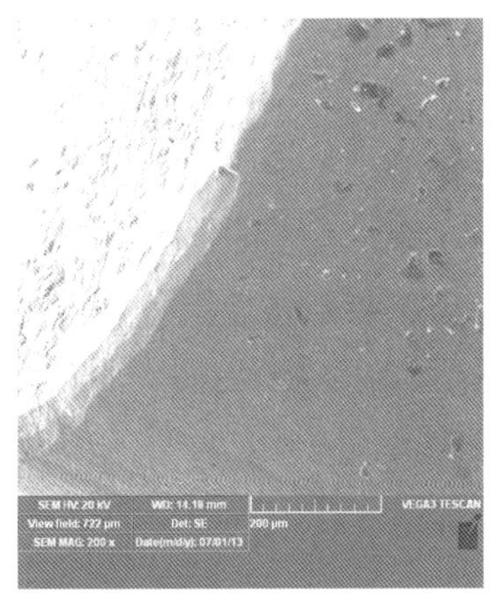

(a)重工高速干切滚刀

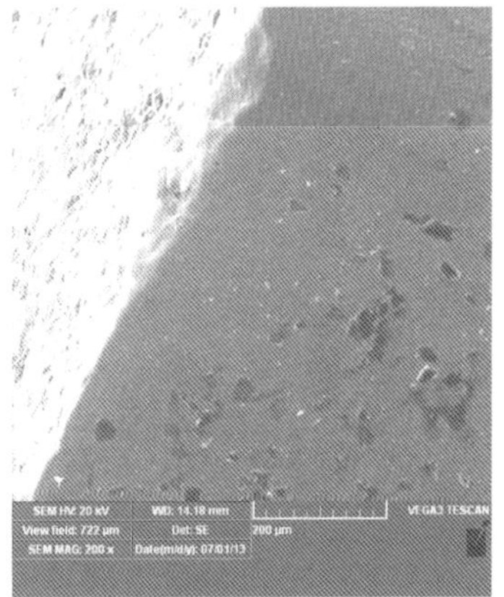

(b)格里森高速干切滚刀

图6.30　扫描电子显微镜下的切削刃形态

因之一,而影响滚刀切削刃涂层剥落的一个重要因素是切削刃圆角。如图6.31所示,刃口的形态决定了涂层的残余应力,尖角相对于圆角,残余应力较大,这就是尖角效应。尖角效应的存在会导致涂层与基体的结合力较差,涂层更容易剥落。当圆角半径大于12 μm时,涂层的内应力明显减小,刀具涂层与基体的结合力明显提高。

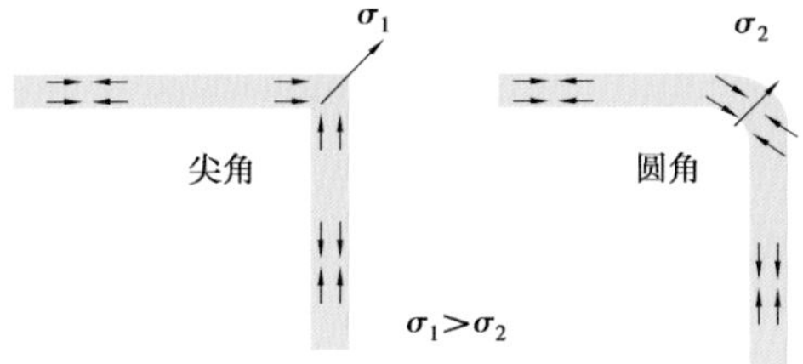

图6.31　圆角处涂层应力示意图

6.4.3　高速干切滚刀的涂层厚度、涂层-基体结合质量的检测与评价

要进行滚刀涂层质量检测首先要对试样进行抛光处理。使用线切割机床,将试样分别横向与纵向切片,然后分别用砂布与抛光机进行打磨与抛光,达到扫描电镜实验的要求后,把处理好的试样放在SEM下进行观察,高速干切滚刀的断面形貌图如图6.32所示。

从图6.32的4幅图片来看,涂层的厚度均匀,齿顶部分的涂层厚度为8~10 μm,刀齿侧面涂层厚度为5~7 μm,涂层的组织结构致密,无气孔、裂缝等缺陷。在图6.32(a)侧面涂层断面中,涂层与基体的结合并不是非常完好,存在一定的缝隙,这会导致涂层的硬度降低,如果这种情况出现在切削刃部分,就会导致刀具容易磨损,刀具的使用寿命低。从图6.32(b)中也能看出存在这种缺陷,导致这种缺陷的原因是刀具在精加工过程中的磨削质量较差,从而容易使涂层与基体的结合质量降低,基体表面粗糙度太大,涂层在形成的过程不能与基体很好的结合。

杨晖等对基体表面粗糙度对涂层结合强度的影响做过研究，发现基体表面粗糙度对涂层与基体之间的结合强度有很大的影响。涂层过程中，熔融颗粒撞击粗糙度较小的基体表面时受到的阻力较小，撞击粗糙度较大的基体表面时受到的阻力较大。用大小不同的砂粒喷砂时，单位时间单位面积上冲击基体表面的磨料数目和接触面积均不同，用喷砂预处理可以在基体表面产生数目更多、深度适中的凹坑。凹坑越多，越有利于涂层与基体表面的机械结合；深度适中，则保证了在撞击基体时熔融的颗粒表面能充分接触并润湿基体表面。并不是基体表面越粗糙，涂层的结合就越好；也不是基体表面越光滑，结合强度就越大，对于不同的喷涂方法，基体表面的粗糙度都存在一个最佳范围。

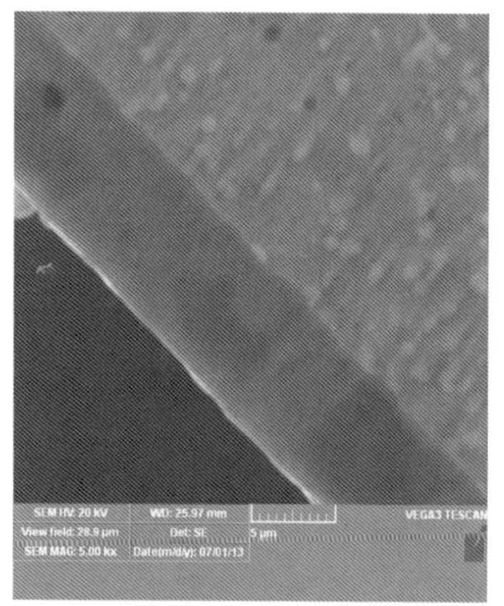
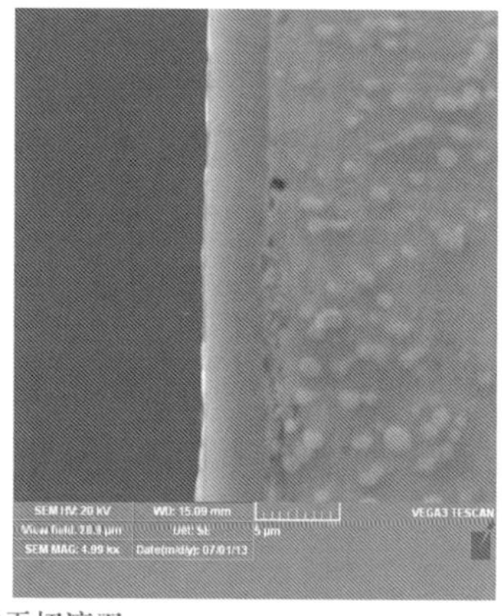

(a)重工高速干切滚刀

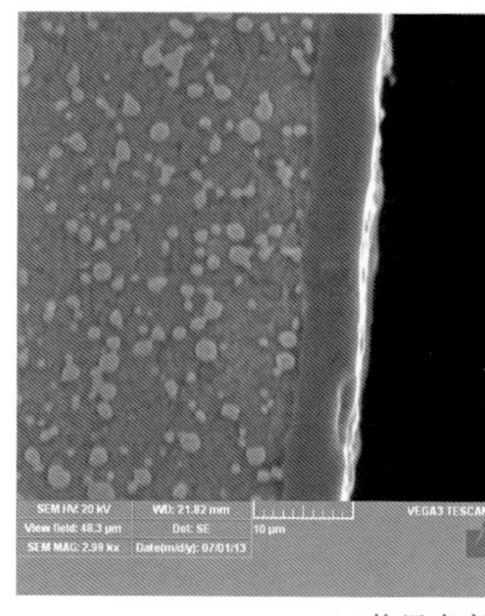
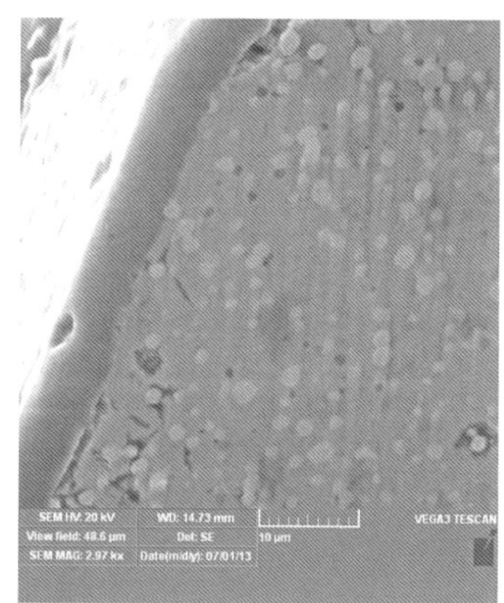

(b)格里森高速干切滚刀

图 6.32　高速干切滚刀断面图

因此，一个合格的高速干切滚刀产品应满足以下特点，涂层的厚度应当为 5 ~ 10 μm，涂层组织结构致密，无杂质、气孔、裂缝等缺陷，涂层应当与基体良好的结合，结合面上不存在孔隙等缺陷。

6.4.4　高速干切滚刀综合力学性能检测与评价

高速干切滚刀的硬度是衡量滚刀力学性能最主要的标准。采用纳米力学测量仪(图6.33),通过纳米压痕探针方式对国产滚刀进行力学性能测试,检验涂层后的刀具硬度,与国外进口刀具进行对比。

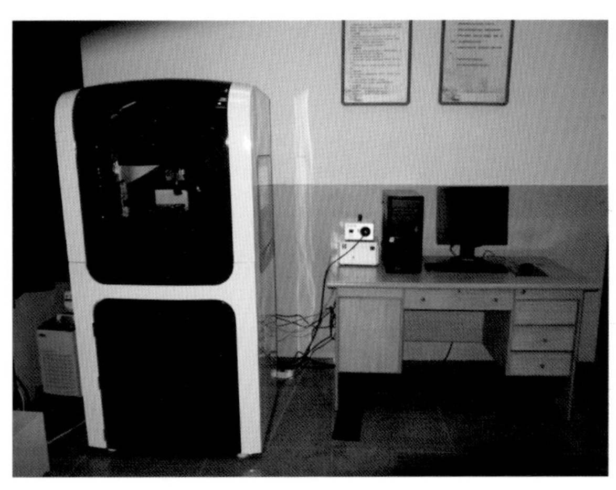

图6.33　纳米力学性能测试仪

对国产滚刀和国外进口滚刀的齿顶后刀面选择9个点进行硬度检测,测试仪的压力参数设置为最大值10 000 nN,实验数据见表6.6、表6.7。

实验数据表明,国产高速干切滚刀硬度与进口高速干切滚刀相比硬度相近,从总体数据平均值来看,国产高速干切滚刀硬度略低于格里森高速干切滚刀,并且通过实际使用情况来看,刀具寿命也略低。因此保证涂层技术,提高滚刀的硬度,对滚刀寿命的延长有着重要的意义。

表6.6　国产高速干切滚刀硬度

序　号	施加压力/nN	深　度/nm	硬度/GPa
0	9 995.782	233.191 8	7.889 99
1	9 995.81	294.437 4	5.026 71
2	9 995.793	241.407 7	6.364 49
3	9 995.794	350.868 5	3.2508 12
4	9 995.788	322.150 8	3.793 79
5	9 995.791	307.588 9	4.1142 28
6	9 995.843	268.389 7	5.335 626
7	9 995.768	259.106 2	5.921 07
8	9 995.815	267.310 5	5.995 197

表 6.7　格里森高速干切滚刀硬度

序　号	施加压力/nN	深度/nm	硬度/GPa
0	9 995.799	287.414 3	5.276 866
1	9 995.803	370.262 8	3.1473 03
2	9 995.79	287.309 3	5.300 31
3	9 995.806	263.426 8	5.779 776
4	9 995.79	294.080 7	4.341 27
5	9 995.81	215.964 7	8.945 124
6	9 995.806	271.630 1	5.234 91
7	9 995.802	270.808 3	5.632 325
8	9 995.83	236.290 7	7.750 163

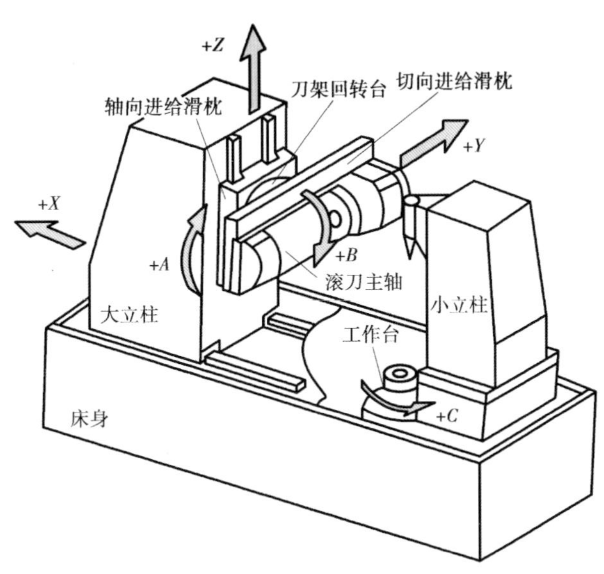

图7.3　立式高速干切滚齿机床的结构简图

7.1.5　高速干切滚齿切削工艺参数

(1)切削工艺参数

高速干切工艺切削速度高且缺少切削油的冷却润滑,因而其切削参数对机床热变形误差、刀具寿命和工件质量等影响很大。高速干切滚齿切削参数包括切削速度、滚刀主轴转速、进给量、进给速度等。其中切削速度 v 是指滚刀切削工件的线速度,与机床主轴转速和滚刀直径相关,$v=n\cdot\pi\cdot d_{a0}/1\,000$。目前粉末冶金高速钢滚刀切削速度一般为150~300 m/min,硬质合金滚刀切削速度更高,一般为250~400 m/min。不同工件材料,不同工艺条件,不同齿轮参数其合理的切削速度不一样。进给量 f 是指工作台每转1转,高速干切滚刀沿工件轴线方向进给的距离,进给量的选择对滚刀寿命的影响很大,需慎重选择。进给速度 F_z 是指滚刀沿工件轴线方向进给的速度,即 $F_z=1\,000f_{z0}/(\pi d_{a0}z)$,与滚刀直径、齿轮齿数、滚刀头数、进给量有关。进给速度是高速干切滚齿工艺数控编程的关键参数,高速干切滚齿切削工艺参数及运动关系如图7.4所示。

(2)滚刀安装方式

高速干切滚齿时必须使滚刀轴线和工件轴线符合一定的轴交角,这个角度的大小和方向是根据工件和滚刀螺旋角的大小和方向来确定的,如图7.5所示。

(3)窜刀方式

提高高速干切滚刀使用寿命的常用方法为在刀齿磨损值达到一定限度时进行窜刀操作。

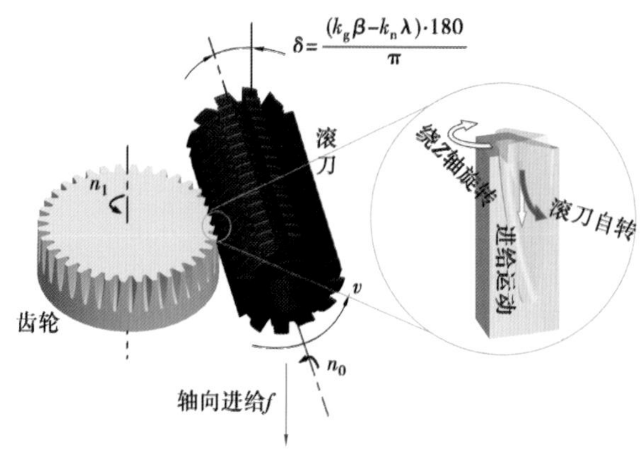

图 7.4　高速干切滚齿切削工艺参数及运动关系

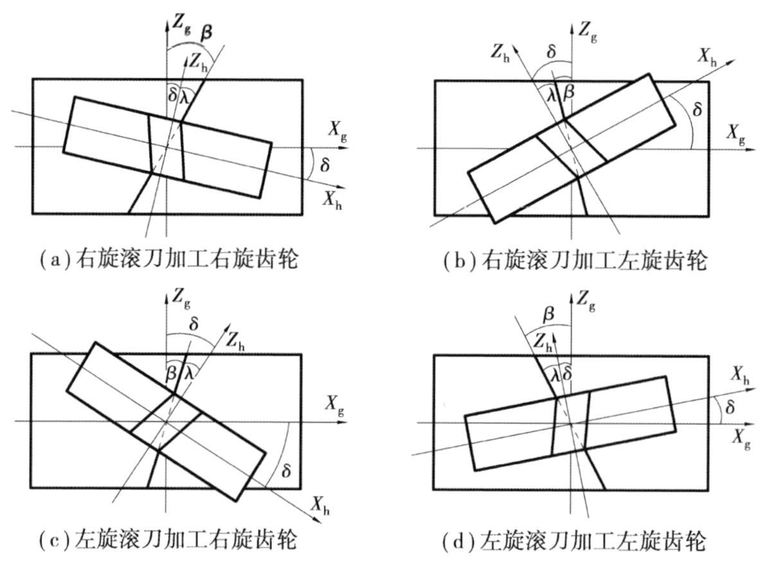

图 7.5　圆柱齿轮滚切加工中滚刀的安装角

滚刀加工齿轮时，切削区每个刀齿的切削量都不相等，各刀齿的磨损也不均匀。滚刀的合理串刀，就是消除少数刀齿磨损严重，多数刀齿磨损轻微或者无磨损的弊端，使滚刀整个长度上的有效刀齿都能依次均匀地发挥切削作用，延长刀具的使用寿命。滚刀如果能做到合理串刀，刀具的耐用度将大大提高，而且加工出齿轮齿面的表面粗糙度也会有所降低。

目前普通滚刀大多采用普通串刀方法，即每加工完一次装夹的工件，就沿滚刀轴向串同一基本蜗杆螺旋上的相邻切削刃轴向距离 S_k，当达到串刀范围后又重复从原起点开始串刀，直到达到滚刀的磨损标准。对于高速干切滚刀，这里提出一种粗串刀方式，即每次串刀量为同一容屑槽上的相邻切削刃的轴向距离 S_g，当串完一个周期后，下次串刀周期起点与上次串刀起点偏移一个 S_k 的距离，高速干切滚刀串刀原理如图 7.6 所示。

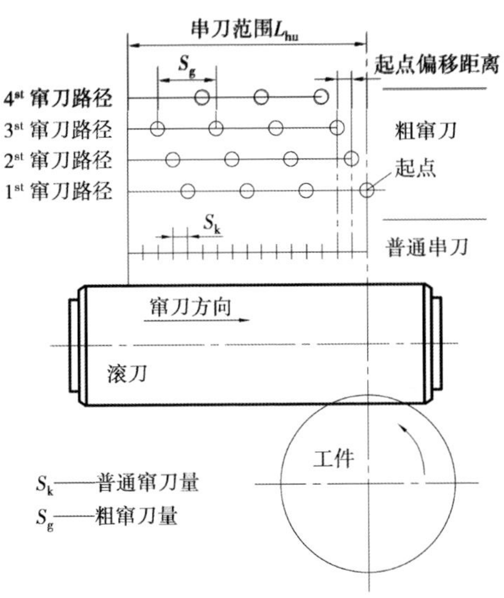

图7.6　高速干切滚刀窜刀原理

对于斜槽滚刀：$S_k=\pi\cdot m_n\cdot z_0\cdot\cos\lambda/Z_k$，$S_g=\pi\cdot m_n\cdot z_0\cdot\cos\lambda$

对于直槽滚刀：$S_k=\pi\cdot m_n\cdot z_0/(Z_k\cdot\cos\lambda)$，$S_g=\pi\cdot m_n\cdot z_0/\cos\lambda$

高速干切滚刀窜刀范围L_{hu}如图7.7所示，其计算公式为$L_{hu}=l_3-l_e-l_{p0}/2-3\cdot m_n$。

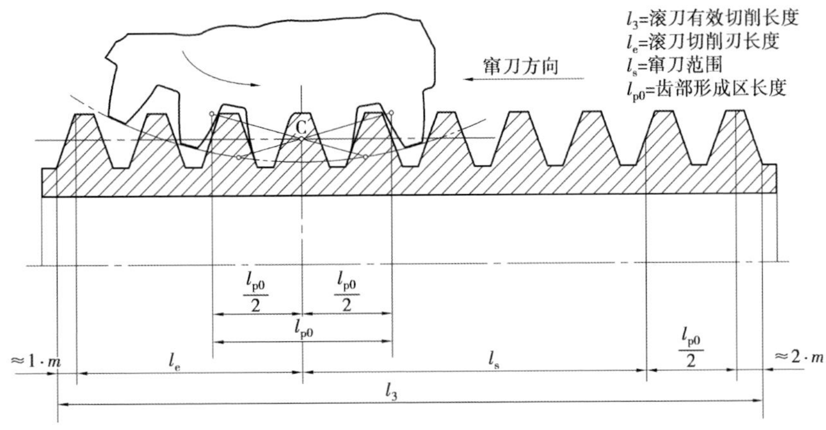

图7.7　高速干切滚刀串刀范围

$$l_{p0}=\begin{cases}l_{pa}\cdot\dfrac{\cos\lambda}{\cos\beta},l_{pa}>l_{pf}\\[2ex] l_{pf}\cdot\dfrac{\cos\lambda}{\cos\beta},l_{pf}>l_{pa}\end{cases}$$

$$\tan\alpha_t=\frac{\tan\alpha_n}{\cos\beta}$$

$$l_{pa}=2\cdot\frac{(h_a^*m_n-x\cdot m_n-r_{a0})(1-\sin\alpha)}{\dfrac{\tan\alpha}{\tan\beta}}$$

$$d_b = z_1 \cdot m_n \cdot \frac{\cos \alpha_{at}}{\cos \beta}$$

$$\cos \alpha_{at} = \frac{d_b}{d_{a1}}$$

$$l_{pf} = 2 \cdot \frac{\dfrac{d_{a0}}{2\cos(\alpha_{at} - \alpha_t)} - z \cdot \dfrac{m_n}{\cos \dfrac{\beta}{2}}}{\tan \alpha_t}$$

实践证明在高速干切滚切工艺中采用粗窜刀方法更加有效地保证了窜刀范围内各个刀齿磨损量的均匀性，提高了滚刀寿命。

(4)走刀方式

高速干切滚齿工艺通常应用于中小模数齿轮的加工，在工件径向方向采用一次进给方式，直接切出全齿深度，高速干切工艺同样有逆铣和顺铣两种走刀方式，如图 7.8 所示。

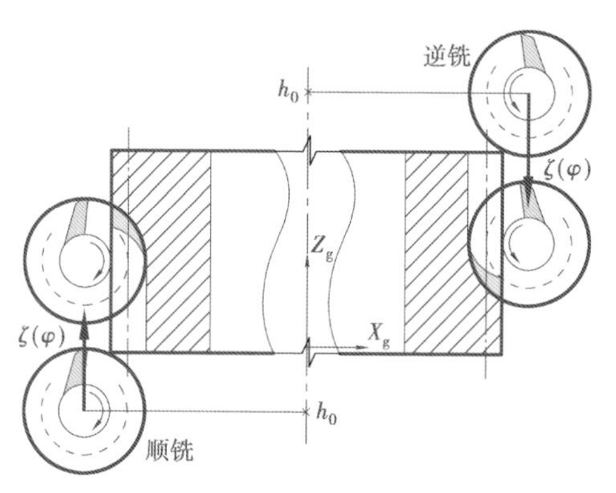

图 7.8　圆柱齿轮滚切加工中滚刀进给方式

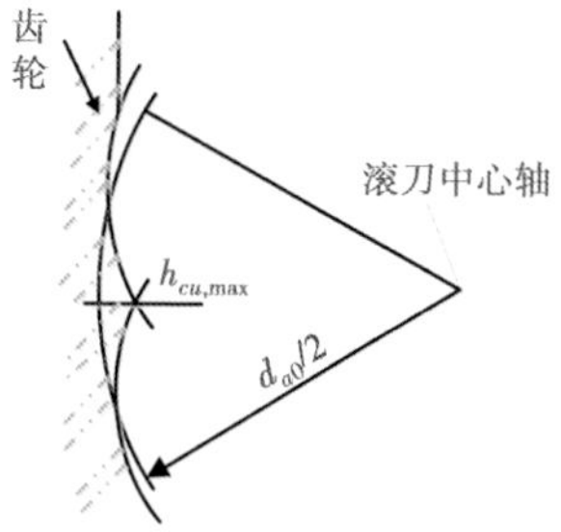

$$h_{cm,\max} = 4.9 \cdot m_n \cdot z_1^{(9.25 \cdot 10^{-3} \cdot \beta - 0.542)} \cdot e^{(-0.015 \cdot \beta \cdot e^{-0.015 \cdot x})}$$
$$\left(\frac{d_{a0}}{2m_n}\right)^{-8.25 \cdot 10^{-3} \cdot \beta - 0.225} \cdot \left(\frac{i}{z_0}\right)^{0.877} \cdot \left(\frac{f}{m_n}\right)^{0.511} \cdot \left(\frac{a_p}{m_n}\right)^{0.319}$$

图 7.9　Hoffmeister 经验公式

(5)滚刀顶刃最大切屑厚度

切屑的三维几何特征是切削厚度的体现，它直接影响滚切过程中刀具承受的负载，进而影响刀具磨损，此外，切屑的体积是该工艺材料去除率的一个重要指标，因此获取切屑几何特征参数对分析高速干切滚齿工艺性能具有重要意义。

德国学者 Hoffmeister 博士早在 20 世纪 70 年代指出滚刀切削刃顶刃最大切屑厚度是影响刀具寿命的关键参数，并进行大量实验建立了经验公式确定最大切屑厚度与滚刀、齿轮和滚切用量的关系，如图 7.9 所示。至今，该公式仍然在生产实践中被广泛应用于确定轴向进给量，并取得了良好的效果。

7.2 高速干切滚齿工艺参数优化模型

7.2.1 国内外研究现状

国内外已经有多位学者针对切削参数优化决策问题进行了研究。李聪波等以最小加工时间和最低碳排放为优化目标建立面向高效低碳的数控车削加工参数多目标优化模型,并应用复合形法进行求解;阎春平等基于图论工具实现工艺实例过滤集的自适应构建,并采用模糊 TOP-SIS 法对高速切削工艺参数进行优化;谢书童等基于边缘分布估计计算法和车削次数枚举法相结合的算法,引入车削成本理论下限对车削参数进行优化;张臣等基于仿真数据的数控铣削加工多目标变参数优化方法,通过引入时段组合将连续问题转化为离散问题;熊尧等面向重型数控机床的加工工艺以加工表面粗糙度和加工尺寸精度等为目标函数,建立多目标优化模型,采用网络直接寻优算法求解,并通过实例验证了所建模型;曹宏瑞等建立了高速主轴——刀具系统动力学模型,并基于此以最大材料去除率为目标建立了高速铣削参数优化方法。Rajemi 等以能耗最低为目标对车削工艺参数进行优化选择,并分析了减少能耗的关键因素;Thepsonthi 等通过一系列端铣加工试验,采用响应面分析法找到铣削参数与加工质量之间的数学模型,并用粒子群优化算法求解;SARAVANAN 等以最小生产成本为目标,利用模拟退火算法和遗传算法对连续轮廓车削的切削参数优化进行了研究。Addona 等建立了以加工成本、加工质量、加工时间为目标的车削参数多目标优化模型,并用遗传算法求解。

上述研究对切削工艺参数优化方法研究较多,但几乎没有针对高速干切滚齿工艺参数优化方法。国内外学者提出了较多的切削参数优化模型和求解方法的思路,但少有人通过实验或者实例对模型进行验证,也没有开发出实用的齿轮滚切工艺参数优化系统软件。

7.2.2 高速干切滚齿工艺参数优化模型

(1)齿轮高速干切滚齿工艺参数相关计算

齿轮高速干切滚齿工艺是一个复杂的齿轮加工过程,其相关工艺参数较多,计算较为复杂。高速干切滚齿工艺参数包括齿轮工件的几何参数,高速干切滚刀的几何参数,高速干切机床的技术参数,以及进给量、切削速度、主轴转速等切削工艺参数,各参数符号见表7.1。其中部分参数之间具有一定运算关系,在滚齿工艺中,加工人员在加工不同规格工件时,常需要重新确定滚刀安装角、进给速度、主轴转速等。为节省加工人员时间,并为后续工艺参数优化系统的开发奠定计算基础,列出常用工艺参数的计算方法见表7.5。

表 7.5　滚齿工艺常用参数计算方法

参数名称	计算方法
齿轮齿顶圆直径 d_a/mm	$d_a = mz_1/\cos\beta + 2h_a^* \cdot m$
滚刀螺旋升角 λ/(°)	$\lambda = k_h \cdot \arcsin(z_0 \cdot m/d_{a0})$
滚刀安装角 δ/(°)	$\delta = (k_g\beta - k_h\lambda) \cdot 180/\pi$
切削深度 a_p/m	$a_p = (2h_a + c) \cdot m$
轴向进给速度 F_z/(m·s^{-1})	$F_z = 1\ 000fz_0v/(\pi d_{a0}z_1)$
主轴转速 N/(r·min^{-1})	$N = 1\ 000v/(\pi d_{a0})$
齿向方向误差 f_{cx}/mm	$f_{cx} = f^2 \cdot \sin\alpha/(4d_{a0})$
齿形方向误差 f_{cs}/mm	$f_{cs} = \pi^2 m \cdot z_0^2 \cdot \sin\alpha/(4z_1 \cdot Z_k^2)$

(2)齿轮加工效率计算

高速干切滚齿工艺的切削时间包括工件装夹时间和切削时间两种。工件装夹时间主要与机床自动化程度相关,可以看为定值;由于目前高速干切滚齿工艺主要适用于中小模数齿轮,小模数齿轮在径向一般只进行一次进给,其切削时间t_m = 轴向行程/轴向进给速度。如图7.10所示为干切滚刀切削加工齿轮时的轴向行程运动示意图(采用一次逆铣的加工方式)。

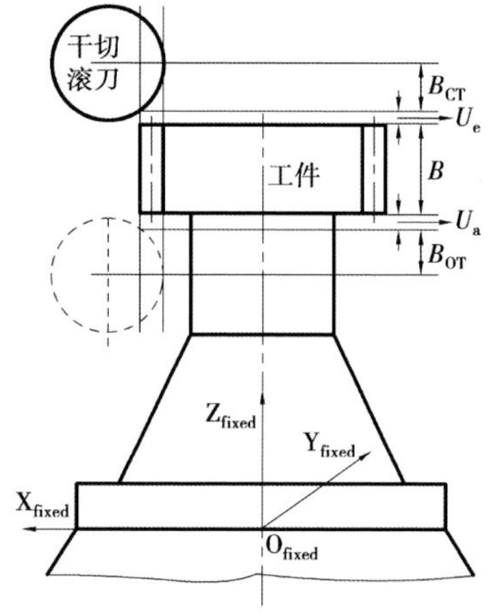

图 7.10　干切滚刀轴向行程示意图

从图 7.10 可以看出,对于高速干切滚齿加工,干切滚刀的轴向行程可表示为:

$$S_Z = B_{CT} + U_e + B + U_a + B_{OT} \tag{7.1}$$

式中　B_{CT}——轴向法加工时的接近行程;

U_e——干切滚刀的接近安全允量,一般取 $U_e = 2$ mm;

U_a——干切滚刀的退出安全允量,一般取 $U_a = 2$ mm;

B_{OT}——干切滚刀超越行程。

对于直齿轮,干切滚刀的接近行程 $B_{CT} = \sqrt{d_{a0}h}$;对于斜齿轮,干切滚刀超越行程 $B_{OT} = \sqrt{[(d_{a0} + d_{a1})\tan^2\delta + d_{a0}]h}$;干切滚刀超越行程,$B_{OT} = \dfrac{1.25\ m_n \sin\delta}{\tan\alpha}$;滚切工艺轴向进给速度 $F_z = \dfrac{1\ 000fz_0v}{\pi d_{a0}z_1}$。本书以较为复杂的斜齿轮加工为研究对象,计算得到斜齿轮干切滚刀轴向切

削加工时间 t_m 的表达式为：

$$t_m = \frac{\sqrt{[(d_{a0} + d_{a1})\tan^2\delta + d_{a0}]} + \dfrac{1.25m_n\sin\delta}{\tan\alpha} + B + 4}{\dfrac{1\,000fz_0v}{\pi d_{a0}z_1}} \tag{7.2}$$

切削时间与切削参数密切相关，切削速度与进给量越大，切削时间越少，加工效率就越高。

(3)齿轮高速干切滚齿工艺参数推荐值计算

在实际加工过程中，滚刀基体材料和涂层类型，以及齿轮工件材料的抗拉强度，对滚齿工艺参数的选择影响很大。以常用工件材料抗拉强度为基准，通过实际滚齿加工实例总结出常用齿轮材料的切削速度推荐值和滚刀顶刃最大切屑厚度推荐值如图7.11所示。

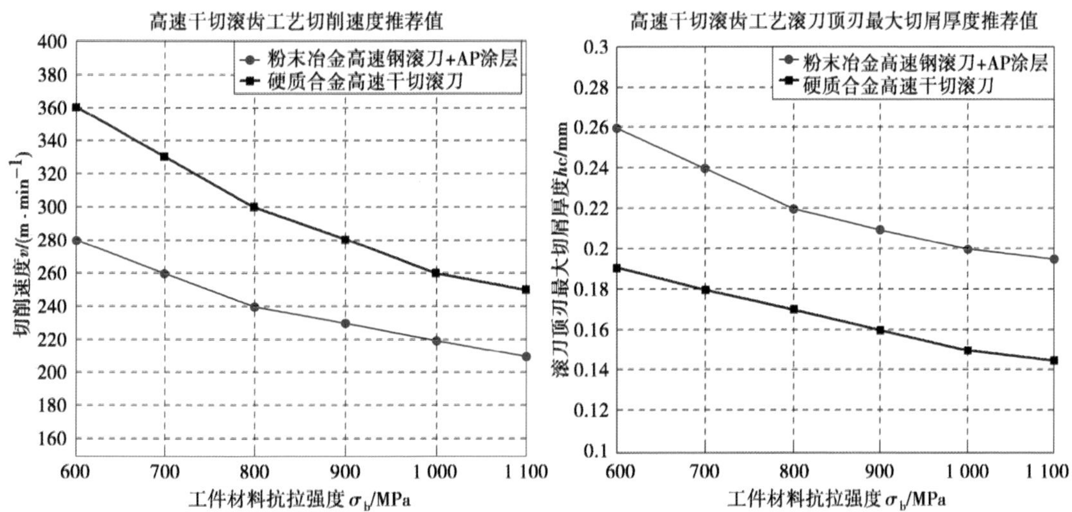

图7.11 高速干切滚齿工艺切削速度推荐值与顶刃最大切屑厚度推荐值

由滚刀顶刃最大切屑厚度，参考Hoffmeister经验公式，可得到最优进给量公式：

$$f = \left[\frac{1}{4.9\cdot m_n}\cdot h_c\cdot z_1^{(0.542-9.25\cdot10^{-3}\cdot\beta)}\cdot e^{0.015\cdot\beta}\cdot e^{0.015\cdot x_m}\cdot\left(\frac{d_{a0}}{2m_n}\right)^{8.25\cdot10^{-3}\cdot\beta+0.225}\cdot\left(\frac{Z_k}{z_0}\right)^{0.877}\cdot\left(\frac{a_p}{m_n}\right)^{-0.319}\right]^{1.957}\cdot m_n \tag{7.3}$$

在实际齿轮滚切加工中，工艺人员首先根据不同工件材料的抗拉强度、滚刀的基体材料、滚刀涂层，直接查找出切削速度推荐值；并查找出滚刀顶刃最大切屑厚度推荐值，然后通过Hoffmeister经验公式计算出进给量。进而通过表7.2中的公式计算得到进给速度、主轴转速等其他相关工艺参数。

(4)齿轮高速干式滚切工艺参数优化修正模型

上述计算模型可以获得高速干切滚齿工艺参数的推荐值,尽管该推荐值具有一定的合理性,但在生产实际中还受到机床设备状况及环境条件、工件材料热处理条件、滚刀几何参数以及装夹条件等一系列因素影响,因此需要根据实际应用情况进行优化修正。在高速干切滚齿工艺中,加工成本主要由机床设备成本和刀具成本构成。其中机床设备成本属于固定成本,单件工件的加工设备成本与加工效率成正相关关系;单件工件的刀具成本通常与加工效率成负相关关系,即加工效率越高,刀具寿命越短,单件工件的刀具成本越高。齿轮高速干切加工成本计算公式如下:

$$C=\frac{C_{\mathrm{m}}\cdot t_{\mathrm{m}}+[C_{\mathrm{t0}}+k\cdot(C_1+C_2)]}{(k+1)\cdot N} \tag{7.4}$$

式中 C——单件加工成本;

C_{m}——单位时间分摊机床折旧成本;

t_{m}——工件加工时间,其计算方法见式(7.2);

C_{t0}——刀具购买成本;

k——滚刀重磨和重涂层的次数;

C_1——滚刀单次重磨成本;

C_2——滚刀单次重涂层成本;

N——滚刀单次刃磨能加工的工件件数。

若增大切削参数,则材料去除率增加,进而生产效率提高。对于单件齿轮成本,由于材料去除率增加,加工时间缩短,因此其机床折旧成本降低;但同时滚刀的磨损加剧,会缩短刀具的寿命,增加刀具成本。Fritz Klocke 给出了机床成本、刀具成本与加工效率之间的关系曲线,参考修改后得到关系曲线如图 7.12 所示。

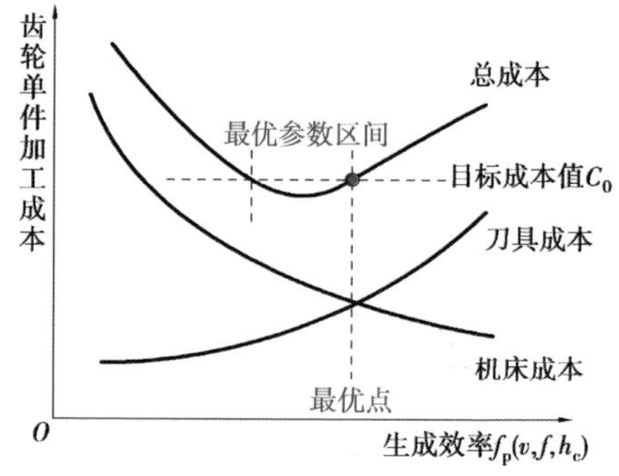

图 7.12 机床成本、刀具成本与加工效率关系曲线

因此,在实际生产中,最终工艺参数的确定需要平衡生产效率与刀具寿命之间的优化关系,这种优化关系通常表现为在满足财务部门核算的成本定额(即目标成本值 C_0)以及加工时间满足生产节拍的基础上生产效率越高越好,即齿轮高速干式滚切工艺参数优化修正即转化为寻找图 7.12 中的最优点。因此可以建立如式(7.5)所示的工艺参数优化模型。

$$\max f_p(v,f,h_c) = \frac{60}{t_m + t_z} \tag{7.5}$$

$$s.t.\ C_{si} = \frac{C_m \cdot t_m + [C_{t0} + k \cdot (C_1 + C_2)]}{(k+1) \cdot N} \leqslant C_0$$

$$t_m = \left(\sqrt{[(d_{a0} + d_{a1})\tan^2\delta + d_{a0}]h} + 1.25m_n \sin\delta/\tan\alpha + B + 4\right)/(1\,000 f z_0 v/\pi d_{a0} z) \leqslant t_0 \tag{7.6}$$

$$f = \left[\frac{1}{4.9 \cdot m_n} \cdot h_c \cdot z^{(0.542-9.25\cdot10^{-3}\cdot\beta)} \cdot e^{0.015\cdot\beta} \cdot e^{0.015\cdot x_m} \cdot \left(\frac{d_{a0}}{2m_n}\right)^{8.25\cdot10^{-3}\cdot\beta+0.225} \cdot \left(\frac{Z_k}{z_0}\right)^{0.877} \cdot \left(\frac{a_p}{m_n}\right)^{-0.319}\right]^{1.957} \cdot m_n$$

式中　f_p——生产效率函数，即单位小时可加工的工件数；

C_{si}——在一定工艺参数下的单件齿轮加工成本；

t_z——工件装夹等辅助时间，视为定值；

t_0——满足企业生产节拍最低要求的切削时间。

滚刀单次刃磨加工件数 N 与工艺参数以及其他各种条件因素相关，很难定量计算，因此采用试验补偿计算法，提出一种齿轮高速干切滚齿工艺参数自适应修正模型。即先按推荐工艺参数值进行实际生产，到第一次刀具刃磨时，测得刀具实际寿命为 N_1，根据式(7.4)计算单件成本 C_{s1}。并对切削时间和单件成本进行核算，如果 $t_m < t_0$，$C_{s1} < C_0$，则切削参数合理，在最优参数区间内，符合生产要求，若希望达到更高的生产效率，则可按合理步长(切削速度步长为 v_s，顶刃最大切屑厚度步长为 h_{cs})增大切削参数，直到成本超过目标成本，即在满足目标成本值的情况下达到最高生产效率。如果 $C_{s1} > C_0$，则按合理步长，优化工艺参数，改变切削速度和最大顶刃切削厚度，重新计算切削时间 t_{mi}、单件成本 C_{si} 进行判断，直到 $t_{mi} < t_0$ 和 $C_{si} < C_0$ 且生产效率最高时，确定优化参数。齿轮高速干切滚齿工艺参数计算及优化流程图如图 7.13 所示。

7.2.3　工艺参数优化系统开发

结合上述理论与实验研究成果，基于西门子 840D 数控系统开发了高速干切滚齿工艺参数优化及自动编程系统，实现了机床参数、工件参数、滚刀参数等参数的自定义，主轴转速、进给速度、切入深度等工艺参数的精确计算及其对应数控代码的自动生成。即该系统在定义好基本参数后可以得到工艺参数的推荐值，并生成对应的数控代码。进而为后续工艺参数的自适应修正提供便捷工具。加工人员输入按一定步长修改后的切削速度和滚刀顶刃最大厚度，就可以方便地计算得到其他对应的工艺参数，并生成新的数控代码，简化了工艺参数的优化过程，进而提高工艺参数优化效率。高速干切滚齿工艺参数优化及自动编程系统的典型界面如图 7.14 所示。

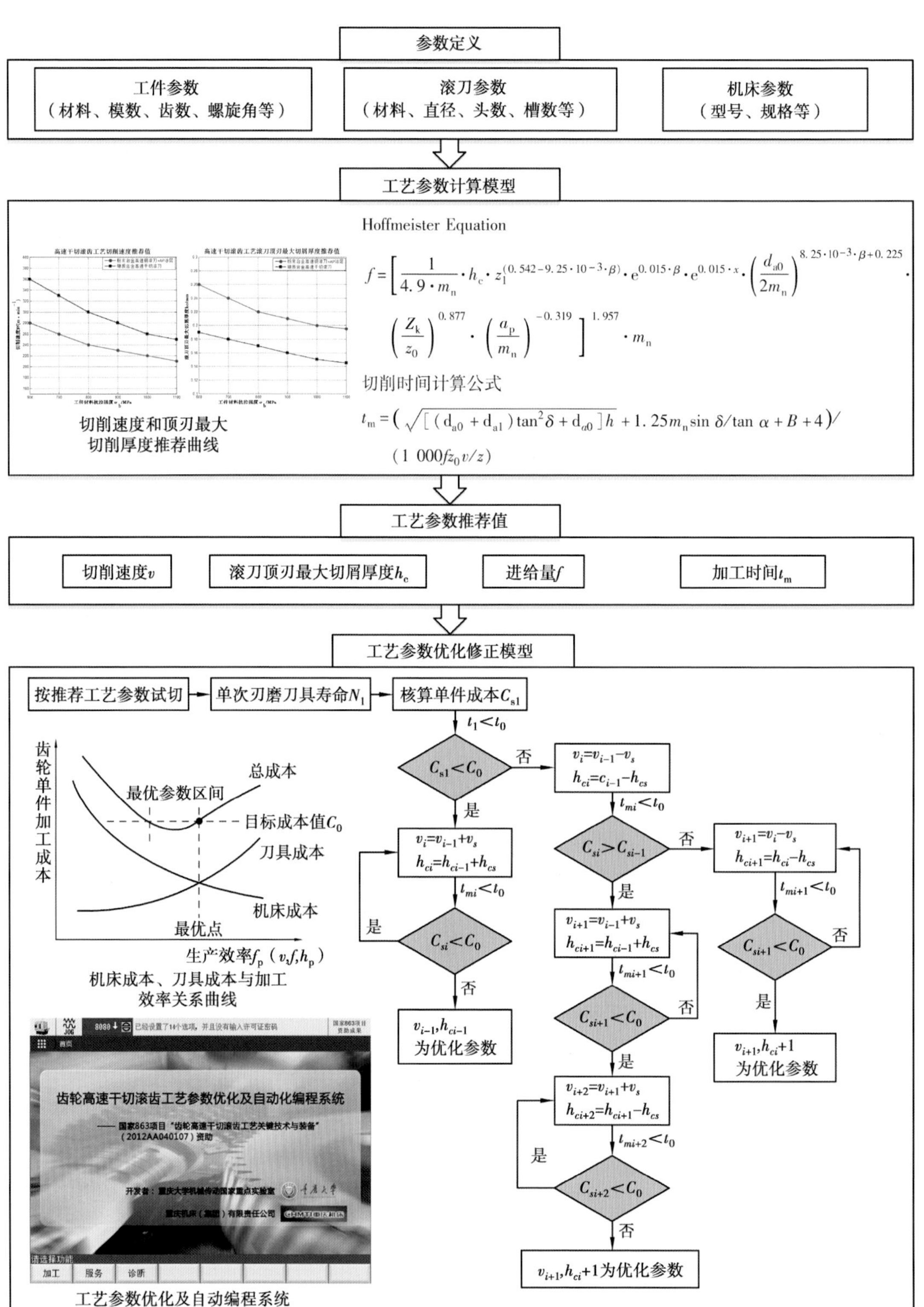

$$f=\left[\frac{1}{4.9\cdot m_n}\cdot h_c\cdot z_1^{(0.542-9.25\cdot 10^{-3}\cdot\beta)}\cdot e^{0.015\cdot\beta}\cdot e^{0.015\cdot x}\cdot\left(\frac{d_{a0}}{2m_n}\right)^{8.25\cdot 10^{-3}\cdot\beta+0.225}\cdot\left(\frac{Z_k}{z_0}\right)^{0.877}\cdot\left(\frac{a_p}{m_n}\right)^{-0.319}\right]^{1.957}\cdot m_n$$

$$t_m=\left(\sqrt{[(d_{a0}+d_{a1})\tan^2\delta+d_{a0}]h}+1.25m_n\sin\delta/\tan\alpha+B+4\right)/(1\ 000fz_0v/z)$$

图 7.13　齿轮高速干切滚齿工艺参数优化流程图

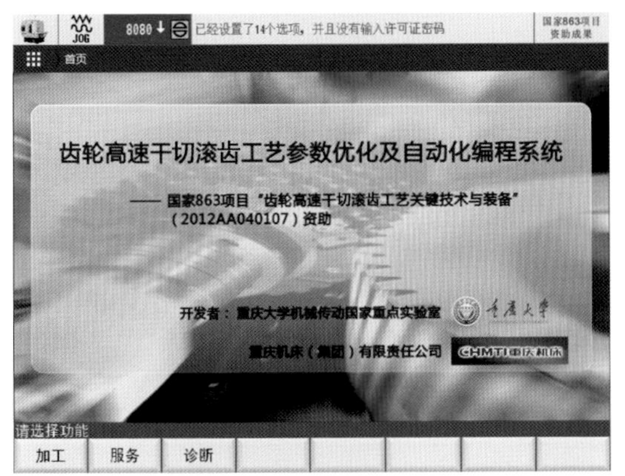

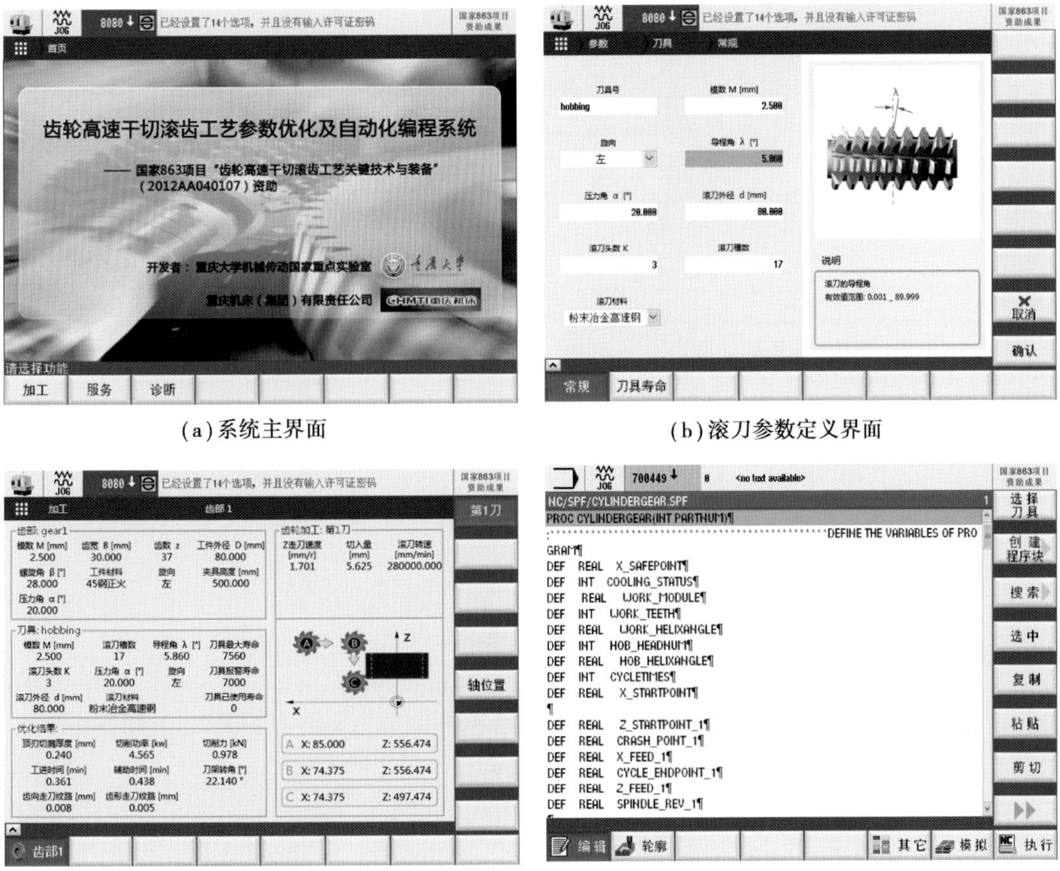

(a)系统主界面

(b)滚刀参数定义界面

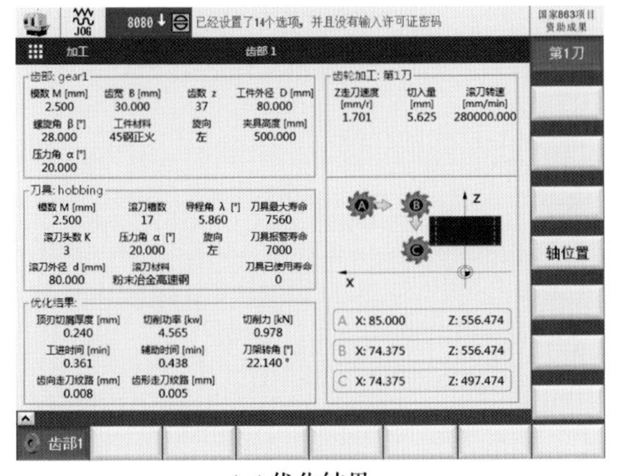

(c)优化结果

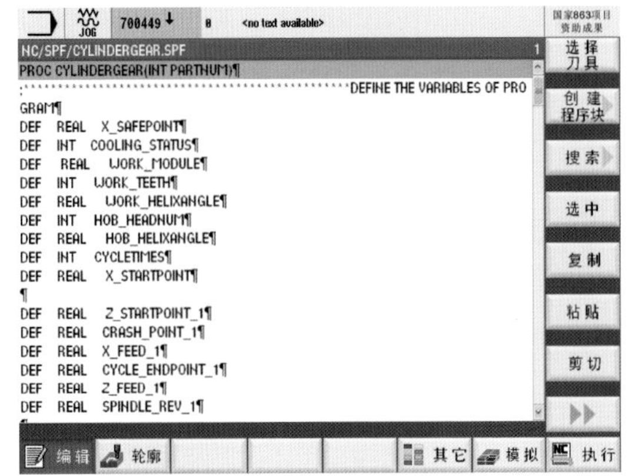

(d)自动生成数控代码

图7.14　高速干切滚齿工艺参数优化及自动编程系统

7.2.4　应用案例

上述模型和系统在某轿车齿轮高速干切加工实践中得到应用，如图7.15所示。该齿轮材料为20CrMnTi，模数为2.5 mm，齿数为37，宽度为25 mm，具体几何参数见表7.6，该齿轮市场价格为25元，单件目标纯利润为4.5%，即为1.1元，该齿轮基础材料费为12.2元，其他工序费用为9元，则在高速干切滚齿工艺的目标加工成本为2.7元；加工机床为重庆机床集团生产的某型号高速干切滚齿机，该高速干切滚齿机配备的西门子840D数控系统集成了所开发的高速干切滚齿工艺参数优化及自动编程系统；高速干切滚刀采用重庆工具厂有限责任公司研制开发AP复合涂层粉末冶金高速钢干切滚刀，其基体材料为S390，外径为80 mm，长度为180 mm，头数为3，滚刀槽数为17，高速干切机床及滚刀的参数见表7.7。

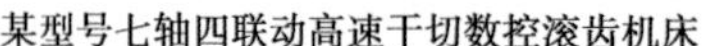
某型号七轴四联动高速干切数控滚齿机床

加工后的齿轮（20CrMnTi）

高速干切滚刀（S390）

图 7.15　齿轮高速干切滚齿工艺参数优化案例

表 7.6　某轿车齿轮参数

参数名称	参数值	参数名称	参数值
材料	20CrMnTi	m_n	2.5 mm
z	37	x	0
α	20°	h_a^*	1
β	28°	c^*	0.25
B	25 mm	旋向	左旋
C_0	2.7 元	t_0	0.8 min

表 7.7　滚刀及机床参数

参数名称	参数取值	参数名称	参数取值
基体材料	PM-HSS(S390)	滚刀涂层	AP 涂层
外径×长度	80 mm×180 mm	槽数 Z_k	17
z_0	3	旋向	左旋
k	16	滚刀单价	8 000 元/件
滚刀重磨	150 元/次	滚刀重涂层	800 元/次
机床型号	YE3120CNC7	机床单价	15 000 元
机床寿命	10 年(8 h/d)	机床折旧成本	1.25 元/min

首先根据图 7.11 以及公式(7.3)，计算获得该条件下工艺参数的推荐值，进行加工切削试验。通过试验获得该工艺参数下滚刀单次刃磨能够加工的工件数，并根据式(7.4)计算该工艺参数下单工件加工成本；其次根据式(7.5)模型对工艺参数自适应修正，其修正过程及结果见表 7.8。分析可得第 3 次切削参数为最终优化修正参数，即切削速度为 195 m/min，滚刀

顶刃最大切屑厚度为 0. 186 mm，进给量为 1. 28 mm/r 时在满足目标成本和生产节拍的条件下，切削时间最低，效率最高。

表 7. 8　工艺参数自适应修正过程及结果

试验次数 i	$i=1$ 推荐值	$i=2$	$i=3$ 最终值	$i=4$
切削速度 $v/(\mathrm{m \cdot min^{-1}})$	215	205	195	185
最大切屑厚度 h_c/mm	0. 196	0. 191	0. 186	0. 181
进给量 $f/(\mathrm{mm \cdot r^{-1}})$	1. 42	1. 34	1. 28	1. 21
滚刀转速 $n/(\mathrm{r \cdot min^{-1}})$	855	815	775	736
进给速度 $F/(\mathrm{mm \cdot min^{-1}})$	98	89	80	72
切削时间 t_m/min	0. 567	0. 625	0. 693	0. 77
齿形方向误差/mm	0. 001 8	0. 001 8	0. 001 8	0. 001 8
齿向方向误差/mm	0. 002 2	0. 002 0	0. 001 7	0. 001 6
单次刃磨寿命 N/件	600	675	750	780
机床成本 C_t/元	0. 71	0. 78	0. 86	0. 96
滚刀成本 C_h/元	2. 27	2. 02	1. 82	1. 75
单件总成本 C_i/元	2. 98	2. 80	2. 68	2. 71

第 8 章 高速干切滚齿工艺系统热变形误差理论与补偿

本章要点

◎ 高速干切滚齿工艺系统热变形误差理论

◎ 高速干切滚齿工艺系统热变形误差实验

◎ 高速干切滚齿工艺系统热变形误差补偿

由于现阶段滚齿机设计、加工制造水平较高，滚齿机装配与几何误差得到有效控制，对机床加工精度影响较小。滚齿机加工误差中，热误差与几何运动误差占据了很大部分，其中热误差影响因素最多，且对加工精度影响程度最大。而滚齿机由滚切力及振动引起的加工误差占有一定比例，但远小于热误差。英国伯明翰大学 PECLENIC 调查研究表明，在精密加工中机床热变形引起的加工误差占制造总误差的 40% ~70%。机床由热变形、滚削力及振动引起的加工误差不可避免，通过滚齿机结构改进与技术革新对减小加工误差有一定效果，但要在短时间内取得重大突破较困难，并且需要较高的成本和较长的周期。而通过机床误差补偿技术能较好地解决技术、成本和周期这 3 个问题，达到提高机床加工精度与齿轮质量的目的。

国内机床热变形和热误差补偿方面的研究主要是关于普通机床，针对高速干切滚齿机的热误差研究几乎为空白。

高速干切滚齿机床与普通湿切滚齿机床相比主要的不同之处体现在以下 3 点：

①切削过程中不使用切削油，使用高压低温气体冷却切削区；

②切削速度高，高速干切滚齿机床的切削速度平均为普通湿切滚齿机床的 2 ~3 倍；

③在结构方面，高速干切滚齿机床的立柱、排屑、冷却系统等机构与普通滚齿机不同。

为了解决高速干切滚齿机床与热变形相关的问题，需要针对高速干切滚齿机床的具体特点研制高速干切滚齿机床温度场/热变形实验平台，开展高速干切滚齿温度场/热变形分析实验。

8.1　高速干切滚齿工艺系统热变形误差理论

高速干切滚齿机床工作时产生的热量会引起机床受热变形，造成加工误差，影响齿轮加工精度，此问题已成为发展和推广高速干切滚齿工艺必须解决的问题之一。机床误差将造成实际的成形运动与理论不符从而产生加工误差，由于滚齿加工是机床通过多轴联动实现滚切运动关系，其误差分析是一个很复杂的问题，因此需要建立机床的误差模型，以支持高速干切滚齿机床热误差分析和控制。另一方面，机床误差与成形的齿轮误差存在特有的映射关系，因此需要专门对机床误差导致的成形误差进行计算和分析。高速干切滚齿工艺由于缺少切削液的冷却作用导致机床更易产生热变形，因此，在高速干切滚齿生产实践中，机床热变形导致的加工误差问题十分突出。

8.1.1 基于多体系统理论的高速干切滚齿机床热变形误差建模

使用齐次坐标变换矩阵(Homogeneous Transformation Matrix)描述各部件的空间坐标关系,其形式见式(8.1)。它包含4个子矩阵,其中:$R_{3\times3}$为旋转矩阵(Rotation Matrix),$T_{3\times1}$为位置向量(Position Vector),$P_{1\times3}$为透视变换(Perspective Transformation),$S_{1\times1}$为缩放比例尺(Scaling)。

$$H=\begin{bmatrix} n(x) & s(x) & a(x) & l(x) \\ n(y) & s(y) & a(y) & l(y) \\ n(z) & s(z) & a(z) & l(z) \\ 0 & 0 & 0 & 1 \end{bmatrix}=\begin{bmatrix} R_{3\times3} & T_{3\times1} \\ P_{1\times3} & S_{1\times1} \end{bmatrix} \tag{8.1}$$

机床是由一系列相对旋转或移动的部件构成,设两构件p、q,其笛卡尔直角坐标系分别为$(Oxyz)^p$和$(Oxyz)^q$,构件p上固定一点M在坐标系$(Oxyz)^p$中的齐次坐标向量为$M_p=(x_p,y_p,z_p,1)$,点M在坐标系$(Oxyz)^q$中的齐次坐标向量为$M_q=(x_q,y_q,z_q,1)$,T_q^p为由p到q的齐次坐标变换矩阵,在理想状态下关系见式(8.3)。

$$M_q = T_q^p M_p \tag{8.2}$$

$$T_q^p=\begin{bmatrix} n_q^p(x) & s_q^p(x) & a_q^p(x) & l_q^p(x) \\ n_q^p(y) & s_q^p(y) & a_q^p(y) & l_q^p(y) \\ n_q^p(z) & s_q^p(z) & a_q^p(z) & l_q^p(z) \\ 0 & 0 & 0 & 1 \end{bmatrix} \tag{8.3}$$

式中 $n=(n_q^p(x),n_q^p(y),n_q^p(z))^{\mathrm{T}}$;

$s=(s_q^p(x),s_q^p(y),s_q^p(z))^{\mathrm{T}}$;

$a=(a_q^p(x),a_q^p(y),a_q^p(z))^{\mathrm{T}}$——旋转变换列向量,其值是坐标系$(Oxyz)^p$3个坐标轴的方向向量分别在坐标系$(Oxyz)^q$中的方向余弦(向量坐标);

$l=(l_q^p(x),l_q^p(y),l_q^p(z))$——坐标系$(Oxyz)^p$的原点在坐标系$(Oxyz)^q$中的位置向量。

机床通过各部件运动带动刀具相对于工件按特定的轨迹运动完成切削加工,但热变形将导致机床部件的运动偏离理论位置,致使刀具相对于工件的位置出现偏差。如图8.1所示的某一个滑枕部件,由于空间几何体具有6个自由度,热变形导致滑枕偏离其理论位置的状态可以由6个误差项描述:

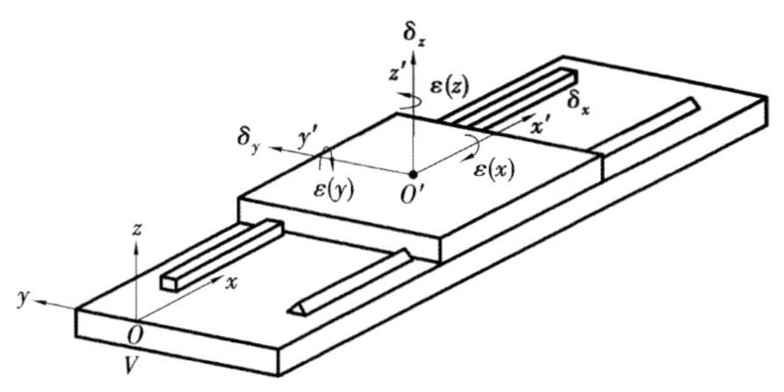

图 8.1　六自由度误差示意图

①$\varepsilon(x)$:绕 x 轴旋转的转角误差;

②$\varepsilon(y)$:绕 y 轴旋转的转角误差;

③$\varepsilon(z)$:绕 z 轴旋转的转角误差;

④δ_x:绕 x 轴的直线位移误差;

⑤δ_y:绕 y 轴的直线位移误差;

⑥δ_z:绕 z 轴的直线位移误差。

机床热变形对部件坐标的影响可以用一个附加的齐次坐标变换矩阵描述,根据齐次坐标变换原理,并考虑误差的绝对值均属于微小量,忽略高阶项,得误差齐次坐标变换矩阵 E_q^p 见式(8.4)。

$$E_q^p=\begin{bmatrix}1 & -\varepsilon_q^p(z) & \varepsilon_q^p(y) & \delta_q^p(x)\\ -\varepsilon_q^p(z) & 1 & -\varepsilon_q^p(x) & \delta_q^p(y)\\ -\varepsilon_q^p(y) & \varepsilon_q^p(x) & 1 & \delta_q^p(z)\\ 0 & 0 & 0 & 1\end{bmatrix} \tag{8.4}$$

考虑热变形误差因素,由 p 到 q 的实际坐标变换关系为:

$${}^{\text{Actural}}M_q = T_q^p E_q^p M_p \tag{8.5}$$

A 型号高速干切滚齿机是重庆机床(集团)有限责任公司于 2010 年推出的绿色环保型立式滚齿机床,采用 L 形结构,工作台固定,机床的进给运动完全由大立柱上各滑枕组件完成。机床结构示意图如图 8.2 所示。

机床各部件运动关系如下:0 为机床床身,机床大立柱 1 与床身固联;Z 向进给滑枕通过直线导轨与大立柱连接,可以沿 Z 向滑移完成轴向进给运动;X 向进给滑枕 3 通过直线导轨与 2 连接,由滚珠丝杆副驱动沿 X 向滑移完成径向进给运动;刀架回转组件 4 与 3 相联,由涡轮蜗杆副驱动绕 X 轴回转,用于加工不同螺旋角的斜齿轮;刀架 5 通过直线导轨与 4 相联,由滚珠丝杆副驱动沿 Y 轴向滑移完成切向窜刀运动;刀架上滚刀主轴沿 Y 轴回转,工作台主轴

沿 Z 轴回转，滚刀主轴和工作台主轴严格按照传动比关系完成展成运动。

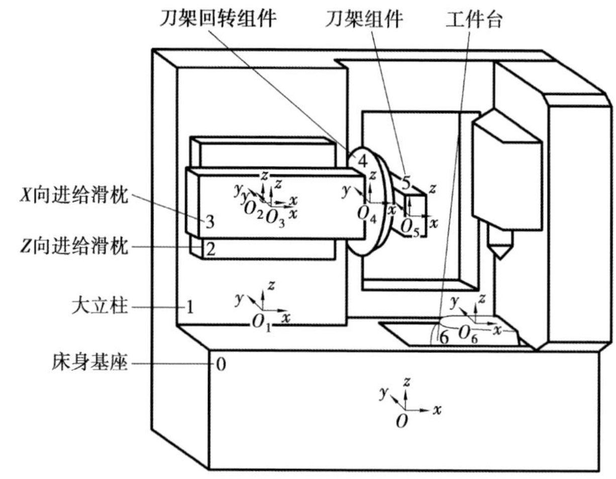

图 8.2　A 型号高速干切滚齿机结构示意图

T_q^p表示理论条件下一点在 p 坐标系中的齐次坐标转换到 q 坐标系中的齐次坐标变换矩阵，描述了部件 p 相对于部件 q 的运动关系；E_q^p 表示由于热变形导致运动误差的误差齐次坐标变换矩阵。以机床床身为固定参考坐标系，根据图 8.2 所示机床结构和机床加工过程中各部件的运动关系，各变换矩阵的参数项见表 8.1，包括 9 个旋转矩阵参数项 $n(x)$、$n(y)$、$n(z)$、$s(x)$、$s(y)$、$s(z)$、$a(x)$、$a(y)$、$a(z)$ 和 3 个位置向量参数项 $l(x)$、$l(y)$、$l(z)$。表中 a、b、c 各部件坐标系原点的相对位置参数，x、y、z 是机床沿 x、y、z 这 3 个方向上的进给参数，ε 是绕某轴的转角误差参数，δ 是沿某轴的直线位移误差参数。构件 1、2、3、5、6 均无回转运动，其旋转子矩阵为单位矩阵，构件 4 相对于构件 3 绕 X 轴旋转 α 角，其旋转子矩阵详见表 8.1。大立柱 1 属于大体积构件，其转角误差对机床加工误差影响较大，将 3 个转角误差代入分析，构件 2、3、4 的空间状态主要由滚珠丝杆副沿轴向的位置精度影响，因此仅将沿滚珠丝杆副轴向的直线位移误差代入分析。

表 8.1　A 型号高速干切滚齿机热变形误差建模齐次坐标变换矩阵参数表

变换矩阵	参数项											
	$n(x)$	$n(y)$	$n(z)$	$s(x)$	$s(y)$	$s(z)$	$a(x)$	$a(y)$	$a(z)$	$l(x)$	$l(y)$	$l(z)$
T_0^1	1	0	0	0	1	0	0	0	1	a_0^1	b_0^1	c_0^1
E_0^1	1	$\varepsilon_0^1(z)$	$-\varepsilon_0^1(y)$	$-\varepsilon_0^1(z)$	1	$\varepsilon_0^1(x)$	$\varepsilon_0^1(y)$	$-\varepsilon_0^1(z)$	1	$\delta_0^1(x)$	$\delta_0^1(y)$	$\delta_0^1(z)$
T_1^2	1	0	0	0	1	0	0	0	1	a_1^2	b_1^2	c_1^2+z
E_1^2	1	0	0	0	1	0	0	0	1	0	0	$\delta_1^2(z)$
T_2^3	1	0	0	0	1	0	0	0	1	a_2^3+x	b_2^3	c_2^3

续表

变换矩阵	参数项											
	$n(x)$	$n(y)$	$n(z)$	$s(x)$	$s(y)$	$s(z)$	$a(x)$	$a(y)$	$a(z)$	$l(x)$	$l(y)$	$l(z)$
E_2^3	1	0	0	0	1	0	0	0	1	$\delta_2^3(x)$	0	0
T_3^4	1	0	0	0	$\cos\alpha$	$\sin\alpha$	0	$-\sin\alpha$	$\cos\alpha$	a_3^4	b_3^4	c_3^4
E_3^4	1	0	0	0	1	$\varepsilon_3^4(x)$	0	$-\varepsilon_3^4(x)$	1	0	0	0
T_4^6	1	0	0	0	1	0	0	0	1	a_4^5	b_4^5+y	c_4^5
E_4^5	1	0	0	0	1	0	0	0	1	0	$\delta_4^5(y)$	0
T_0^6	1	0	0	0	1	0	0	0	1	a_0^6	b_0^6	c_0^6
E_0^6	1	0	0	0	1	0	0	0	1	$\delta_0^6(x)$	$\delta_0^6(y)$	$\delta_0^6(z)$

滚齿加工过程中,滚刀与工件在切削点接触,刀具切削点在刀架坐标系中的齐次坐标为 C_5^{Tool},工件切削点在工作台坐标系中的齐次坐标为 W_6^{Tool}。

$$C_5^{\text{Tool}} = (x_5^{\text{Tool}}, y_5^{\text{Tool}}, z_5^{\text{Tool}}, 1)^{\text{T}} \tag{8.6}$$

$$W_6^{\text{Work}} = (x_6^{\text{Work}}, y_6^{\text{Work}}, z_6^{\text{Work}}, 1)^{\text{T}} \tag{8.7}$$

理想状态下,由于接触点为同一点,刀具切削点和工件切削点在固定参考坐标系 0 中的坐标相等,即

$$T_0^6 W_6^{\text{Tool}} = T_0^1 T_1^2 T_2^3 T_3^4 T_4^5 C_5^{\text{Tool}} \tag{8.8}$$

即有:

$$W_6^{\text{Tool}} = (T_0^6)^{-1} T_0^1 T_1^2 T_2^3 T_3^4 T_4^5 C_5^{\text{Tool}} \tag{8.9}$$

由于热变形误差,各部件相对于理想位置偏移,刀具切削点和工件切削点在固定参考坐标系中的实际坐标分别为 ${}^{\text{Actural}}C_5^{\text{Tool}}$、${}^{\text{Actural}}W_5^{\text{Tool}}$。

$${}^{\text{Actural}}T_0^{\text{Tool}} = T_0^1 E_0^1 T_1^2 E_1^2 T_2^3 E_2^3 T_3^4 E_3^4 T_4^5 E_{45} T_5^{\text{Tool}} \tag{8.10}$$

$${}^{\text{Actural}}W_0^{\text{Work}} = T_0^6 E_0^6 W_6^{\text{Work}} \tag{8.11}$$

以 Δ 表示在产生热变形的情况下刀具和工件实际坐标的偏差:

$$\Delta = {}^{\text{Actural}}T_0^{\text{Tool}} - {}^{\text{Actural}}W_0^{\text{Work}} \tag{8.12}$$

$$\Delta = (\Delta_x, \Delta_y, \Delta_z, 1) \tag{8.13}$$

利用可进行符号运算的 Mathematica 软件进行运算,忽略高阶误差项后结果见式(8.14)—式(8.16)。滚刀沿 X 方向的径向位置偏差 Δ_x 随着机床热变形而逐渐累积,直接影响齿轮的加工精度。沿 Y 方向的运动主要用于窜刀,滚切过程中该方向无运动,由于单

件齿轮的加工时间相对于热变形时间尺度较小，Δ_y 的改变量非常小，对齿轮加工精度的影响可以忽略。滚刀沿 Z 轴的运动切出全齿宽，实际加工过程中一般都留有进刀和退刀距离，在该方向上位置精度 Δ_z 并无很高的要求。综上所述，Δ_x 是机床热变形影响加工精度的关键因素。

$$
\begin{aligned}
\Delta_x = {} & \delta_0^1(x) - \delta_0^6(x) + \delta_2^3(x) + (z + c_1^2)\varepsilon_0^1(y) + c_2^3\varepsilon_0^1(y) - b_1^2\varepsilon_0^1(z) - b_2^3\varepsilon_0^1(z) + \\
& c_4^5[\varepsilon_0^1(y)\cos\alpha + \varepsilon_0^1(z)\sin\alpha] + z_5^{\text{Tool}}[\varepsilon_0^1(y)\cos\alpha + \varepsilon_0^1(z)\sin\alpha] + \\
& (y + b_4^5)[\varepsilon_0^1(y)\sin\alpha - \varepsilon_0^1(z)\cos\alpha] + y_5^{\text{Tool}}[\varepsilon_0^1(y)\sin\alpha - \varepsilon_0^1(z)\cos\alpha]
\end{aligned}
$$

$$
\begin{aligned}
\Delta_y = {} & -\cos\alpha(y + b_4^5) + \sin\alpha c_4^5 - y_5^{\text{Tool}}\cos\alpha + z_5^{\text{Tool}}\sin\alpha + \delta_0^1(y) - \delta_0^6(x) - \\
& (z + c_1^2)\varepsilon_0^1(x) - c_2^3\varepsilon_0^1(x) + (y + b_4^5)[\cos\alpha - \varepsilon_0^1(x)\sin\alpha - \varepsilon_3^4(x)\sin\alpha] + \\
& y_5^{\text{Tool}}[\cos\alpha - \varepsilon_0^1(x)\sin\alpha - \varepsilon_3^4(x)\sin\alpha] + \delta_4^5(y)[\cos\alpha - \varepsilon_0^1(x)\sin\alpha - \varepsilon_3^4(x)\sin\alpha] - \\
& c_4^5[\sin\alpha + \varepsilon_0^1(x)\cos\alpha + \varepsilon_3^4(x)\cos\alpha] - z_5^{\text{Tool}}[\sin\alpha + \varepsilon_0^1(x)\cos\alpha + \varepsilon_3^4(x)\cos\alpha] + \\
& a_1^2\varepsilon_0^1(z) + (x + a_2^3)\varepsilon_0^1(z) + a_4^5\varepsilon_0^1(z) + x_5^{\text{Tool}}\varepsilon_0^1(z)
\end{aligned}
$$

$$
\begin{aligned}
\Delta_z = {} & -\sin\alpha(y + b_4^5) - c_4^5\cos\alpha - y_5^{\text{Tool}}\sin\alpha - z_5^{\text{Tool}}\cos\alpha + \delta_1^2(z) + \delta_0^1(z) - \delta_0^6(z) + \\
& b_1^2\varepsilon_0^1(x) + b_2^3\varepsilon_0^1(x) + c_4^5[\cos\alpha - \varepsilon_0^1(x)\sin\alpha - \varepsilon_3^4(x)\sin\alpha] + z_5^{\text{Tool}}[\cos\alpha - \varepsilon_0^1(x)\sin\alpha - \\
& \varepsilon_3^4(x)\sin\alpha] + (y + b_4^5)[\sin\alpha + \varepsilon_0^1(x)\cos\alpha + \varepsilon_3^4(x)\cos\alpha] + y_5^{\text{Tool}}[\sin\alpha + \varepsilon_0^1(x)\cos\alpha + \\
& \varepsilon_3^4(x)\cos\alpha] + \delta_4^5(y)[\sin\alpha + \varepsilon_0^1(x)\cos\alpha - \varepsilon_3^4(x)\cos\alpha] - a_1^2\varepsilon_0^1(y) - (x + a_2^3)\varepsilon_0^1(y) - \\
& a_4^5\varepsilon_0^1(y) - x_5^{\text{Tool}}\varepsilon_0^1(y) - \delta_2^3(x)\varepsilon_0^1(y)
\end{aligned}
$$

8.1.2 机床热变形与滚齿加工误差的映射关系

滚刀沿 X 方向的径向位置偏差 δ_x 直接影响齿轮的加工精度。沿 Y 方向的运动主要用于窜刀，滚切过程中该方向无运动，对齿轮加工精度的影响可以忽略。滚刀沿 Z 轴的运动切出全齿宽，实际加工过程中一般都留有进刀和退刀距离，在该方向上位置精度 δ_z 并无很高的要求。综上所述，δ_x 是机床影响加工精度的关键因素。滚刀与工件的径向误差 δ_x 与机床的基本结构参数及部件的误差项相关，其中机床结构参数为定值，见表 8.2，因此，δ_x 可视为误差项 $\delta_{01}(x)$、$\delta_{23}(x)$、$\delta_{06}(x)$、$\varepsilon_{01}(y)$、$\varepsilon_{01}(z)$ 的函数，δ_x 对各误差项求偏导数，其结果称为 δ_x 对相应误差项的敏感度，敏感度的绝对值越高，该误差项对 δ_x 的影响越大，计算结果见表 8.3。

表 8.2　机床结构参数表

坐标系	结构参数/mm		
	a_q^p	b_q^p	c_q^p
O_0—O_1	-600	400	0
O_1—O_2	0	150	500
O_2—O_3	254	100	0
O_3—O_4	400	0	0
O_4—O_5	20	0	0
O_0—O_6	180	0	10

表 8.3　部件误差项对 δ_x 的影响敏感度计算

误差项/∇	敏感度计算$\partial\delta_x/\partial\nabla$	敏感度
$\delta_0^1(x)$	1	1
$\delta_2^3(x)$	1	1
$\delta_0^6(x)$	-1	-1
$\varepsilon_0^1(y)$	$z+c_1^2+c_2^3+c_3^4+\sin\alpha(y+b_4^5+y_5^{\text{Tool}})+\cos\alpha(c_4^5+z_5^{\text{Tool}})$	0.611
$\varepsilon_0^1(z)$	$(b_1^2+b_2^3+b_3^4)+\cos\alpha\cdot(y+b_4^5+y_5^{\text{Tool}})-\sin\alpha(c_4^5+z_5^{\text{Tool}})$	-0.278

根据表 8.3 的计算结果,各误差项对滚刀与工件径向误差 δ_x 的影响趋势如图 8.3 所示。由图可知,误差项 $\delta_0^1(x)$、$\delta_2^3(x)$、$\delta_0{}^6(x)$,即大立柱、径向进给滑枕及工作台沿 X 方向的误差将按照 1∶1 的比例完全映射到最终滚刀与工件径向误差上来,而误差项 $\varepsilon_0^1(y)$、$\varepsilon_0^1(z)$,即大立柱分别绕 Y 轴和 Z 轴的扭曲变形误差将通过机床结构参数影响最终滚刀与工件的径向误差。其中 $\delta_0^1(x)$、$\delta_2^3(x)$、$\varepsilon_0^1(y)$ 与 δ_x 正相关,$\delta_0^6(x)$ 和 $\varepsilon_0^1(z)$ 与 δ_x 负相关。以上研究结果可以为机床结构的刚性设计提供理论依据。

滚齿加工是根据展成原理将滚刀与工件严格按照传动比强制啮合,滚刀刀齿的包络线形成齿轮渐开线齿形,同时滚刀相对工件轴线进给,切出全齿宽。滚齿加工过程中,影响齿轮精度的因素主要有:①滚刀与工件展成运动传动比精度;②滚刀与工件的相对位置。机床热变形将导致滚刀与工件产生位置偏差 $\delta(\delta_x,\delta_y,\delta_z)$,如图 8.4 所示。

滚刀沿 Z 轴运动时切出全齿宽,在实际加工过程中一般都留有进刀和退刀安全距离,在该方向上对滚刀的位置精度并无很高的要求,Y 方向的运动主要用于窜刀,加工单件齿轮的时间相对于热变形时间尺度很小，因此对齿轮加工精度的影响可以忽略，滚刀沿 X 方向的径向位置偏差随着热变形的持续进行逐渐累积，直接影响齿轮的加工精度。

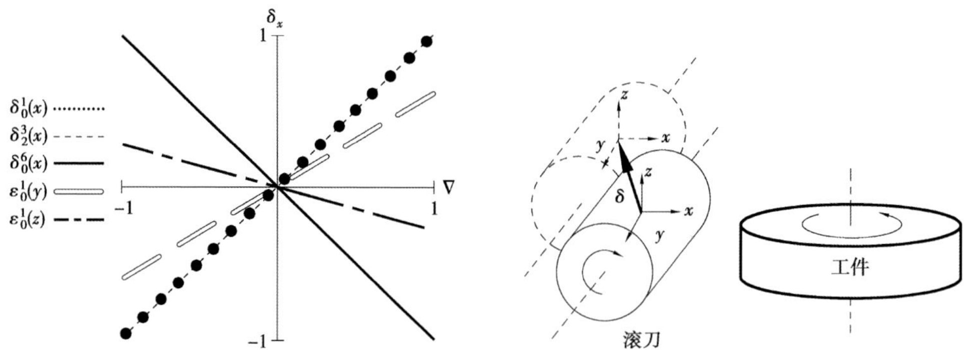

图 8.3　各部件误差项对 δ_x 的影响趋势　　图 8.4　滚刀与工件空间位置关系示意图

根据空间曲线包络原理，滚刀径向位置偏差将影响渐开线齿廓的分度圆齿厚及基圆齿厚，如图 8.5 所示，滚刀径向位置偏差与齿轮分度圆齿厚偏差和基圆齿厚偏差关系如下：

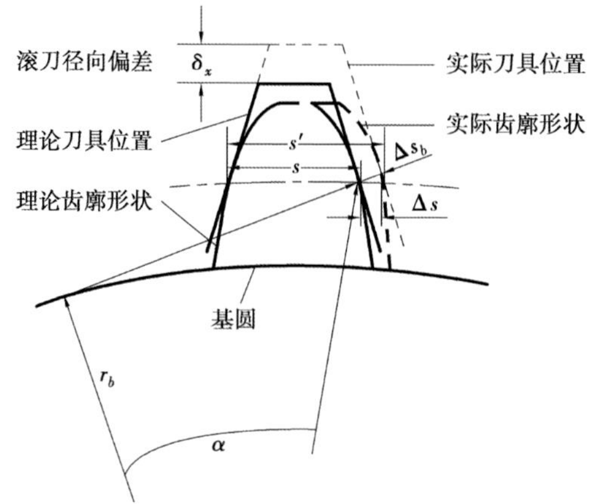

图 8.5　滚刀与工件径向偏差对齿廓的影响

①直齿圆柱齿轮的分度圆齿厚偏差 Δs 和基圆齿厚偏差 Δs_b，其中：

$$\Delta s = \delta_x \cdot \tan \alpha_n \tag{8.14}$$

$$\Delta s_b = \delta_x \cdot \sin \alpha_n \tag{8.15}$$

②斜齿圆柱齿轮的分度圆法向齿厚偏差 Δs_n 和基圆法向齿厚偏差 Δs_{bn}，其中：

$$\Delta s_n = \delta_x \cdot \tan \alpha_n \cdot \cos \beta \tag{8.16}$$

$$\Delta s_{bn} = \delta_x \cdot \sin \alpha_n \cdot \cos \beta \tag{8.17}$$

式中　δ_x——滚刀径向偏差；

α_n——分度圆压力角；

β——齿轮分度圆螺旋角。

8.2 高速干切滚齿工艺系统热变形误差实验

8.2.1 实验平台构建

高速干切滚齿温度场/热变形实验平台需能完成对高速干切滚齿机床的温度场及热变形量的数据采集、储存、分析，实验平台具有的功能主要有：

①高速干切滚齿机床温度云图的获取；

②高速干切滚齿机床热关键点温度量的测量；

③高速干切滚齿机床热变形量的测量。

实验平台所包含的模块如图8.6所示。

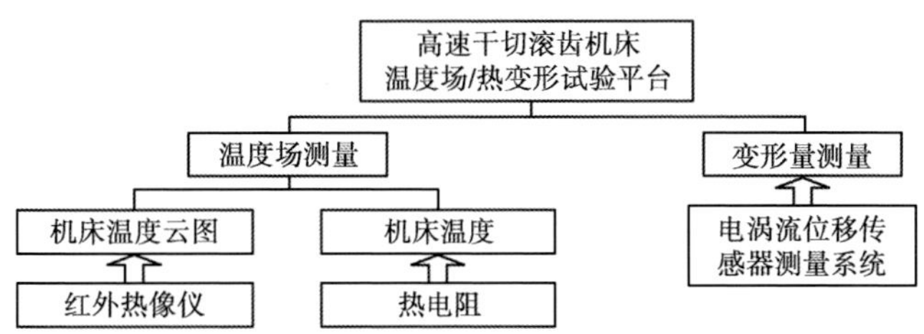

图8.6 实验平台构成

机床温度测量方法有接触法、非接触法和间接法，具体如图8.7所示。

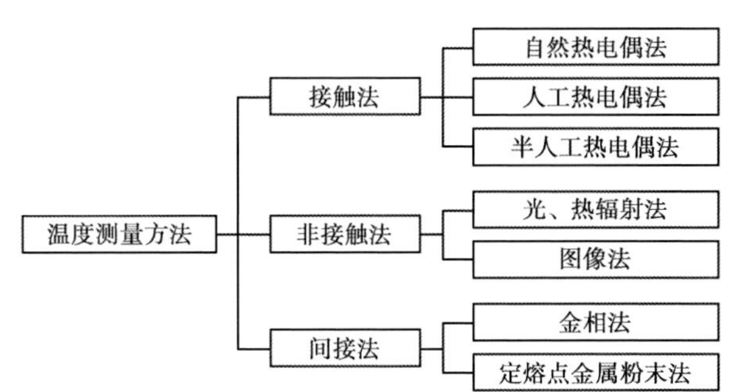

图8.7 温度测量方法

高速干切滚齿机床的固定点测量可使用接触法，测量主要存在的问题是测温点的选取，热电偶的固定，以及信号实验平台的设计。

采取以下3点结合的方式确定机床热关键点：

①使用红外热像仪，获取全视场的准确温度云图，直观了解物体的温度分布，协助确定测温点；

②根据滚齿机床工作时的热量来源确定需要布置温度传感器的部位；

③使用模糊聚类法对测温点进行分类优选。

按被测变量变换的形式不同,位移传感器可分为模拟式和数字式两种。模拟式传感器,包括电位器式位移传感器、电感式位移传感器、自整角机、电容式位移传感器、电涡流式位移传感器、霍尔式位移传感器等。数字式位移传感器常用的有感应同步器、码盘、光栅式传感器、磁栅式传感器等。

热变形量测量传感器选型时主要考虑以下 3 个方面的因素:

①量程:机床热变形量在 0.1 mm 以内。

②精度:达到 0.1 μm。

③实验条件:需要进行连续测量,传感器的安装空间小,对传感器体积大小有限制,测量点中有运动点,所以测量方式为非接触式。

综合以上 3 个方面的因素,选用电涡流位移传感器测量热变形量。电涡流位移传感器有结构简单、频率响应宽、灵敏度高、测量线性范围大、抗干扰能力强、体积小等优点。按其用途可分为测量位移、接近度和厚度的传感器;按结构可分为变间隙型、变面积型、螺管型和低频透射型。用于高速干切滚齿热变形分析实验平台的为变间隙型传感器。

高速干切滚齿机床温度场/热变形实验平台属于数据采集系统,热电偶及电涡流位移传感器输出量均为模拟量,所获得模拟量需要通过此系统进行 A/D 转换、放大、采样保持等处理,然后进入计算机系统,实现实时显示,数据储存、处理等。其硬件构成(未包含红外热像仪)如图 8.8 所示。

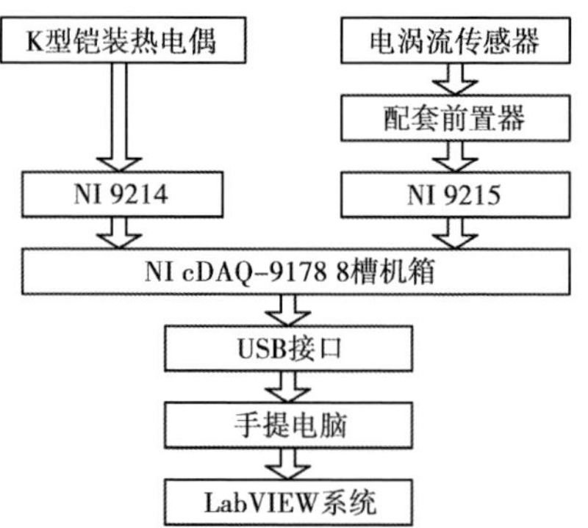

图 8.8 实验平台硬件构成(未包含红外热像仪)

实验平台实物照片如图 8.9 所示。该实验平台可实现数据采集,数据实时显示,数据储存、处理等功能。实验平台硬件部分集成到便携测试机箱中,使得实验平台只由传感器、机箱及笔记本电脑 3 个部分组成,灵活、便携。

实验平台可使用虚拟仪器开发技术,把计算机的处理器、存储器、显示器和仪器的数模变

图 8.9　实验平台实物照片

换器、模数变换器、数字输入输出等结合到一起,用于数据的分析处理、传输、显示等。虚拟仪器系统充分利用了计算机的优势,可对数据进行大量计算和存储。LabVIEW 是图形化的编程语言,类似传统的文本编辑语言中的函数或子程序,LabVIEW 包含大量的控件、工具和函数,有与 DLL、Visual Basic、MATLAB 等软件相互调用的接口,并附带有扩展库函数。

高速干切滚齿温度场/热变形实验平台使用 LabVIEW 虚拟仪器系统代替传统仪器的优点主要有以下几个方面:

①性能高。虚拟仪器建立在计算机平台基础上,计算机数据高速导入磁盘的同时能进行复杂的分析计算并保存;现在计算机已经很普及,可根据实验平台的实际需求对配套使用的计算机进行选型。

②扩展性、灵活性好。在升级系统时,只需更新计算机或测量硬件,能最大限度地减少硬件投资。与 LabVIEW 搭配使用的 NI CompactDAQ 机箱,可灵活配置可热插拔 I/O 模块。

③界面友好。采用图形化界面,操作简单、快捷。

④开发时间少。LabVIEW 包含大量的控件、工具和函数,可较快开发出一个系统,并能根据实验需要对系统进行快速更改升级。

LabVIEW 系统的构成一般包括数据采集、数据分析、数据显示及保存模块。LabVIEW 系统的功能示意图如图 8.10 所示。

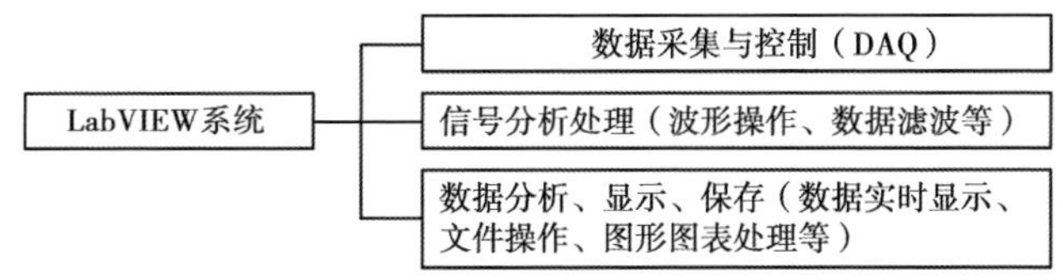

图 8.10　LabVIEW 系统的功能

根据实验平台的实际需求,基于 LabVIEW 系统开发出配套数据采集软件,其所包含模块如图 8.11 所示。

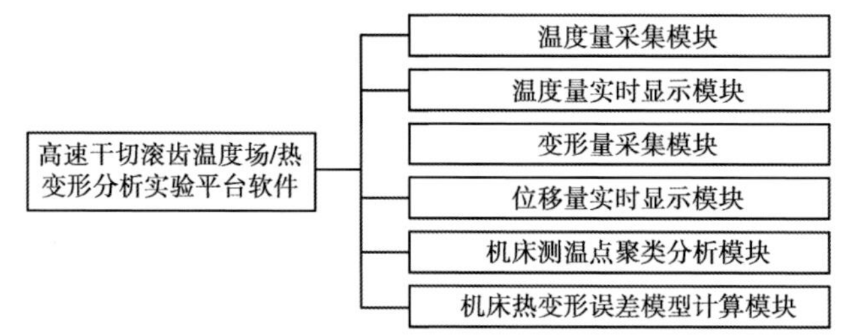

图 8.11　实验平台软件模块构成

(1)温度量采集模块

温度量采集显示模块中温度采集控制及实时显示部分如图 8.12 所示,“测量开关”可控制测温点数据采集读取与否,配有状态指示灯显示数据采集读取状态。

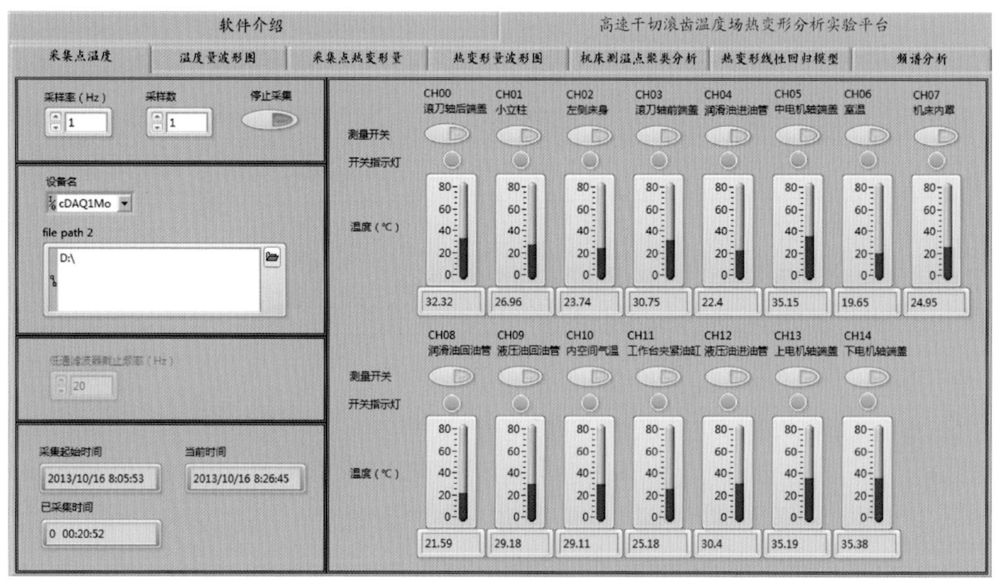

图 8.12　实验平台软件温度量采集显示模块

运行开关、采样率、采样数、数据保存路径、低通滤波器截止频率的实时设置模块如图 8.13所示。这些参数都可以通过控件设置对其值进行实时更改。

(2)波形图实时显示模块

波形图实时显示模块如图 8.14 所示,可实时选择显示各采集点温度波形。

(3)变形量采集模块

变形量采集模块如图 8.15 所示,其控制、实时显示及参数实时设置模块与温度量采集相似。

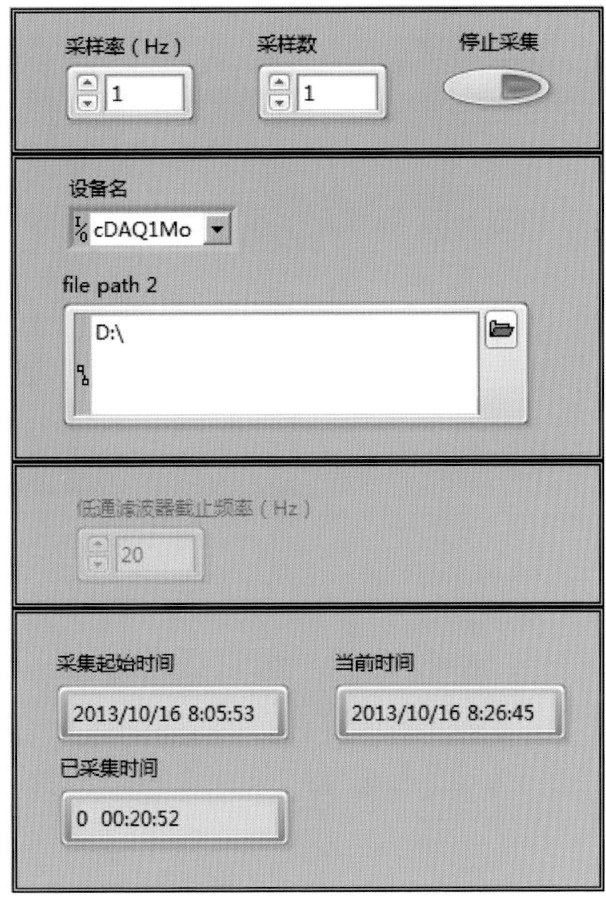

图 8.13　实验平台软件温度量采集设置模块

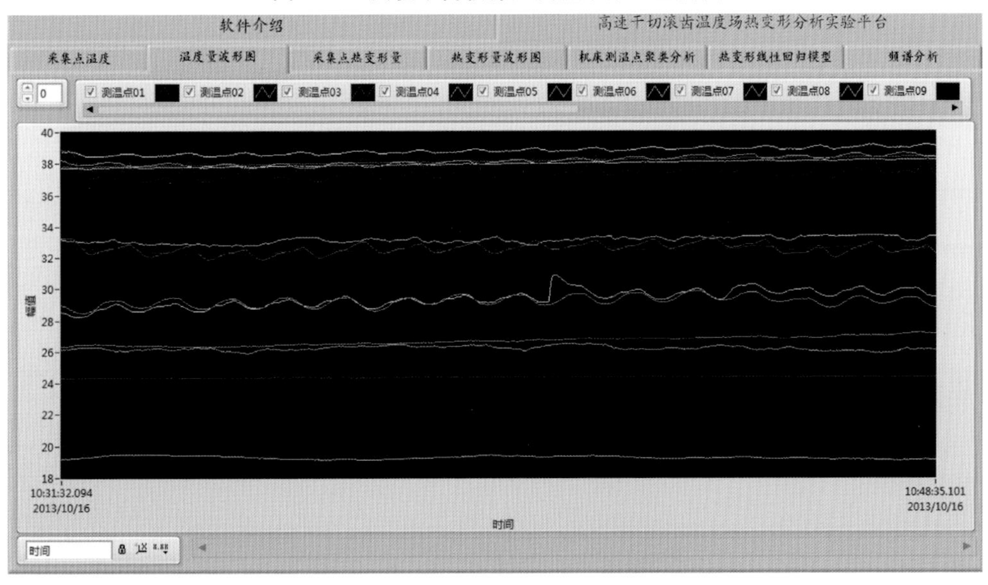

图 8.14　波形图实时显示模块

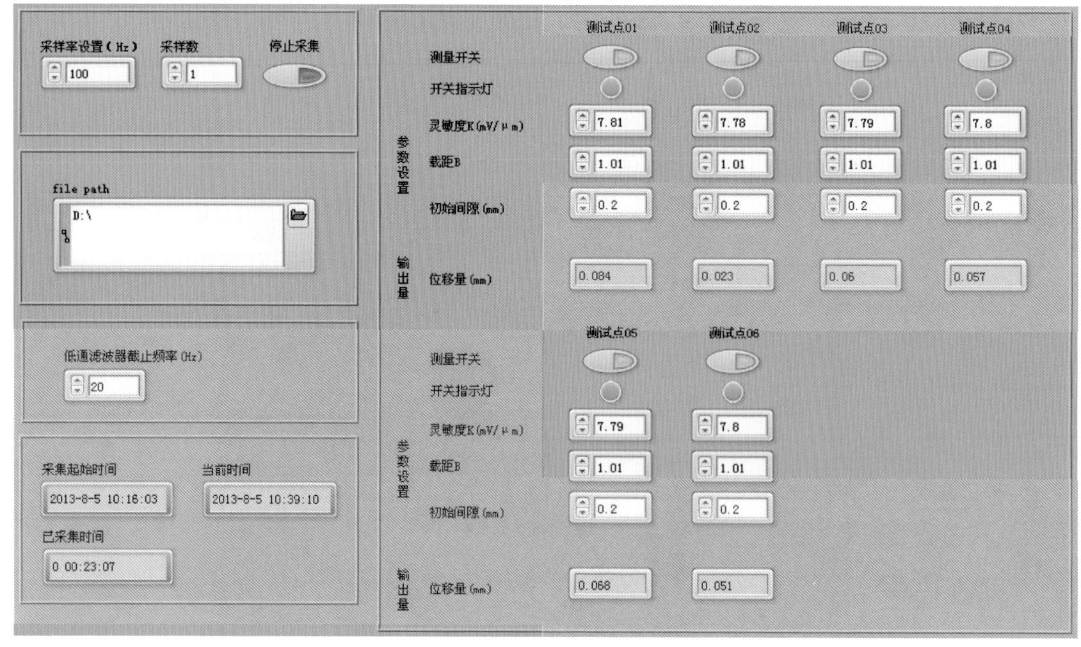

图 8.15　热变形量采集模块

8.2.2　机床热变形误差实验

高速干切滚齿机主要热源包括切削过程产生的热，电机发热，轴承、导轨、液压机构等零部件间摩擦，电子元器件发热等以及环境交流换热和辐射换热，主要冷却介质为低温压缩气体，低温润滑油、液压油。温度采集点固定位置如图 8.16 所示，采集通道所对应温度采集点位置见表 8.4。

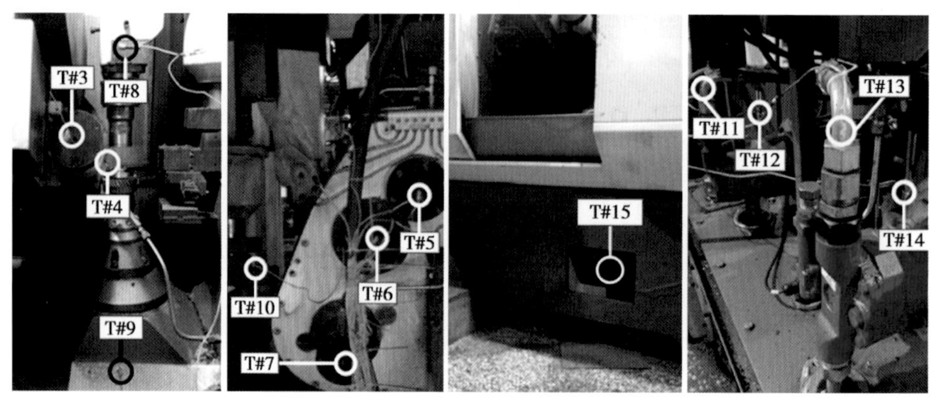

图 8.16　温度采集点位置图

表 8.4　温度采集通道对应采集点位置

编　号	采集点位置	编　号	采集点位置
T#1	环境温度	T#9	机床内罩
T#2	左侧车床	T#10	机床内空间
T#3	滚刀主轴前端盖	T#11	润滑油进油管
T#4	串刀主轴前端盖	T#12	润滑油回油管
T#5	滚刀主轴后端盖	T#13	液压油进油管
T#6	串刀轴后端盖	T#14	液压油回油管
T#7	轴端盖	T#15	工作夹紧油缸
T#8	小立柱		

实验的准备工作主要如下：

①清洁机床须固定温度传感器位置的表面；

②固定温度传感器；

③安装电涡流位移传感器；

④使用高速干切滚齿温度场/热变形分析实验平台从开机开始记录机床测温点温度及位移变形量；

⑤连续加工，记录开机时刻、开始加工时刻、休息时刻、窜刀时刻等。

实验后得到的一个班次采集点温度数据值，如图 8.17 所示。

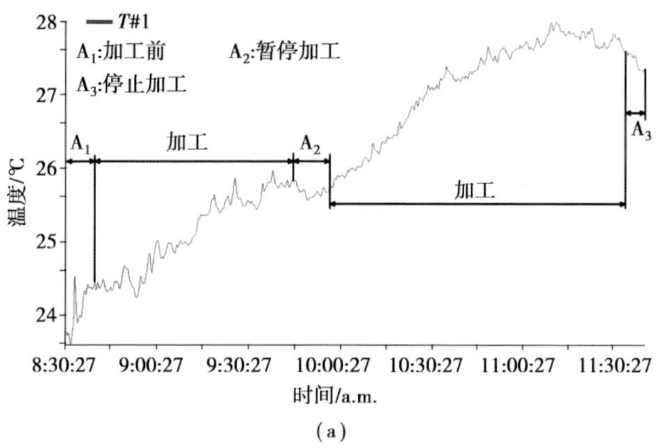

(a)

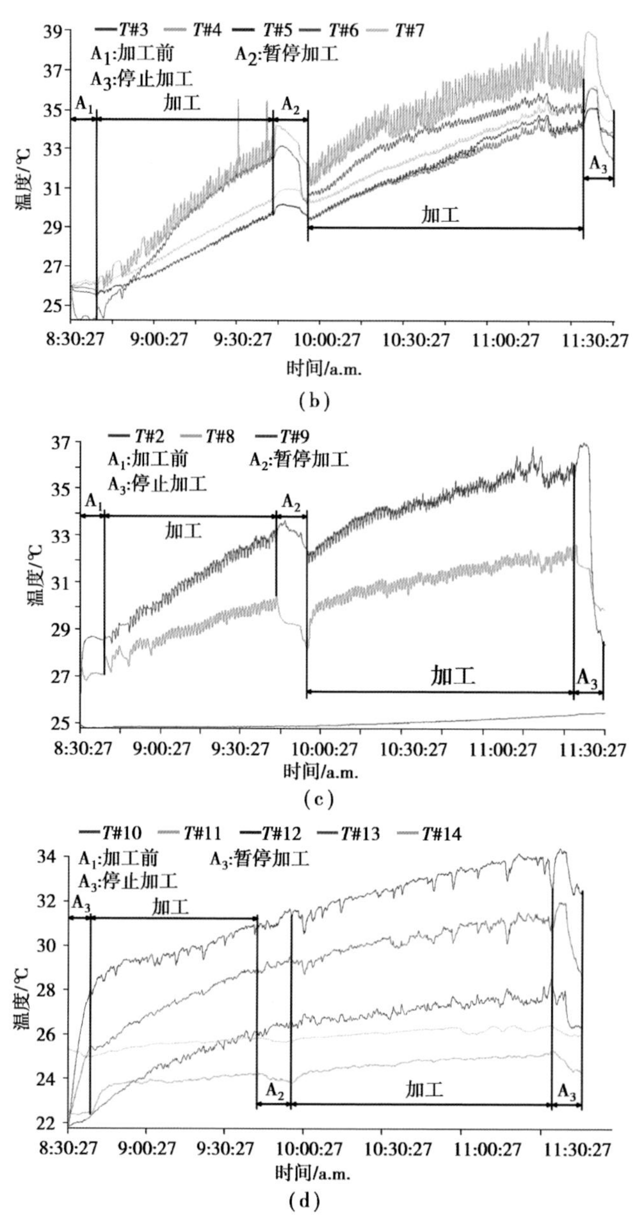

图 8.17 采集点温度数据

8.3 高速干切滚齿工艺系统热变形误差补偿

8.3.1 高速干切滚齿工艺系统热变形误差补偿原理

减少机床加工误差有两种基本方法：误差预防法和误差补偿法。误差预防法是在机床的设计和制造阶段使用隔离热源和改善机床结构等方法减少机床工作时的热误差。误差补偿法是通过实验建立机床热误差预测模型，然后在机床工作时通过热关键点的实时温度得到热误差预测值，从而对其进行补偿。误差补偿法比误差预防法更加经济有效，且易于实现。

机床热变形补偿技术多年来受到广泛重视，自 20 世纪 60 年代以来，国内外众多学者作了大量研究工作。在机床热误差补偿建模方面，国内外学者们提出了使用多元线性回归、神经网络、灰色理论等建模方法，并对机床热误差补偿的应用步骤进行了研究。美国格里森、日本三菱、德国利勃海尔等国际知名滚齿机厂家生产的高速干式滚齿机在减小机床热误差方面使用误差预防法和误差补偿法取得了良好的效果。

误差补偿法的实施步骤为：首先使用温度传感器和位移传感器分别对机床热敏感点温度和机床热变形误差进行测量，然后使用计算机进行建模分析，建立热变形误差补偿模型，并将误差预测模型置于实时补偿系统中；在加工时，通过温度传感器的温度值得到误差预测值，进而使用机床数控系统的机床外部坐标系原点偏移功能实现误差补偿。

8.3.2　基于多元线性回归的热变形误差模型

以下以使用多元线性回归建模方法为例，对高速干切数控滚齿机床热变形误差补偿进行介绍。

结合高速干切数控滚齿机床的结构特征以及加工时高速干切数控滚齿机床热像图，确定高速干切数控滚齿机床热敏感点，布置 c 个温度传感器（c 为自然数）。T_1、T_2、…、T_c 为温度变量，表示所布置的 c 个温度传感器测量的温度值，温度传感器中有一个悬挂于机床外部用于测量环境温度（T_1）。

由于高速干切数控滚齿机床上各热源之间存在交互作用，因此需使用模糊聚类法对温度变量进行分类优选，以提高刚加工完的工件温度预测模型的精确性和鲁棒性。根据聚类分析的基本原理，使用实验数据计算各温度变量 $T_i(i=1,2,\cdots,c)$ 之间的相关系数 r_{TT}，根据相关系数矩阵及聚类树形图将温度变量进行分类（设分为 p 类）。

温度变量 T_i 间相关系数值的计算式：

$$r_{TTij}=\frac{\sum_{k=1}^{n}(T_{ik}-\overline{T}_i)(T_{jk}-\overline{T}_j)}{\sqrt{\sum_{k=1}^{n}(T_{ik}-\overline{T}_i)^2}\sqrt{\sum_{k=1}^{n}(T_{jk}-\overline{T}_j)^2}}\quad(k=1,2,\cdots,n)\tag{8.18}$$

式中　r_{TTij}——温度变量 T_i 与 T_j 间的相关系数值；

T_{ik}——温度变量 T_i 的第 k 个样本值（共 n 个样本）；

$\overline{T}_i$——温度变量 T_i 的样本平均值。

在高速干切数控滚齿机床内布置位移传感器，测量滚刀主轴与工件轴芯的径向（X 向）中

心距变化量 δ_M，δ_M 即为机床热变形误差。计算各温度变量与机床热变形误差 δ_M 之间的相关**系数 $r_{T\delta m}$，从温度变量分类的每一类中选取一个** $r_{T\delta m}$ 最大的温度变量作为该类的代表。最后将选出来的每类温度代表组成一个温度变量组 t_1、…、t_p，其中 $t_1 = T_1$，$\{t_1、\cdots、t_p\} \in \{T_1、\cdots、T_c\}$，用于机床热变形误差 δ_M 的多元线性回归——最小二乘法建模。

温度变量 T_i 与机床热变形误差 δ_M 间相关系数值的计算式：

$$r_{T\delta mi} = \frac{\sum_{k=1}^{n}(T_{ik} - \bar{T}_i)(\delta_{Mk} - \bar{\delta}_M)}{\sqrt{\sum_{k=1}^{n}(T_{ik} - \bar{T}_i)^2}\sqrt{\sum_{k=1}^{n}(\delta_{Mk} - \bar{\delta}_M)^2}} \quad (k = 1,2,\cdots,n) \tag{8.19}$$

式中 $r_{T\delta mi}$——温度变量 T_i 与机床热变形误差 δ_M 间的相关系数值；

T_{ik}——温度变量 T_i 的第 k 个样本值（共 n 个样本）；

$\bar{T}_i$——温度变量 T_i 的样本平均值；

δ_{Mk}——机床热变形误差 δ_M 的第 k 个样本值（共 n 个样本）；

$\bar{\delta}_M$——机床热变形误差 δ_M 的样本平均值。

高速干切数控滚齿机床热变形误差模型通过以下方式计算：

$$\begin{cases} \delta = \Delta t A + \varepsilon \\ \varepsilon \sim N_n(0, \sigma^2 I_n) \end{cases} \tag{8.20}$$

式中 I_n——单位矩阵。

$$A_{p+11} = [a_0 \quad a_1 \quad \cdots \quad a_p]^{\mathrm{T}}, \delta_n = [\delta_{M0} \quad \delta_{M1} \quad \cdots \quad \delta_{Mn}]^{\mathrm{T}}, \varepsilon_n = [\varepsilon_0 \quad \varepsilon_1 \quad \cdots \quad \varepsilon_n]^{\mathrm{T}};$$

$$\Delta t_{np+1} = \begin{bmatrix} 1 & \Delta t_{11} & \Delta t_{12} & \cdots & \Delta t_{1p} \\ 1 & \Delta t_{21} & \Delta t_{22} & \cdots & \Delta t_{2p} \\ \vdots & \vdots & \vdots & & \vdots \\ 1 & \Delta t_{n1} & \Delta t_{n2} & \cdots & \Delta t_{np} \end{bmatrix}。$$

由最小二乘法原理，a_0、a_1、…、a_p 使全部观测值 δ_{Mk} 的残差平方和 $S_E^2(B)$ 达到最小，即

$$\begin{cases} \hat{\boldsymbol{t}}_{an1} = \Delta\hat{\boldsymbol{t}}_{np+1} \cdot \hat{\boldsymbol{A}}_{p+11} \\ \dfrac{\partial}{\partial \boldsymbol{A}} S_E^2(\hat{\boldsymbol{A}}) = 0 \end{cases} \tag{8.21}$$

其中 $\hat{\boldsymbol{A}}_{p+11} = [a_0 \quad a_1 \quad \cdots \quad a_p]^{\mathrm{T}}$ 是 $\boldsymbol{A}$ 的估计量，则 $\hat{\boldsymbol{A}}_{p+11}$ 可通过下式计算：

$$\hat{\boldsymbol{A}}_{p+11} = (\Delta\hat{\boldsymbol{t}}_{np+1}^{T} \Delta\hat{\boldsymbol{t}}_{np+1})^{-1} \Delta\hat{\boldsymbol{t}}_{np+1}^{T} \Delta\hat{\boldsymbol{t}}_{an1} \tag{8.22}$$

由方程式(8.20)计算出的 a_0、a_1、…、a_p 的值，从而可得到机床热变形误差补偿模型为：

$$\delta_M = a_0 + a_1 T_1 + \cdots + a_p T_p \tag{8.23}$$

第9章

高速干切滚齿工艺碳排放计算及碳效率评估

本章要点

◎ 高速干切滚齿工艺碳排放量化方法

◎ 高速干切滚齿工艺碳排放及碳效率经济效益分析

高速干切滚齿工艺碳排放计算及碳效率评估主要研究对象为高速干切滚齿机床设备。机床设备是机械制造系统碳排放的主体,是整个机械制造系统碳排放动态特性建模与优化的基础。从产品的角度,机床设备是一种典型的机电产品;而从生产的角度,机床设备又是一种典型的机械制造系统,因此在研究高速干切滚齿机床设备的碳排放动态特性时应综合考虑这两个角度。机床使用过程存在于其整个服役周期内,时间跨度较大,不确定因素较多,在不同时期机床性能及运行环境会发生较大的变化,而现存的研究较多关注机床在某时刻的能耗或环境排放特性,或理想运行状态时的碳排放性能,但忽略了其产品属性。因此,研究机床碳排放动态特性,需从产品生命周期的角度,重点关注其使用过程中碳排放动态过程。

9.1 高速干切滚齿工艺碳排放量化方法

生命周期评价(Life Cycle Assessment, LCA)作为一种"从摇篮到坟墓"的定量评价方法,已广泛运用到各个领域,并取得了一定的成效。本章节基于产品生命周期评价原理,提出一种机床生命周期碳排放评估及特性分析的绿色属性评价方法。

9.1.1 高速干切滚齿工艺碳排放评价体系

机床是制造机器的机器,也称为工作母机,一般包括金属切削机床、特种加工机床、锻压机床和木工机床四大类,其中金属切削机床是机械制造业的基础装备,为切削加工提供必需的运动和动力,本节研究的高速干切滚齿机床为金属切削机床。机床作为典型的机电产品,为了实现其机加工功能,一般机床由动力系统、电控系统、机械结构及润滑、切削液供给等系统组成。动力系统是为执行件的运动提供动力的装置,一般包括交流异步电动机、伺服电动机等;电控系统主要用来控制电动机的运转等;机械结构作为机床的主体,其一般包括传动件、执行件、支撑导向件和辅助件 4 个部分;润滑、切削液供给系统作为机床的一个辅助系统一般起到润滑、降温的作用。因此,机床具有结构复杂性。根据产品 LCA 原理,机床生命周期包括机床零部件原材料制备、毛坯生产、零部件加工及热处理、整机装配调试、机床使用及维护、机床回收再制造等过程。在不同的过程,其能源、物料以及环境排放物等均不同,呈现出不同的特点。本节为了综合其生命周期碳排放特性,可进一步分为机床制造阶段、机床运输阶段、机床使用阶段以及机床回收再制造阶段,如图 9.1 所示。

(1)机床制造阶段碳排放量化

机床制造阶段的碳排放主要包括机床零部件原材料制备的碳排放以及机床零部件制造

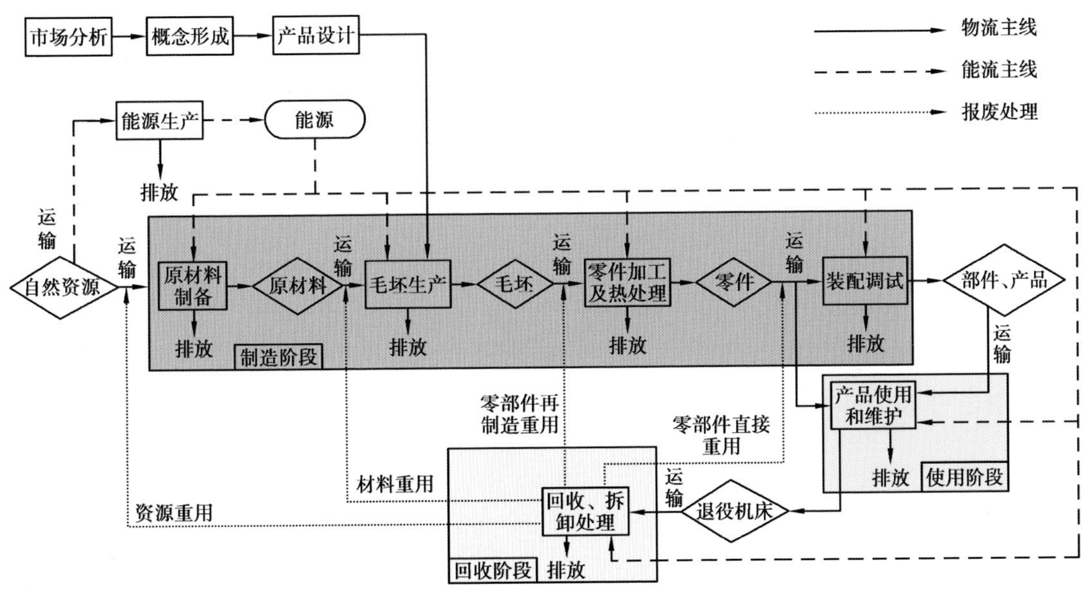

图9.1 机床生命周期系统边界

工艺过程碳排放。从机床构成而言,机床基础部件、运动部件等铸铁或钢质部件占普通机床质量的95%左右,数控机床的90%左右,是机床原材料碳排放的主体。因此,对于一台机床,可将其主要零部件(如床身等结构件、主轴、传动齿轮、传动丝杠、换刀装置等)制造过程的碳排放近似作为整个机床的碳排放。这些零部件制造阶段所承载的碳排放 M_{CE} 包括两部分:一部分来自于这些零部件原材料制备过程中所产生的间接碳排放;另一部分来自于零部件加工工艺的直接碳排放。其中,可根据 IPCC 及我国统计局发布的各种原材料的碳排放系数计算上述零部件材料制备阶段的间接碳排放,具体见式(9.1)。而当确定这些零部件加工工艺的直接碳排放时,本书主要考虑以下机械制造工艺:铸造、锻造、压铸、轧制、冲压、铣削、车削、磨削、表面硬化、退火以及回火等。对于上述的轧制、冲压、压铸等变形工艺的碳排放将根据其载能耗(Embodied Energy)进行计算;而对于铣削、车削、磨削、表面硬化、退火以及回火等工艺的碳排放将根据其比能耗(Specific Energy)进行计算。

$$M_{CE} = \sum_{l=1}^{M} Q_l \cdot \xi_{\text{mater}}^{l} + \left(\sum_{i=1}^{D_1} \sum_{j=1}^{N_i} W_{ij} \cdot E_{ij}^{\text{embedded}} + \sum_{p=1}^{D_2} \sum_{q=1}^{N_p} V_{pq} \cdot E_{pq}^{\text{specific}} \right) \cdot \xi_{\text{electricity}} \tag{9.1}$$

式中 Q_l——零部件制造所消耗的第 $l(l=1, \cdots, M)$ 种材料的质量,kg,且机床共由 M 种材料组成,第 l 种材料的碳排放系数为 ξ_{mater}^{l}(kg CO_2e/kg,其中 CO_2e 表示二氧化碳当量);

W_{ij}——采用第 $j(j=1,\cdots,N_i)$ 种变形工艺加工的第 $i(i=1,\cdots,D_1)$ 种零部件的质量,且该种工艺的载能耗为 E_{ij}^{embodied}(kW·h/kg);

V_{pq}——采用第 $q(q=1,\cdots,N_p)$ 种切削工艺加工第 $p(p=1,\cdots,D_2)$ 种零部件的材料去除量或加工量，mm^3，且该种工艺的比能耗为 $E_{pq}^{specific}$，$kW\cdot h/mm^3$。

此外，制造阶段装配过程的碳排放将根据式(9.2)进行计算，装配过程能耗则通过调研一段时间内装配车间的总能耗、各种型号机床的装配工时定额以及装配量，然后按工时定额或装配量进行分配。

$$A_{CE}=\frac{E_0\cdot T_0\cdot\xi_{electricity}}{\sum n_k\cdot T_k}\tag{9.2}$$

式中 E_0——装配车间总能耗，$kW\cdot h$；

T_0——当前计算机床的装配工时定额，h；

n_k——第 k 种机床的装配量；

T_k——第 k 种型号机床的装配工时定额，h；

$\xi_{electricity}$——中国电力碳排放系数，根据对中国2007年电能生产的生命周期评价，本书电能碳排放系数采用1.072 kg $CO_2e/kW\cdot h$。

(2)机床使用阶段碳排放量化

对于金属切削机床，其使用阶段的碳排放主要来自于能源消耗，尤其是电能的消耗，机床使用阶段能源消耗主要包括两部分：机床运行能耗及所处车间外围设备(如电灯、中央空调等)能耗。考虑到机床使用环境的不确定性，并为了突出机床自身能耗特性，外围设备能耗在本书不作考虑。机床使用过程中的能耗主要由加工时间以及机床的运行功率决定，其中工件加工时间 t 应由两部分组成，即工件装卸等辅助加工时间 t_1 与切削时间 t_2。机床运行过程的能耗如图9.2所示，包括3部分："常值"能耗(Constant Power)，"可变"能耗(Variable Power)及切削能耗(Cutting Power)。机床运行过程中，机床冷却润滑系统、控制系统、照明系统等辅助系统电能需求构成了机床的"常值"能耗，其与机床的设计方案有关；机床的主轴系统、驱动系统等电能需求构成了"可变"能耗，式(9.3)中"可变"能耗又由两部分组成：稳态可变能耗 $E_{v\text{-}steady}$ 与迁移(Transition)态可变能耗 $E_{v\text{-}trans}$，稳态可变能耗指主轴与进给轴速度达到需求值时即稳定工作时的功耗，而迁移态可变能耗指主轴与进给轴启停过程加速或减速时的能耗；切削能耗主要与切削零件的材料种类、材料去除率及刀具类型有关，由图9.2可知切削能耗随负载的增大而增大。"常值"能耗与"可变"能耗是机床运行所需要的最小能耗，与切削过程无关，是机床处于稳态(Steady State)、空载状态时所需的功耗。

$$E_{var}=E_{v\text{-}steady}+E_{v\text{-}trans}\tag{9.3}$$

式中 E_{var}——主轴、进给系统等功能部件的总能耗，即“可变能耗”；

$E_{v\text{-}steady}$——主轴、进给系统正常运动时的能耗，即稳态“可变能耗”；

$E_{v\text{-}trans}$——主轴、进给系统加速、减速等运动时的能耗，即迁移态“可变能耗”。

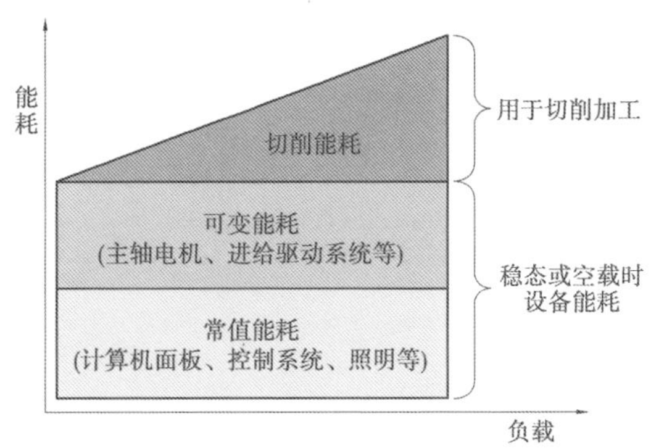

图9.2 机床运行过程能耗分布

当设备启动后处于稳态时，将需要额外的能耗用于切削加工，该部分能耗与材料的去除率 $\dot{v}$ 有关，因此，机床切削过程时的总功率可以表达为式(9.4)。

$$P_{total} = P_{steady} + k \cdot \dot{v} \tag{9.4}$$

式中 P_{total}——设备进行切削加工时所需要的总功率，kW；

P_{steady}——机床运行时所需要的稳态(Steady)功率，kW；

k——常量系数；

$\dot{v}$——材料去除率，mm^3/s。

一旦设备能耗确定设备，则使用阶段的碳排放可采用式(9.5)进行计算。

$$U_{CE} = \int_{t_0}^{t_0+\Delta t} P_{total} \cdot \xi_{electricity} dt \tag{9.5}$$

式中 U_{CE}——机床运行过程中的碳排放，其中运行时间为 Δt，从时刻 t_0 开始。

(3)机床运输阶段碳排放量化

在机床全生命周期内，运输过程既存在各个阶段(如制造阶段)内部又存在各阶段之间，运输方式可能包括公路运输、水路运输以及铁路运输方式等。运输过程中的碳排放既取决于负载量，又取决于所采用运输方式的运输距离，且路况等因素也会影响碳排放量，因此本书中在确定运输过程碳排放时，路况等因素考虑为最坏情况。在机床生命周期内，机床制造过程需要运输原材料、外购零部件等，由于材料来源地具有多样性及不确定性，因此运输阶段的碳排放只考虑了机床产品的运输，运输距离为制造商至用户所在地之间的距离。在交通运输业,"t · km"是一种重要的统计指标,而且已经有一些组织或个人开始研究不同运输方式每"t · km"所产生的碳排放量。因此,将根据每吨公里碳排放量 TE_t 来计算运输阶段的碳排放量,具体见式(9.6)。

$$T_{\mathrm{CE}} = \sum_{t=1}^{K_0} F_t \cdot T_{\mathrm{t}} \qquad (t = 1, \cdots, K_0) \tag{9.6}$$

式中 T_{CE}——机床运输阶段碳排放,kg CO_2e;

K_0——运输过程中共采用的运输方式的种类,如船运、铁路、汽车等;

F_t——采用第 t 种运输方式运输机床的总吨公里数;

T_{t}——第 t 种运输方式每吨千米的碳排放量,kg CO_2e/(t · km)。

(4)机床回收处理阶段碳排放量化

作为典型的机电产品,机床退役时仍存在很高的回收再利用价值。根据目前机床再制造产业技术现状,退役机床通常会有 3 种回收再利用方式:零部件直接重用、零部件再制造以及资源化再利用。零部件直接重用指其在清洗等处理后直接被当作新零部件进行使用,这个过程额外会产生很少的碳排放;机床零部件再制造指在机床拆解后经过清洗、检查、喷涂等再制造工艺使再制造零部件达到或高于新制造零部件的性能,因此该过程会由各个制造工艺产生一定量的碳排放;而资源化再利用是一种相对低级的回收方式,这些零部件会直接作为原料加工成新的原材料(如对零部件的废钢进行冶炼),这个过程也会产生一定量的碳排放。本书中综合考虑以上 3 种回收处理方式,该阶段的碳排放计算量可以表达为式(9.7)。据统计,通过再制造可实现 80% 质量的机床零部件得到回收利用,以替代新零部件的制造,通过材料回用也可以实现一部分的资源回收利用,因此,该阶段由于通过再制造等回收处理方式为机床制造业提供了原材料,降低了其生命周期碳排放量,则式(9.7)的结果为负值。

$$R_{\mathrm{CE}} = -\sum_{i=1}^{D_{\mathrm{rm}}} (N_i^{\mathrm{rm}} - H_i) - \sum_{j=1}^{D_{\mathrm{rc}}} (F_j^{\mathrm{rc}} - R_j) - \sum_{s=1}^{D_{\mathrm{dr}}} B_s$$
$$(i = 1, \cdots, D_{\mathrm{rm}}; j = 1, \cdots, D_{\mathrm{rc}}; s = 1, \cdots, D_{\mathrm{dr}}) \tag{9.7}$$

式中 R_{CE}——机床回收处理阶段碳排放,kg CO_2e;

D_{rm}——再制造零部件种类数;

N_i^{rm}——再制造替代新零部件的碳排放量,kg CO_2e;

H_i——零部件再制造过程的碳排放量,kg CO_2e;

D_{rc}——机床回收材料的种类数;

F_j^{rc}——回收材料的碳排放量,kg CO_2e;

R_j——材料回收过程的碳排放量，kg CO_2e；

D_{dr}——直接重用零部件量，kg；

B_s——制造该种零部件的碳排放量，kg CO_2e。

综合以上分析，机床生命周期碳排放的计算公式为式(9.8)：

$$C_{gross} = M_{CE} + A_{CE} + U_{CE} + T_{CE} + R_{CE} \tag{9.8}$$

9.1.2　高速干切滚齿工艺碳效率评价指标

为了从多个角度理解和分析高速干切滚齿机床生命周期碳排放动态特性，本书基于机床的产量、材料去除率以及收益率3种衡量功能性服务效果的参数定义了3种碳效率指标，即生产率碳效率(Production Rate Carbon Efficiency, PRCE)、材料去除率碳效率(Material Removal Rate Carbon Efficiency, MRRCE)、收益率碳效率(Economic Return Rate Carbon Efficiency, ERRCE)。

(1)生产率碳效率指标

生产率碳效率被定义为机床生产率与机床单位时间平均碳排放的比值，具体定义见式(9.9)。单位时间平均碳排放(本小节只考虑电能消耗的碳排放)等于机床的平均功率乘以电能的碳排放系数 EF_{elec}，由于生产率被广泛用于衡量机床的生产性能，因此将生产率作为衡量机床加工性能的重要指标。

$$\eta_Q = \frac{r}{P \cdot \xi_{electricity}} \tag{9.9}$$

式中　η_Q——生产率碳效率，件/kg CO_2e；

P——机床的平均功率，kW；

r——机床的生产率，件/h。

(2)物料去除率碳效率指标

对于可实现同样的切削功能但类型与规格参数不同的金属切削机床，考虑到其功能的相似性，可以通过材料去除率衡量其碳排放动态特性。物料去除率碳效率被定义为金属切削机床的材料去除率与机床平均单位时间碳排放的比值，见式(9.10)。

$$\eta_R = \frac{m_{rr}}{P \cdot \xi_{electricity}} \tag{9.10}$$

式中　η_R——材料去除率碳效率，mm^3/kg CO_2e；

m_{rr}——材料的去除率，mm^3/s。

(3)收益率碳效率指标

收益率碳效率被定义为机加工的经济收益率与机床平均单位时间碳排放的比值,见式(9.11)。机床经济收益率指单位时间内由机加工实现的零部件的经济增值,其等于机加工单位零部件的增加值与该零部件加工时间的比值。

$$\eta_{\mathrm{V}} = \frac{v_{\mathrm{add}}}{P \cdot \xi_{\mathrm{electricity}}} \tag{9.11}$$

式中　η_{V}——机床收益率碳效率,元/kg CO_2e;

v_{add}——单位时间机加工的收益率,元/s。

上述3种碳效率指标的关系如图9.3所示,生产率碳效率 η_{Q} 分别通过关系系数 α、β,与材料去除率碳效率指标 η_{V} 以及收益率碳效率指标 η_{R} 关联起来。根据上述3种碳效率指标的定义,关系系数 α 为机床材料去除率 m_{rr}除以机床生产率 r,即单个零件的材料去除量;关系系数 β 为机床增值率 v_{add}除以机床生产率 r 所得的商,即单个零件的增值量。在实际生产过程中,对于批量化生产的同批次零件,上述两个系数均可以视为常量。为了追求更多的商业利益以及市场竞争力,优化生产时间、生产成本以及控制产品质量是制造企业比较关注的管理策略。然而,随着市场环境意识的增强,绿色环保也逐渐成为影响制造企业竞争力的重要因素。通过上述3种指标,可使分别用于反映生产时间、生产成本以及产品质量的生产率、材料去除率以及收益率等经济/生产指标与生产碳排放及产品碳足迹关联起来。

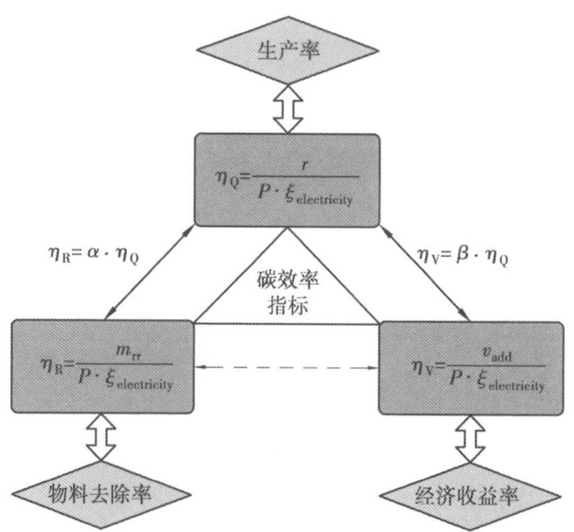

图9.3　3种碳效率指标关系

根据上一节的分析,机床生命周期碳排放可以分为两大类:可变碳排放 C_{varible},仅包括机床运行阶段碳排放 U_{CE};固定碳排放,由制造阶段碳排放 M_{CE}、装配阶段碳排放 A_{CE}以及运输阶段碳排放 T_{CE}构成;此外,由于回收阶段碳排放 R_{CE}具有较强的不确定性,因此其需要进行单独考虑。由于可变碳排放 C_{varible} 会随着机床服务时间的增加而增加，是一个关于时间的线性函数，且其线性系数可以设为机床平均功率 P 与电能碳排放系数 $\xi_{\text{electricity}}$ 的乘积。综上所述，机床生命周期碳排放可以进一步表示为式(9.12)。

$$C_{\text{gross}} = C_{\text{fix}} + C_{\text{varible}} + R_{\text{CE}} \tag{9.12}$$

其中：

$$C_{\text{varible}} = P \cdot \xi_{\text{electricity}} \cdot t \text{ 或 } C_{\text{varible}} = P \cdot \xi_{\text{electricity}} \cdot \left(\frac{1}{r}\right) \cdot Q \tag{9.13}$$

式中，设机床的平均生产率为 r，可变碳排放 C_{varible} 还可以进一步表达为产量 Q 的线性函数，且根据式(9.9)所示的机床生产率碳效率指标定义，该线性函数的线性系数为 η_Q 的倒数。因此，假如机床生命周期内只用于加工一种类型的零件产品(实际在机床整个生命周期内，其会被用于加工各种类型的零部件)，基于生产率碳效率指标，机床生命周期碳排放特性可以表达为式(9.14)，且其对应的机床生命周期碳排放动态曲线见表9.1。由于机床回收行为只发生在机床的报废阶段，可以看出其特性曲线是非连续的，其图形中的实心离散点代表在生命周期结束阶段产量为 Q_{total} 时的机床全生命周期的碳排放总量。

$$C_{\text{gross}} = \begin{cases} C_{\text{fix}} + \dfrac{1}{\eta_{\text{Q}}} \cdot Q & (0 \leqslant Q < Q_{\text{total}}) \\ C_{\text{fix}} + \dfrac{1}{\eta_{\text{Q}}} \cdot Q_{\text{total}} + R_{\text{CE}} & (Q = Q_{\text{total}}) \end{cases} \tag{9.14}$$

根据图9.3所示的3种碳效率指标关系，式(9.14)中的系数 $\dfrac{1}{\eta_{\text{Q}}}$ 可以替换为 $\dfrac{\alpha}{\eta_{\text{R}}}$，由于 α 代表单个零件的去除量，其与产量 Q 的乘积即为所有零件的总去除量，因此根据式(9.14)，机床生命周期碳排放可进一步表达为式(9.15)所示的随材料去除量的函数。表9.1中，表达机床生命周期碳排放动态特性曲线仍是一个非连续曲线，图形中的实心离散点代表在生命周期结束阶段材料去除量为 $R_{\text{vol}}^{\text{total}}$ 时的机床全生命周期的碳排放量。

$$C_{\text{gross}} = \begin{cases} C_{\text{varible}} + \dfrac{1}{\eta_{\text{R}}} \cdot R_{\text{vol}} & (0 \leqslant R_{\text{vol}} < R_{\text{vol}}^{\text{total}}) \\ C_{\text{varible}} + \dfrac{1}{\eta_{\text{R}}} \cdot R_{\text{vol}}^{\text{total}} + R_{\text{CE}} & (R_{\text{vol}} = R_{\text{vol}}^{\text{total}}) \end{cases} \tag{9.15}$$

与之类似，根据图9.3所示的3种碳效率指标关系，式(9.14)中的系数 $\dfrac{1}{\eta_{\text{Q}}}$ 同样可以替换为 $\dfrac{\beta}{\eta_V}$，由于 β 代表单个零件的增值量，其与产量 Q 的乘积即为所有零件的总增值量，因此根据式(9.14)，机床生命周期碳排放可进一步表达为式(9.16)的随产品增值量的函数。由于用户在机床的初始使用阶段需出资购买机床，因此式中机床生命周期起始阶段的增值量 $V_{\text{add}}^{\text{in}}$（常数）是一个负值。此外，报废机床的回收处理会增加用户的收益，如机床被回收的材料越多，则用户会得到越多的收益以及更少的碳排放。假设碳排放总量是收益 V_{add} 的线性函数，线性系数为 R'_{CE}，则机床生命周期碳排放特性函数可以表达为式(9.16)，其为一个分段函数，且其对应的碳排放特性函数图见表 9.1。

表 9.1　碳效率指标及其对应机床碳排放动态特性曲线

碳效率指标	表达式	机床生命周期碳排放特性图
PRCE	$\eta_{\text{Q}}=\dfrac{r}{P\cdot\xi_{\text{electricity}}}$	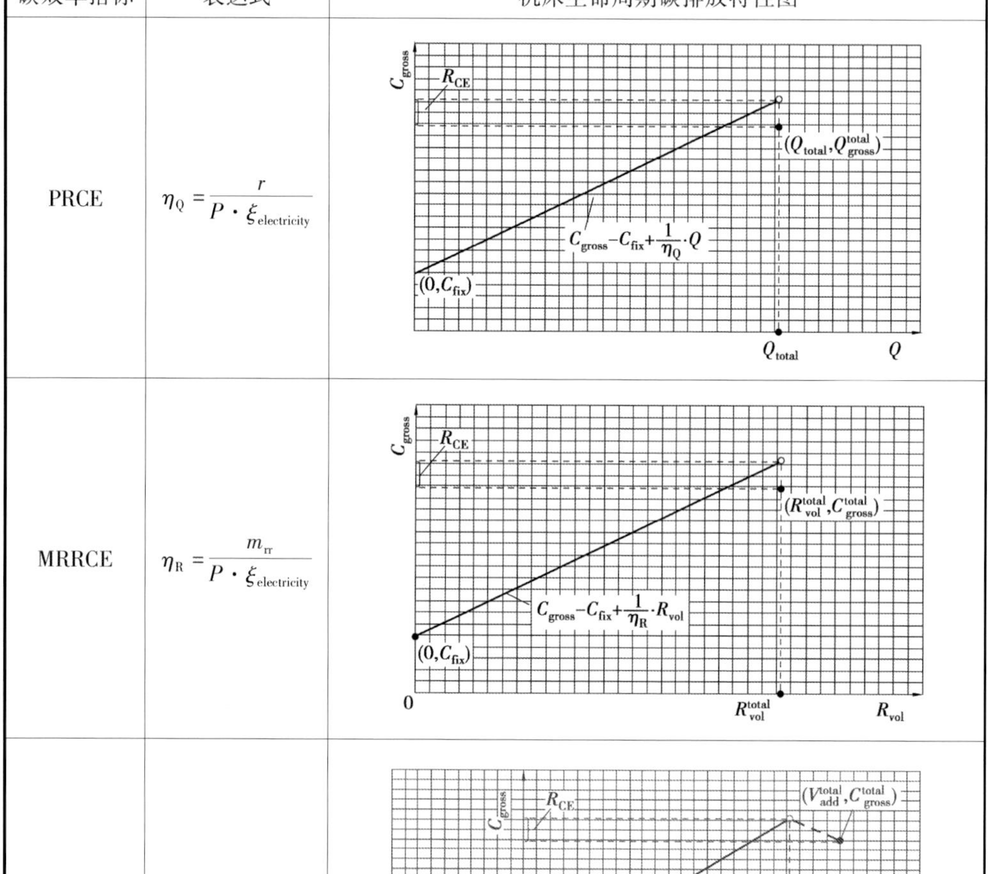
MRRCE	$\eta_{\text{R}}=\dfrac{m_{\text{rr}}}{P\cdot\xi_{\text{electricity}}}$	
ERRCE	$\eta_{\text{V}}=\dfrac{v_{\text{add}}}{P\cdot\xi_{\text{electricity}}}$	

$$
C_{\mathrm{gross}}=\begin{cases}C_{\mathrm{fix}}-\dfrac{1}{\eta_{\mathrm{V}}}\cdot V_{\mathrm{add}}^{\mathrm{in}}+\dfrac{1}{\eta_{\mathrm{V}}}\cdot V_{\mathrm{add}} & (V_{\mathrm{add}}^{\mathrm{in}}\leqslant V_{\mathrm{add}}\leqslant V_{\mathrm{add}}^{l-\mathrm{end}})\\ C_{\mathrm{fix}}-\dfrac{1}{\eta_{\mathrm{V}}}\cdot V_{\mathrm{add}}^{\mathrm{in}}+\dfrac{1}{\eta_{\mathrm{V}}}\cdot V_{\mathrm{add}}^{l-\mathrm{end}}+R'_{\mathrm{CE}}\cdot(V_{\mathrm{add}}-V_{\mathrm{add}}^{l-\mathrm{end}}) & (V_{\mathrm{add}}^{l-\mathrm{end}}\leqslant V_{\mathrm{add}}\leqslant V_{\mathrm{add}}^{\mathrm{total}})\end{cases}
\tag{9.16}
$$

式中　$V_{\mathrm{add}}^{l-\mathrm{end}}$——机床寿命终止时的总收益，元；

$V_{\mathrm{add}}^{\mathrm{total}}$——包括机床回收阶段的机床全生命周期的总收益，元；

$C_{\mathrm{gross}}^{\mathrm{total}}$——对应的机床全生命周期的碳排放，kg CO_2e。

9.2　高速干切滚齿工艺碳排放及碳效率经济效益分析

本节为展示机床生命周期碳排放动态特性分析及碳效率评估方法的应用，以两种机床为研究对象：①A 型机床型滚齿机（2 轴普通数控滚齿机床）；②B 型机床型滚齿机（7 轴 4 联动数控高速干切滚齿机床），上述两种滚齿机床的技术规格参数见表 9.2。

表 9.2　两种机床的规格参数

规格参数	A 型机床	B 型
最大加工工件直径/mm	200	160
最大加工工件模数/mm	6	3
滚刀最大旋转速度/($r\cdot min^{-1}$)	500	2 000
工作台最大旋转速度/($r\cdot min^{-1}$)	32	200
最大滚刀直径×长度/mm	140×140	90×200
主电机功率/kW	7.5	9
总电机功率/kW	11.8	36
平均运行功率/kW	9	18
毛重/kg	4 500	12 000
冷却方式	冷却润滑液	干式切削

为了计算以上两种机床的碳排放，需要进行以下设置：

①在制造阶段，以上两种设备主要零部件的制造主要采用铸铁、钢铁、铜合金、铝合金、塑料等材料，各种零部件制造过程中消耗材料的总量见表 9.3，且两种机床装配过程中的碳排放量几乎相当。

②在两种机床服务寿命内，两种机床被用于加工不同种类不同批量的齿轮，而由于机床

寿命跨度较长，因此本节仅根据生产订单记录，选择6种典型的齿轮用两种机床进行机加工以进行碳排放特性的比较。6种齿轮基本参数信息见表9.4，表9.5与表9.6列出了滚齿机A型机床与B型机床的齿轮加工参数与信息（如生产率等）。根据以上两种设备的设计寿命将其服务寿命设定为10年，设备平均每年运行300天，每天实施两班制。根据图9.2所示，机床的切削功率远小于其固定功率与可变功率，因此以上设备使用阶段的能耗可以根据表9.2所示的平均运行功率与加工时间进行计算。

表9.3　A型机床与B型机床零部件制造过程消耗材料质量

材　料	主要零部件	A型机床		B型机床	
		质量/kg	百分比/%	质量/kg	百分比/%
铸铁	床身、工作台、立柱等	3 420	76	8 640	72
钢材	蜗杆、刀架、传动齿轮等	945	21	2 880	24
铜合金	涡轮、螺母、铜线圈、电线等	81	1.8	288	2.4
铝合金	垫圈、电机外壳等	27	0.6%	96	0.8
塑料/橡胶	电线、胶管、橡胶板等	13.5	0.3	36	0.3
其他	挡油板、防护罩等	13.5	0.3	36	0.5
总质量		4 500	100	12 000	100

表9.4　待生产的六种齿轮的加工参数

齿轮参数	齿轮1	齿轮2	齿轮3	齿轮4	齿轮5	齿轮6
齿数	25	35	40	45	30	50
模数/mm	3	3	2.5	2.5	2	2
齿宽/mm	25	25	25	25	20	2
齿轮材料	45#steel	HT200	HT200	45#steel	45#steel	HT200

表9.5　A型机床加工参数

生产参数	齿轮1	齿轮2	齿轮3	齿轮4	齿轮5	齿轮6
材料去除率/($mm^3 \cdot s^{-1}$)	98	153	169	172	64	112
生产率/(台·h^{-1})	18	20	28	25	27	29
收益率/元	2.2	1.8	1.6	1.8	2.0	1.2
产量/台	172 800	144 000	268 800	180 000	259 200	139 200

表9.6　B 型机床加工参数

生产参数	齿轮1	齿轮2	齿轮3	齿轮4	齿轮5	齿轮6
材料去除率/($mm^3 \cdot s^{-1}$)	303	502	627	588	187	426
生产率/(台 · h^{-1})	55	64	100	86	80	110
收益率/元	2.2	1.8	1.6	1.8	2.0	1.2
产量/台	528 000	460 800	960 000	619 200	768 000	480 000

③两种机床均由重庆机床集团有限责任公司生产，销往长春，运输距离约为 2 000 km。

④A 型机床的售价大约为 35 万人民币，B 型机床的售价大约为 130 万人民币。

⑤设备的日常维护对于确保设备的正常运行非常重要，在设备的日常维护期间，机床处于空载或停止状态，这个过程中的能耗非常少，因此，使用阶段的碳排放不作考虑。

⑥在生产实际中，滚齿机 80% 以上的零部件可以进行回收性再制造，尤其对于铸铁零部件（如床身、立柱及工作台等）和高附加值零部件（如涡轮等）。

根据式(9.1)—式(9.9)的计算方法，基于表(9.2)—表(9.6)的原始数据，可确定 B 型机床生命周期碳排放总量约为 981 tCO_2e，A 型机床的排放总量约为 499.8 tCO_2e，以上两种机床生命周期各阶段碳排放量如图 9.4 所示。由图可知，以上两种机床生命周期 95% 的碳排放量来自于使用阶段，B 型机床使用阶段排放了 926 tCO_2e，A 型机床使用阶段排放了 458 tCO_2e；在制造阶段，由于铸铁、钢、铜合金等原材料的消耗、零部件制造工艺过程及整机装配过程中的资源消耗，B 型机床直接或间接导致 90 tCO_2e 的排放，而 A 型机床的碳排放为 31 t，B 型机床约是 A 型机床的 3 倍，且由图 9.4 可知，这两种机床所需的各种原材料的碳排放贡献了制造阶段碳排放的 60% 以上，因此进行机床的轻量化设计对实现该阶段碳排放的减量具有重要意义；对于以上两种机床，B 型机床运输过程碳排放约为 11 tCO_2e，A 型机床运输过程排放了约 3.8 tCO_2e，主要是因为两种机床质量的差别造成其碳排放量的差别；废旧机床的回收处理阶段对降低机床生命周期碳排放具有重要意义，通过零部件直接重用、零部件再制造、材料重用等回收处理方式，B 型机床回收处理可减少约 46 tCO_2e，A 型机床回收处理可减少约 17 tCO_2e。

上述结果表明，无论何种机床，通过优化其使用阶段的能耗可显著地降低机床生命周期碳排放量，因此使用过程的优化与控制是优化机床碳足迹的关键，且 B 型机床生命周期碳排放总量约为 A 型机床的 2 倍。

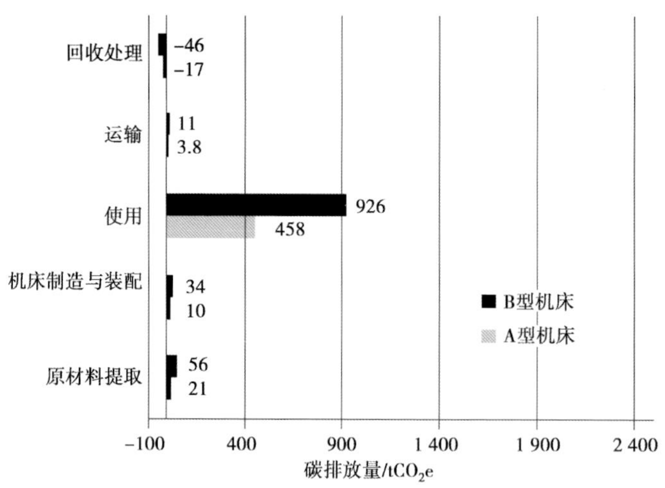

图 9.4 两种机床生命周期碳排放

如图 9.5 所示，两种机床生命周期碳排放量均随齿轮产量的增加而增加，由于 B 型机床拥有更好的生产效率，在同样的服务寿命内，其所产出的齿轮产量几乎是 A 型机床的 3 倍。B 型机床更多的“固定碳排放”导致其生命周期碳排放曲线的起点比 A 型机床的更高，然而随着产量的增加，当两种机床的产量均达到 0.24 万件的时候（如图 9.5 中 A 点所示），A 型机床的生命周期碳排放线开始超越 B 型机床，这意味着随后当两种机床的总产量相同时，B 型机床将排放出更少的碳排放，即其更加低碳，碳排放性能更优，这一结论完全不同于图 9.4 所示的机床生命周期碳排放性能的比较结果。两种机床碳排放曲线均由连续的折线组成，每一段折线的斜率等于机床加工其对应零件时的生产率碳效率（PRCE）的倒数，因此根据这些折线的斜率，可以得出这样的结论：当两种机床生产同一种零部件时，B 型机床的碳效率要优于 A 型机床，如以加工齿轮 1 为例，A 型机床的特性曲线 L_1 与 B 型机床的特性曲线 l_1 如图 9.6 中虚线框所示，显然 L_1 的斜率比 l_1 的斜率大，即$\frac{1}{\eta_Q^{L_1}} > \frac{1}{\eta_Q^{l_1}}$，因此可以推出 $\eta_Q^{L_1} < \eta_Q^{l_1}$，即 $\eta_Q^{A} < \eta_Q^{B}$。这说明在使用过程中尽管 B 型机床的运行功率更大，即更大的碳流率，但其更高的生产效率和更短的加工时间会使其的碳效率更优。因此，在改进机床运行过程中的环境性能时不能仅仅局限于优化设备的运行功率，同时应综合考虑其生产效率。

而对于同种机床用于生产不同的齿轮，其生产率碳效率（PRCE）同样会出现变化，以 B 型机床加工齿轮 5 与齿轮 6 为例，生产这两种齿轮时的碳排放折线分别为 l_5 和 l_6，其中曲线 l_5 的斜率比 l_6 的斜率大，即$\frac{1}{\eta_Q^{5}} > \frac{1}{\eta_Q^{6}}$，因此可以推断 $\eta_Q^{5} < \eta_Q^{6}$，根据表 9.4 所列出的几种待加工齿轮的参数信息，尽管齿轮 6 比齿轮 5 具有更大的尺寸，但其组成材料为 HT200，因此具有更好的

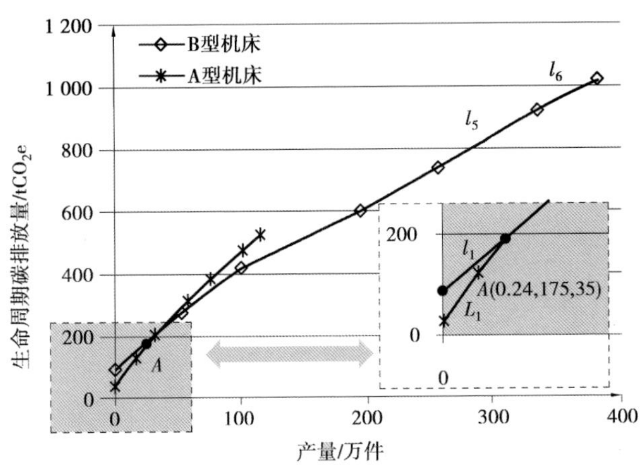

图9.5 面向PRCE的机床生命周期碳排放动态特性

机加工性。因此，相比于齿轮的尺寸，齿轮的材料更能决定其加工过程的碳效率。

上述结论同样可以通过面向去除率碳效率的碳排放特性曲线反映，如图9.6所示，同样以B型机床加工齿轮5和齿轮6为例，根据对应折线的斜率可得到$\frac{1}{\eta_R^5} > \frac{1}{\eta_R^6}$，也即可推得 $\eta_R^5 < \eta_R^6$。且在该图中，当两种机床总的材料去除量达到14.51 m^{3}时，如图9.5中B点所示，A型机床的碳排放开始超过B型机床，此时再采用A型机床进行加工时，企业总碳排放量会更大。

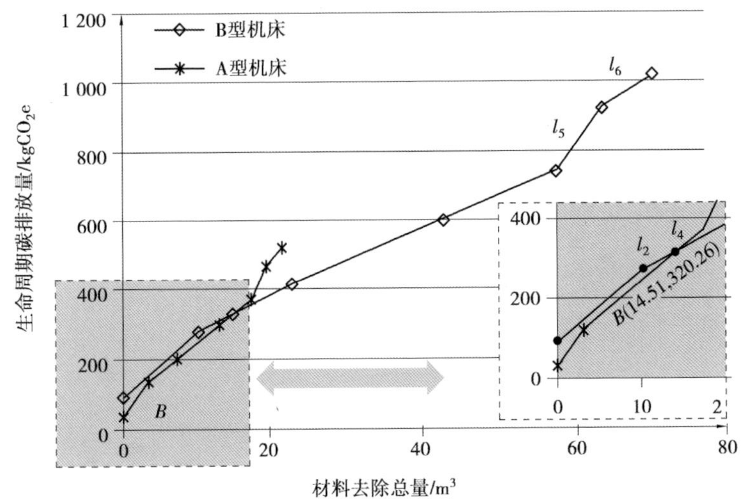

图9.6 面向MRRCE的机床生命周期碳排放动态特性

而图9.7所示的面向收益率碳效率的机床生命周期碳排放特性曲线综合了碳排放与经济效益，由图9.7可知，当B型机床和A型机床的机床碳排放量分别达到2.98×10^5 kg CO_2e和1.21×10^5 kg CO_2e时，所产生的经济效益才能平衡用于购买机床的费用投资，随后的经济利润将会随着碳排放的增加而增加。尽管B型机床生命周期的总碳排放量几乎是A型机床的两倍，但 B 型机床生命周期的经济效益却是 A 型机床的 3 倍。

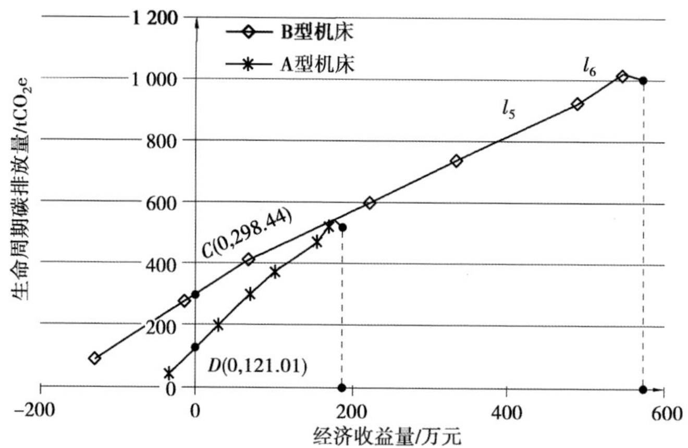

图 9.7　面向 ERRCE 的机床生命周期碳排放动态特性

综合以上碳效率分析结果，B 型机床表现出更好的生命周期碳排放动态特性，这与采用生命周期评价所计算的结果（A 型机床生命周期碳排放总量更少）完全不同，因此仅以传统的生命周期评价计算产品的环境性能在一定程度上并不能完全真正反映其碳排放性能。

参考文献

[1] 刘飞,张晓冬,杨丹.制造系统工程[M].北京:国防工业出版社,2000.

[2] 王永靖.汽车制造企业绿色制造模式及关键支持系统研究[D].重庆:重庆大学博士学位论文,2008.

[3] 阿尔文·托夫勒.第三次浪潮[M].北京:中信出版社,2006.

[4] 中国科学院可持续发展战略研究组.2004中国可持续发展战略报告[M].北京:科学出版社,2004.

[5] 刘飞,曹华军,张华,等.绿色制造的理论与技术[M].北京:科学出版社,2005.

[6] 陈佳贵,黄群慧,等.工业化蓝皮书——中国工业化报告[M].北京:社会科学出版社,2009.

[7] 齐建国,吴滨,彭旭庶,等.中国循环经济发展报告(2011—2012)[M].北京:社会科学文献出版社,2013.

[8] 刘飞,张华,岳红辉.绿色制造——现代制造业的可持续发展模式[J].中国机械工程,1998,9(6):76-78.

[9] 刘飞,曹华军,何乃军.绿色制造的研究现状与发展趋势[J].中国机械工程,2000,11(1-2):105-110.

[10] 2013—2017年中国齿轮行业产销需求预测与转型升级分析报告[R].前瞻产业研究院,2013.

[11] 李先广,刘飞,曹华军.齿轮加工机床的绿色设计与制造技术[J].机械工程学报,2009,45(11):140-145.

[12] Takahide T, Yukihisa N, Yozo N. High Productivity Dry Hobbing System[J]. Mitsubishi Heavy Industries, Ltd. Technical Review, 2001, 38(1):27-31.

[13] 牛瑞春.齿轮滚切干切技术应用[J].中国高新技术企业,2011(15):56-58.

[14] 李先广.面向绿色制造的高速干式切削滚齿机设计与评价技术研究[D].重庆:重庆大学硕士学位论文,2003.

[15] Okafor A C, Ertekin Y M. Derivation of machine tool error models and error compensation pro-

cedure for three axes vertical machining center using rigid body kinematics[J]. International Journal of Machine Tools & Manufacture 2000(40)1199-1213.

[16] 姚南珣,王炽鸿,陈志杰. 数学在刀具设计中的应用[M]. 北京:机械工业出版社,1988.

[17] 四川省机械工业局. 齿轮刀具设计理论基础:上册[M]. 北京:机械工业出版社,1982.

[18] 王世良,魏炳枢,刘洪毅. 齿轮滚刀设计与使用[M]. 河北:河北人民出版社,1984.

[19] Hoffmeister B. Über den Verschleiß am Wälzfräser[D]. Dissertation, RWTH Aachen, 1970.

[20] Mustafa G, Ersan A, Ihsan K, et al. Investigation of the effect of rake angle on main cutting force[J]. International Journal of Machine Tools & Manufacture, 2004(44)953-959.

[21] Kienzle O, Victor H. Spezifische Schnittkraft bei der Metallbearbeitung[J]. Werkstattstechnik und Maschinenbau, 1957, 47(5): 224-225.

[22] Michalski J, Skoczylas L. A comparative analysis of the geometrical surface texture of a real and virtual model of a tooth flank of a cylindrical gear[J]. Journal of materials processing technology, 2008(204)331-342.

[23] Shunmugam M, Narayana S, Jayapraksh V. Establishing gear tooth surface geometry and normal deviation: Part 1—cylindrical gears[J]. Mechanism and machine theory, 1998, 33 (5): 517-524.

[24] 陈兆年,陈子辰. 机床热态特性学基础[M]. 北京:机械工业出版社,1989.

[25] 艾兴,等. 高速切削加工技术[M]. 北京:国防工业出版社,2003.

[26] 张士军,刘战强,刘继刚. 用解析法计算高速切削单涂层刀具瞬态温度分布[J]. 机械工程学报,2010,46(1):187-1933,198.

[27] 袁哲俊,刘华明,唐宜胜. 齿轮刀具设计[M]. 北京:新时代出版社,1983.

[28] 吴焱明,陶晓杰. 齿轮数控加工技术的研究[M]. 合肥:合肥工业大学出版社,2006.

[29] Herbert Schulz, Eberhard Abele, 何宁. 高速加工理论与应用[M]. 北京:科学出版社,2010.

[30] Ning Y, Rahman M, Wong Y S. Investigation of chip formation in high speed end milling[J]. Journal of Materials Processing Technology, 2001, 113(1): 360-367.

[31] 张幼桢. 金属切削理论[M]. 北京:航空工业出版社,1988.

[32] 机械工程手册电机工程手册编辑委员会. 机械工程手册[M]. 2 版. 北京:机械出版社,1997.

[33] Recht RF. A Dynamic Analysis of High-Speed Machining[J]. High Speed Machining, ASME,

1984:83-93.

[34] Sinkevicius V (2003) Gear hobbing simulation software[EB/OL]. http://vmc. ppf. ktu. lt/vytenis/apie_cv/Gearhobbingsimulationv_03. pdf,2009-11-20.

[35] John A. Schey. 制造方法基础与提高[M]. 王贵明,傅水根,郭金星,等,译. 北京:机械工业出版社,2004.

[36] 郭茜. 高速干式滚齿切削力理论及实验研究[D]. 重庆:重庆大学硕士学位论文,2006.

[37] 冯勇,汪木兰,王保升. 高速切削热及温度预测研究进展[J]. 机械设计与制造,2012,(5):261-263.

[38] 胡艳艳. 高速切削温度场建模仿真与实验研究[D]. 南京:东南大学硕士学位论文,2009.

[39] 李友荣,吴双应. 传热学[M]. 北京:科学出版社,2012.

[40] Arrazola P. J. , Özel T. . Numerical modelling of 3D hard turning using Arbitrary Eulerian Lagrangian finite element method[J]. International Journal of Machining and Machinability of Materials,2008,4(1):14-25.

[41] Johnson G R,Cook W H. Fracture characteristics of three metals subjected to various strains, strain rates,temperatures and pressures[J]. Engineering fracture mechanics,1985,21(1):31-48.

[42] 庄昕. 基于有限元的中空框架铝合金的高速铣削加工行为研究[D]. 大连:青岛理工大学,2012.

[43] 成群林,柯映林,董辉跃. 航空铝合金铣削加工中切削力的数值模拟研究[J]. 航空学报,2006,27(4):724-727.

[44] 机械工程材料性能数据手册编委会. 机械工程材料性能数据手册[M]. 北京:机械出版社,1995.

[45] Martan J,Beneš P. Thermal properties of cutting tool coatings at high temperatures[J]. Thermochimica Acta,2012,539:51-55.

[46] 孙华亮,涂杰松,商宏飞,等. 织构对涂层刀具切削性能影响的有限元分析及实验研究[J]. 现代制造工程(Modern Manufacturing Engineering),2013(9):1-6.

[47] 颜聪明,林有希,相泽锋. 高速切削过程有限元分析的研究进展. 机械制造,2010,48(554):48-52.

[48] 李景涌. 有限元法[M]. 北京:北京邮电大学出版社,1999.

[49] 谢江波,刘亚青,张鹏飞.有限元法方法概述[J].设计与研究,2007,180(5):29-30.

[50] 蒋志涛.高速金属铣削加工的有限元模拟[D].云南:昆明理工大学硕士论文,2009.

[51] 孙江龙,杨文玉,杨侠.拉格朗日、欧拉和任意拉格朗日——欧拉描述的有限元分析[C].第二十一届全国水动力学研讨会赞第八届全国水动力学学术会议赞两岸船舶与海洋工程水动力学研讨会文集,2008:164-169.

[52] 杨勇,柯映林,董辉跃.高速切削有限元模拟技术研究[J].航空学报,2006,27(3):531-535.

[53] ZHANG Chao, LI Xiao-qiang, LI Dong-sheng, JIN Chao-hai, XIAO Jun-jie. Modelization and comparison of Norton-Hoff and Arrhenius constitutive lawsto predict hot tensile behavior of Ti-6Al-4V alloy[J]. Trans. Nonferrous Met. Soc. China, 2012(22)457-464.

[54] DEFORM3D Version 6.0 User's Manual, Scientific Forming Technologies Corporation.

[55] 吴红兵,贾志欣,刘刚,等.航空钛合金高速切削有限元建模[J].浙江大学学报,2010,44(5):982-987.

[56] 赵芳.钢结构焊接接头断裂破坏的影响因素及控制措施[J].焊接技术,2013,42(7):48-50.

[57] 胡建军,许洪斌,金艳,等.基于有限元计算的金属断裂准则的应用与分析[J].锻压技术,2007,32(3):100-103.

[58] 方刚,雷丽,萍曾攀.金属塑性成形过程延性断裂的准则及数值模拟[J].机械工程学报,2002,38(supp):21-25.

[59] 刘胜林.板料精冲与挤压复合成形研究[D].湖北:武汉理工大学,2007.

[60] Freudenthal F A. The Inelastic Behaviour of Solids[J]. New York: Wiley, 1950.

[61] McClintock F A. A criterion for ductitle fracture by the growrh of hole[J]. Appl. Mech. 1969(35)363-371.

[62] Cockcroft M G, Latham D J. Ductility and the workability of metals[J]. Inst. Mets, 1968(96)33-39.

[63] Rice J R, Tracey D M. On the ductile enlargement of voids in triaxial stress fieles[J]. Mech. Phys. Solids, 1969(17)201-217.

[64] Brozzo P, Deluca B, Rendina R. A new method for the prediction of formability limits in metal sheets, sheet metal forming and formability[J]. Proceedings of the Seventh Biennial Conference of the International Deep DrawingResearch Group, 1972.

[65] 权国政,佟莹,周杰.不同温度及应变速率条件下 AZ80 镁合金临界损伤因子研究[J].动能材料,2010,5(41):892-898.

[66] 李娜.金属切削过程刀-屑接触区摩擦状态有限元分析[D].河北:燕山大学硕士论文,2008.

[67] 刘胜永,郝宏伟,万晓航.金属切削中的摩擦数值分析[J].机械设计与制造,2007(4)119-120.

[68] Zorev N N. Inter-relationship between shear processes occurring along tool face and shear plane in metal cutting[A]. International Research in Production Engineering[C], New York: ASME, 1963, 42-49.

[69] 白万金,吴红兵,董辉跃.斜角切削过程的三维热——弹塑性有限元分析[J].计算机集成制造系统,2009(5)1010-1015.

[70] Chen Ming, Sun Fanghong, Wang Haili, Yuan Renwei. Experimental research on the dynamic characteristics of the cutting temperature in the process of high-speed milling[J]. Journal of Materials Processing Technology, 2003(138)468-471.

[71] Hoffmeister, B. Über den Verschleiß am Wälzfräser, Dissertation, TH Aachen, 1970.

[72] 李振环,张克实.温度、材料不均匀性对粘塑性材料冲击拉伸失稳的影响[J].成都科技大学学报,1994(75)95-102.

[73] Mike Rother, John Shook . Learning to See[M]. The Lean Enterp rise I nstitute, Br ookline, Massachusetts, US A. 20031.

[74] 黄强,罗辑,唐其林.高速干式滚齿加工及其关键技术[J].机床与液压,2007,35(5):29-32.

[75] 吴元昌.高速干切齿轮滚刀参数和滚齿工艺研究[J].产品与技术,2010(1)84-87.

[76] 李子燕.高速切削机理及若干问题研究[D].天津:天津大学硕士论文.2006.

[77] 袁哲俊,刘华明,唐宜胜.齿轮刀具设计[M].北京:新时代出版社,1983.

[78] 贾立.高速干切齿轮滚刀的设计与应用[J].汉中科技,2014(4):14-15.

[79] 王福贞,马文存.气相沉积应用技术[M].北京:机械工业出版社,2007.

[80] 刘志峰,张崇高,任家隆.干切削加工技术及应用[M].北京:机械工业出版社,2005.

[81] 张世昌,李旦,高航.机械制造技术基础[M].北京:高等教育出版社,2007.

[82] 杨锴.S590 粉末冶金高速钢的热处理工艺和应用[J].热处理,2012,25(6):41-44.

[83] 杨晖,潘少明.基体表面粗糙度对涂层结合强度的影响[J].热加工工艺,2008,37(15):

118-121.

[84] Karpuschewski B, Knoche H J, Hipke M, et al. High Performance Gear Hobbing with powder-metallurgical High-Speed-Steel[J]. Procedia Cirp, 2012, 1(2012): 196-201.

[85] Stark S, Beutner M, Lorenz F, et al. Heat flux and temperature distribution in gear hobbing operations[J]. Procedia Cirp, 2013, 8(2013): 456-461.

[86] 李聪波,崔龙国,刘飞,等. 面向高效低碳的数控加工参数多目标优化模型[J]. 机械工程学报,2013,49(9):87-96.
LI Congbo, CUI Longguo, LIU Fei, LI Li. Multi-objective NC Machining Parameters Optimization Model for High Efficiency and Low Carbon[J]. Journal of Mechanical Engineering, 2013, 49(9): 87-96.

[87] 张明树,阎春平,覃斌. 基于图论和模糊 TOPSIS 的高速切削工艺参数优化决策[J]. 计算机集成制造系统,2012,19(11):2802-2809.
ZHANG Mingshu, YAN Chunping, QIN Bin. High-speed cutting parameters optimization decision based on graph theory and fuzzy TOPSIS[J]. Computer Integrated Manufacturing Systems, 2012, 19(11): 2802-2809.

[88] 谢书童,郭隐彪. 数控车削中成本最低的切削参数优化方法[J]. 计算机集成制造系统,2011,17(10):2144-2149.
XIE Shutong, GUO Yinbiao. Optimization approach of cutting parameters for minimizing production cost in CNC turnings[J]. Computer Integrated Manufacturing Systems, 2011, 17(10): 2144-2149.

[89] 张臣,周来水,余湛悦,等. 基于仿真数据的数控铣削加工多目标变参数优化[J]. 计算机辅助设计与图形学学报,2005,17(5):1039-1045.
ZHANG Chen, ZHOU Laishui, YU Zhanyue, et al. Multi-Objective and Varying Parameter Optimization of Machining Parameters Based on NC Simulation Data[J]. Journal of Computer-aided Design & Computer Graphics, 2005, 17(5): 1039-1045.

[90] 熊尧,吴军,邓超,等. 面向重型数控机床的加工工艺参数优化方法[J]. 计算机集成制造系统,2012,18(4):729-737.
XIONG Yao, WU Jun, DENG Chao, WANG Yuanhang. Machining process parameters optimization method for heavy-duty CNC machine tools[J]. Computer Integrated Manufacturing Systems, 2012, 18(4): 729-737.

[91] 曹宏瑞,陈雪峰,何正嘉. 主轴-切削交互过程建模与高速铣削参数优化[J]. 机械工程学报,2013,49(5):161-166.

CAO Hongrui, CHEN Xuefeng, HE Zhengjia. Modeling of Spindle-process Interaction and Cutting Parameters Optimization in High-speed Milling[J]. Journal of Mechanical Engineering,2013,49(5):161-166.

[92] Rajemi M F, Mativenga P T, Aramcharoen A. Sustainable machining: selection of optimum turning conditions based on minimum energy considerations[J]. Journal of Cleaner Production,2010,18(10):1059-1065.

[93] Thepsonthi T, Özel T. Multi-objective process optimization for micro-end milling of Ti-6Al-4V titanium alloy[J]. International Journal of Advanced Manufacturing Technology,2012,63(9-12):903-914.

[94] SARAVANAN R, ASOKAN P, VIJAYAKUMAN K. Machining parameters optimization for turning cylindrical stock into a continuous finished profile using genetic algorithm(GA) and simulated annealing(SA)[J]. International Journal of Advanced Manufacturing Technology, 2003,21(1):1-9.

[95] D'Addona D M, Teti R. Genetic Algorithm-based Optimization of Cutting Parameters in Turning Processes[J]. Procedia Cirp,2013,7(12):323-328.

[96]《齿轮制造工艺手册》编委会. 齿轮制造工艺手册[M]. 北京:机械工业出版社,2010.

The editorial board of "Gear Manufacturing Process Manual". Gear Manufacturing Process Manual[M]. Beijing:China Machine Press,2010.

[97] Hoffmeister B. Über den Verschleiß am Wälzfräser[D]. Dissertation, RWTH Aachen,1970.

[98] C. Brecher, M Brumm, M Krömer. Design of gear hobbing processes using simulations and empirical data[J]. Procedia CIRP,2015,33(2015):485-490.

[99] Klocke F, Klein A. Tool life and productivity improvement through cutting parameter setting and tool design in dry high-speed bevel gear tooth cutting[J]. Gear Technology,2006, May/June:40-48.

[100] Zhang H C, Kuo T C, Lu H T. Environmentally conscious design and manufacturing: A state-of-the-art survey[J]. Journal of Manufacturing System,1997,16(5):352-369.

[101] Toeshoff H K, Egger R, Klocke F. Environment and safety aspects of electrophysical and electrochemical process[J]. CIRP Annals,1996,45(2):553-568.

[102] Wu CW, Tang CH, Chang CF., Shiao YS. Thermal error compensation method for machine center. International Journal of Advanced Manufacturing Technology [J], 2012, 59 (5): 681-689.

[103] Li Y, Zhao W, Wu W, Lu B, Chen Y. Thermal error modeling of the spindle based on multiple variables for the precision machine tool[J]. The International Journal of Advanced Manufacturing Technology, 2014, 72(9): 1415-1427.

[104] Wang Y, Zhang G, Moon KS, Sutherland JW. Compensation for the thermal error of a multi-axis machining center. Journal of Materials Processing Technology[J], 1998, 75(1): 45-53.

[105] Diaz N., Choi S., Helu M., Chen Y., Jayanathan S., Yasui Y., Kong D., Pavanaskar S., Dornfeld D. Machine tools design and operation strategies for green manufacturing[C]. Proceeding of the 4th CIRP Internal Conference on High Performance Cutting, Gifu, Japan, 2010, pp. 271-276.

[106] Ashby M. F. Materials and the environment: eco-informed material choice[M]. Burlington, USA: Butterworth-heinemann, 2009, pp. 112-291.

[107] Dahmus J. B., Gutowski T. G. An environmental analysis of machining[C]. 2004 ASME International Mechanical Engineering Congress and RD&D Expo, Anaheim, California, USA, 2004, pp. 643-652.

[108] Gutowski T. G., Dahmus J., Thiriez A. Electrical energy requirements for manufacturing processes[C]. Proceeding of 13th CIRP Internal Conference on Life Cycle Engineering, Leuven, Belgium, 2006, pp. 623-627.

[109] Haapala K., Sutherland J., Rivera J. Reducing environmental impacts of steel product manufacturing[J]. Transation of NAMRI/SME, 2009(37)419-426.

[110] 解天荣，王静. 交通运输业碳排放量比较研究[J]. 综合运输，2011(8):20-24.

[111] Mehmet A. I., Surendra M. G. Environmentally conscious manufacturing and product recovery (ECMPRO): a review of the state of the art[J]. Journal of Environmental Management, 2010(91)563-591.

[112] Deif A. M. A system model for green manufacturing[J]. Journal of Cleaner production, 2011, 19 (14): 1553-1559.